中华人民共和国行业标准

公路交通标志和标线设置规范

Specification for Layout of Highway Traffic Signs and Markings

JTG D82—2009

主编单位：交通部公路科学研究院

批准部门：中华人民共和国交通运输部

实施日期：2009 年 10 月 01 日

人民交通出版社

2009·北京

图书在版编目(CIP)数据

公路交通标志和标线设置规范(JTG D82—2009)/交通部公路科学研究院编. —北京:人民交通出版社,2009.9
ISBN 978-7-114-07947-4

I.公…　II.交…　III.公路标志 – 规范 – 中国　IV.
U491.5-65

中国版本图书馆 CIP 数据核字(2009)第 144334 号

中华人民共和国行业标准
公路交通标志和标线设置规范
JTG D82—2009
交通部公路科学研究院　主编
人民交通出版社出版发行
(100011　北京市朝阳区安定门外外馆斜街 3 号)
各地新华书店经销
北京市密东印刷有限公司印刷
开本:880×1230　1/16　印张:15.75　字数:329 千
2009 年 9 月　第 1 版
2024 年 12 月　第 15 次印刷
定价:116.00 元
ISBN 978-7-114-07947-4

中华人民共和国交通运输部

公　　告

2009 年第 28 号

关于公布《公路交通标志和标线
设置规范》(JTG D82—2009)的公告

现公布《公路交通标志和标线设置规范》(JTG D82—2009),作为公路工程行业标准,自 2009 年 10 月 1 日起施行。

该规范的管理权和解释权归交通运输部,日常解释和管理工作由主编单位部公路科学研究院负责。请各有关单位在实践中注意积累资料,总结经验,及时将发现的问题和修改意见函告部公路科学研究院,以便修订时研用。

特此公告。

中华人民共和国交通运输部
二〇〇九年七月二十八日

主题词:公路　规范　发布　公告

交通运输部办公厅　　　　　　　　　　　　　　　2009 年 7 月 31 日印发

前　　言

　　为规范公路交通标志和标线的设置,满足公路使用者的交通信息需求,规范车辆行驶轨迹,促进公路交通的安全与畅通,根据原交通部交公路发[1999]82号、公设技字[1999]167号、交公便字[2006]221号文件的要求,交通部公路科学研究院开展了《公路交通标志和标线设置规范》(以下简称本规范)的编制工作。

　　本规范的编制工作遵照《中华人民共和国公路法》、《中华人民共和国道路交通安全法》等的规定,在深入调研的基础上,全面总结了我国近年来在公路交通标志和标线设置方面取得的经验,充分借鉴和吸收了发达国家的相关标准和技术,经多次修改完善形成。本规范共包括11章,分别是:

　　1 总则;2 总体要求;3 警告标志;4 禁令标志;5 指示标志;6 高速公路指路标志和其他标志;7 一般公路指路标志和其他标志;8 纵向标线;9 横向标线;10 其他标线;11 标线综合应用。

　　请各有关单位在执行过程中,注意总结经验,若发现问题,请及时函告交通部公路科学研究院(北京交科公路勘察设计研究院,北京市海淀区西土城路8号,邮政编码:100088;电话:010-62079136),以便下次修订时研用。

主 编 单 位:交通部公路科学研究院
主要起草人:刘会学　杨久龄　杨　峰　宋玉才　何　勇　孙智勇
　　　　　　钟纪楷　唐玎玎　程　宁　徐学敏　陈建云　葛书芳
　　　　　　姜　明　马治国　尹晓毅　朱小辉

目　　录

1　总　则

1.0.1　为使公路交通标志和标线的设置科学、规范、系统,更好地满足公路使用者的出行需求,促进公路交通的安全与畅通,制定本规范。

1.0.2　本规范适用于新建和改扩建公路的交通标志和标线设置。

1.0.3　采用分段建设的同一条公路采用的交通标志和标线的设置原则和标准应保持一致。

1.0.4　公路交通标志和标线应结合周边路网、交通、社会环境和自然环境条件设置,并与其他设施相协调。交通标志和标线应根据实际需求配合使用,其含义应相互协调,并利于公路使用者的视认。

1.0.5　当采用公路交通标志和标线设置的新理论和新技术时,应对其安全和使用功能进行论证。

1.0.6　公路交通标志和标线的设置,除应符合本规范外,尚应符合国家现行其他有关标准、规范的规定。

2 总体要求

2.1 一般规定

2.1.1 公路交通标志和标线的分类、颜色、形状、线条、字符、图形、尺寸,应符合现行《道路交通标志和标线》(GB 5768)相应部分的规定。

2.1.2 公路交通标志和标线的设置,应以不熟悉周围路网体系的公路使用者为设计对象,为其提供清晰、明确、简洁的信息,并使其具有足够的发现、认读和反应时间。

2.1.3 公路交通标志和标线应在路网分析的基础上,综合考虑公路条件、交通条件、气象和环境条件等因素,根据各种交通标志和标线的功能、驾驶人的行为特征和交通管理的需要进行设置。

2.1.4 公路交通标志和标线与城镇交通标志和标线,应相互协调。

2.1.5 交通标志和标线所提供的信息,应全部与交通管理和服务有关。

2.1.6 交通标志和标线设置条件发生变化时,应及时更换或去除。

2.1.7 交通标志的设置应全面、系统、连续、均衡,避免信息过载、信息不足或内容相互矛盾、有歧义。

2.1.8 连续设置的纵向或横向交通标线,应根据需要每隔 10 ~ 15m 设置排水缝;其他标线有可能阻水时,应沿排水方向设置排水缝。排水缝宽度可为 3 ~ 5cm。

2.1.9 新建公路开放交通时,应根据规定设置交通标志和标线。施工或养护期间,如开放交通,应设置临时交通标志和标线。工程结束后,应及时撤除不再发挥作用的交通标志和标线。

2.2 标志版面布置

2.2.1 交通标志的版面布置应简洁美观、导向明确、无歧义。同类交通标志宜采用同一类型的标志版面。设置于同一门架式、悬臂式等悬空支撑结构的各交通标志板宜统一高度和边框规格。

2.2.2 公路的指路标志应采用汉字,可根据需要与少数民族文字或英文等其他文字并用。英文中的地名用汉语拼音。除特殊规定外,英文(含汉语拼音)首字母应为大写,其余小写。指路标志版面示例如附录 A.1。

2.2.3 指路标志上使用的箭头应以一定角度反映车辆的行驶方向,如附录 A.1。

1 门架式标志或跨线桥上附着式标志的箭头,用来指示车道的用途或行驶目的地时,箭头应向下;指示车辆前进方向而非专指某一车道时,箭头应向上;用来指示出口方向时,箭头角度应能反映出口车道的方向角度。

2 路侧安装的指路标志,表示直行方向的箭头应指向上方,表示转向方向的箭头应与转向车道的方向角度保持一致。上下同时出现向上和向左、向右的三个箭头时,应按向上、向左和向右的顺序排列,其中指向上、左的箭头应放置在最左侧,指向右侧的箭头应放置在最右侧;左右同时出现向上和向左、向右的三个箭头时,应按向左、向上和向右的顺序排列。

2.2.4 除特殊规定外,指路标志版面中的距离宜以 1km 为单位,不满整数时应四舍五入。如需采用小数点后一位数字,则该数字字高应为其他数字之半,并应与其他数字底部对齐。

2.2.5 专用图形符号中的飞机等交通工具的指向应与行车方向一致。

2.2.6 各类交通标志的板面规格和文字大小,除特殊规定外,应根据设计速度来确定,如表 2.2.6-1。使用该表时,应符合下列规定:

1 指路标志的板面尺寸,还应考虑字符数量、图形符号、其他文字和版面美化等因素。版面设计时,其他文字与汉字高度的关系如表 2.2.6-2。

2 因极其重要的原因经研究论证必须缩小标志板的尺寸时,文字高度可适当减小或采用高宽比为 1:0.75 以内的窄字体,但不得改变版面各要素之间的相互关系;也可以采用改变版面要素的位置,如将两个较短的目的地指示放在一行来缩短标志板外部尺寸的方式等。

在这种情况下,中英文对照的版面中,英文可优先采用缩写词或取消英文。部分英文缩写词如附录 A.2。

3 版面为汉字、少数民族文字两种文字时,民族自治区对少数民族文字的字高和设置位置有统一规定的,应符合相关规定。

4 高度不同的两个设计要素相邻,可按低的高度值选择间距和行距。文字距标志边缘的距离应指距标志边框内侧的距离。

5　当路段运行速度与设计速度之差大于20km/h时,宜按运行速度对交通标志的板面规格及视认性加以检验。

6　设置在中央分隔带内的警告、禁令、指示标志,设置空间受限制时,如果采用柱式支撑结构,则标志板面可采用最小值。

表2.2.6-1　标志板面与设计速度的关系

	设计速度(km/h)	120、100	80	60、40	30、20
警告标志	三角形边长(cm)	130	110	90	70
禁令标志	圆形外径(cm)	120	100	80	60
	三角形边长(cm)	—	—	90	70
	八角形外径(cm)			80	60
	区域限制和解除标志长方形边长(cm×cm)	—	—	120×170	90×130
指示标志	圆形外径(cm)	120	100	80	60
	正方形边长(cm)	120	100	80	60
	长方形边长(cm×cm)	190×140	160×120	140×100	—
	单行线标志长方形边长(cm×cm)	120×60	100×50	80×40	60×30
	会车先行标志正方形边长(cm)	—	—	80	60
指路标志	汉字高度(cm)	60~70	50~60	35~50	25~30
	公路编号标志中的字母标识符、数字及出口编号标识中的数字高度(cm)	40~50	35~40	35~30	15~20

表2.2.6-2　其他文字与汉字高度的关系

其 他 文 字		与汉字高度(h)的关系
英文或少数民族文字高①		$\frac{1}{3}h \sim \frac{1}{2}h$
阿拉伯数字②	字高	h
	字宽	$\frac{1}{2}h \sim \frac{4}{5}h$
	笔画粗	$\frac{1}{6}h \sim \frac{1}{5}h$

注:①在设计交通标志版面时,英文小写字母的字高按$\frac{1}{2}h$考虑,实际制作时,应根据每个字母的实际高度来确定。

②表中对数字高度的规定适用于"公路编号标志中的字母标识符、数字及出口编号标识中的数字"以外的数字,对字宽的规定主要用于版面设计。如条件允许,宜采用交通标志专用字体中阿拉伯数字的正体字。

2.2.7　旅游标志中代表景点特征的图案,宜征求景点管理机构的意见。

2.3　标志设置位置

2.3.1　除特殊情况外,交通标志宜设置在车辆前进方向的右侧或车行道上方。当单向公路车道数大于或等于3条、交通量较大、大型车辆较多或公路线形影响右侧标志的视认性时,可在车辆前进方向的左侧(即中央分隔带处)重复设置。交通标志的设置不得影响公路的停车视距。

2.3.2 交通标志的设置位置应考虑公路宽度、车辆的运行速度、驾驶人的反应能力等因素。交通标志之间应保持合理的间距,设计速度大于或等于80km/h的公路交通标志之间的间隔不宜小于60m,其他公路交通标志之间的间隔不宜小于30m。如需在保持最小间隔的标志之间增设新的标志,则宜采用互不遮挡的支撑结构形式。

2.3.3 交通标志宜单独设置,如因条件限制需要并列设置时,应符合下列规定:

1 应对交通标志所提供的信息进行排序,优先保留禁令和指示标志。

2 安装在同一支撑结构上的标志不应超过4个,并应按禁令、指示、警告的顺序,先上后下、先左后右排列。

3 原则上应避免不同种类的标志并设。解除限制速度标志、解除禁止超车标志、路口优先通行标志、会车先行标志、会车让行标志、停车让行标志、减速让行标志应单独设置。如条件受限制无法单独设置时,同一支撑结构上最多不应超过两种标志。

2.3.4 公路交通标志的任何部分不得侵入公路建筑限界以内,路侧柱式交通标志的安装高度应考虑其板面规格、所在位置的线形特点、是否有行人通行等因素,根据表2.3.4的规定选取。设置在小型车比例较大的公路上时,标志板下缘距路面的高度可根据实际情况减小,但不宜小于120cm。设置在有行人、非机动车通行的公路路侧时,设置高度应大于180cm。悬臂、门架式等悬空标志净空高度应预留20~50cm的余量。

表 2.3.4 标志板下缘距路面的高度(cm)

标志分类		路侧柱式、附着式	悬臂式、门架式、高架附着式
主标志	警告标志	150~250①	应符合公路建筑限界的要求:高速公路,一、二级公路不小于500;三、四级公路不小于450
	禁令标志		
	指示标志		
	指路标志		
辅助标志②		应符合公路建筑限界的要求	

注:①选择高度值时,应根据标志所在位置的现场条件、板面规格及是否妨碍行人活动等加以确定。无行人活动、位于上坡路段或板面较高的路侧标志可取下限,位于下坡路段的路侧标志可取上限,其他路段可取中值。

②主标志的安装高度应考虑辅助标志也能满足公路建筑限界的要求。

2.3.5 除特殊规定外,标志安装应使其板面垂直于行车方向,视实际情况调整其水平或俯仰角度:

1 路侧标志应尽量减少标志板面对驾驶人的眩光。

2 标志安装角度宜根据设置地点公路的平、竖曲线线形进行调整。

3 路侧标志应尽可能与公路中线垂直或成一定角度。其中,禁令和指示标志为

0°～45°;指路和警告标志为0°～10°。

4 门架、悬臂、车行道上方附着式标志的板面应垂直于公路行车方向,并且板面宜前倾0°～15°。

2.4 标志支撑方式

2.4.1 交通标志的支撑方式可分为柱式、悬臂式、门架式和附着式四种。

2.4.2 交通标志支撑方式应根据交通量、车型构成、运行速度、公路宽度、车道数、沿线构造物分布以及路侧条件等因素综合确定,并尽可能经济、美观。

1 警告、禁令、指示标志和小尺寸指路标志宜采用单柱式支撑方式,中、大型指路标志可采用双柱或多柱式支撑方式。

2 当符合下列条件时,经论证可采用悬臂式或门架式等悬空支撑方式。版面内容少时,宜采用悬臂式。

1)路侧安装空间不足或受遮挡时;

2)交通量达到或接近设计通行能力,或单向有3个或3个以上车道,或大型车辆所占比例很大时;

3)互通式立体交叉的设计很复杂(如枢纽互通式立体交叉),或互通式立体交叉间距较近,或穿越多个互通式立体交叉、为保持同类信息的标志支撑方式的一致性时;

4)出口匝道为多车道,或为左向出口时;

5)平面交叉告知标志或位于互通式立体交叉减速车道起点处的出口预告标志。

3 公路沿线设置有上跨天桥等构造物、路侧设置有高挡土墙或照明灯杆等时,交通标志在满足公路建筑限界要求的前提下,可采用附着式支撑方式。

2.4.3 设置于相同位置、内容类型相近的交通标志宜采用同一支撑方式。

2.5 标志结构设计

2.5.1 交通标志支撑方式确定后,应对同一支撑结构类型的标志进行合理分组,并尽量减少不同支撑结构的材料规格类型。

2.5.2 设计基本风速,应采用当地平坦空旷地面,离地面10m高,重现期为50年的10min平均最大风速值,并不得小于22m/s。

2.5.3 交通标志结构,应按承载能力极限状态和正常使用极限状态进行设计,并应同时满足构造和工艺方面的要求。

2.5.4 交通标志的结构重要性系数可分为两个等级:

1 位于高速公路、一级公路上的悬臂式、门架式交通标志,结构重要性系数$\gamma_0 = 1.0$。

2 位于高速公路、一级公路上的其他类型的交通标志及位于其他等级公路上的交通标志,结构重要性系数$\gamma_0 = 0.9$。

2.5.5 交通标志结构的荷载计算与组合、极限状态设计、地基基础的设计应符合现行《钢结构设计规范》(GB 50017)、《公路桥涵设计通用规范》(JTG D60)、《公路桥涵地基与基础设计规范》(JTG D63)等的规定。

2.6 材料要求

2.6.1 标志材料

1 反光材料

1)公路交通标志板均应采用符合现行《公路交通标志反光膜》(GB/T 18833)要求的反光膜或其他逆反射材料制作。

2)交通标志板采用反光膜材料时,高速公路、一级公路上宜采用一、二级反光膜,二、三级公路的交通标志宜采用三、四级反光膜,四级公路宜采用四、五级反光膜。实际交通流量较大的公路,宜采用更高等级的反光膜。

3)门架式、悬臂式等悬空类交通标志,宜采用比路侧交通标志等级高的反光膜。

2 标志板

交通标志板可采用铝合金板、挤压成型的铝合金型材、薄钢板、合成树脂类板材等制造,所用材料应符合现行《道路交通标志板及支撑件》(GB/T 23827)的规定,厚度应根据计算确定。

3 支撑结构

1)交通标志立柱、横梁等可采用钢管、H型钢、槽钢及钢筋混凝土等材料制作,钢管顶端应设置柱帽。钢构件应进行防腐处理。

2)交通标志应设置钢筋混凝土基础。位于桥梁段的单柱式交通标志可采用钢结构附着在桥梁上。

2.6.2 标线材料

1 交通标线所用材料应具有良好的耐久性、施工方便性和经济性,在白天和晚上均应具有良好的可视性。

2 设置于路面的公路交通标线应使用抗滑材料,标线表面的抗滑性能不宜低于所在路段路面的抗滑性能。

3 警告标志

3.1 一般规定

3.1.1 公路本身及沿线环境存在影响行车安全且不易被发现的危险地点时，经充分论证可设置警告标志。公路上使用的警告标志版面见附录B。

3.1.2 警告标志不得过量使用。

1 同一地点需要设置两个或两个以上警告标志时，原则上只设置其中最需要的一个。如必须将两个或两个以上的警告标志并设时，应将提醒驾驶人危险主因的标志设置在上部或左侧。

2 二级及二级以上公路可根据需要设置有关告示标志或线形诱导标，以减少有关的警告标志。

3 内容受季节影响或者为临时性内容的警告标志，当设置条件发生变化时，应及时取消或覆盖版面。

3.1.3 除特殊规定外，警告标志到危险地点起点的距离可根据其类型参考表3.1.3并结合现场条件确定。如所在位置不具备设置条件时，警告标志可适当移位。

表3.1.3 警告标志设置位置

速度*（km/h）	A. 大交通量时需车辆减速、变换车道的标志	B. 需要车辆降低到下列规定速度（km/h）的标志											
		0	10	20	30	40	50	60	70	80	90	100	110
40	85	＊＊	＊＊	＊＊	＊＊	—	—	—	—	—	—	—	—
50	120	＊＊	＊＊	＊＊	＊＊	＊＊	—	—	—	—	—	—	—
60	150	30	＊＊	＊＊	＊＊	＊＊	—	—	—	—	—	—	—
70	185	50	40	30	＊＊	＊＊	＊＊	＊＊	—	—	—	—	—
80	220	80	60	55	50	40	30	＊＊	＊＊	—	—	—	—
90	255	110	90	80	70	60	40	＊＊	＊＊	＊＊	—	—	—
100	290	130	120	115	110	100	90	70	60	40	＊＊	—	—
110	320	170	160	150	140	130	120	110	90	70	50	＊＊	—
120	360	200	190	185	180	170	160	140	130	110	90	60	40

注：＊ 速度通常采用设计速度，也可考虑所处路段的最高限制速度或运行速度。

＊＊ 无建议值，应根据现场条件和其他标志的设置情况来确定警告标志的设置位置。

3.1.4 除特殊规定外,警告标志的颜色均为黄底、黑边、黑图案,形状为等边三角形或矩形,其中三角形顶角朝上。

3.2 与公路几何线形有关的警告标志

3.2.1 公路平面线形警告标志

1 急弯路标志

在设计速度小于60km/h的公路上,应根据设计速度、曲线半径、停车视距和曲线转角等情况判定向左(或向右)急弯路标志的设置位置。

1)圆曲线半径或停车视距小于表3.2.1-1规定值时,应设置急弯路标志。

2)圆曲线半径大于或等于表3.2.1-1规定值,但小于或等于现行《公路工程技术标准》(JTG B01)规定的一般最小半径,且路线转角大于或等于45°时,应设置急弯路标志。

3)标志到急弯路起点的距离可按表3.1.3选取,但不得进入相邻的圆曲线内。

4)急弯路标志可根据需要与有关标志联合使用,并与标线相配合。

表3.2.1-1　急弯路标志设置条件

设计速度(km/h)	圆曲线半径(m)	停车视距(m)
20	20	20
30	45	30
40	80	40

2 反向弯路标志

应根据设计速度、圆曲线半径及曲线组合情况判定反向弯路标志的设置位置。

1)在设计速度小于60km/h的公路上,两相邻反向圆曲线半径均小于或其中一个圆曲线半径小于表3.2.1-1的规定,且圆曲线间的距离小于或等于表3.2.1-2规定时,应在反向曲线段起点之前设置反向弯路标志。

2)该标志到反向弯路起点的距离可按表3.1.3选取,但不得进入相邻的圆曲线内。

3)反向弯路标志可根据需要与有关标志联合使用,并与标线相配合。

表3.2.1-2　反向弯路标志设置条件

设计速度(km/h)	相邻反向圆曲线间的距离(m)
20	40
30	60
40	80

3 连续弯路标志

1)在设计速度小于60km/h的公路上,连续有三个或三个以上反向平曲线,其圆曲线半径均小于或有两个半径小于表3.2.1-1的规定,且各圆曲线间的距离均小于或等于表3.2.1-2的规定时,应在连续弯路起点之前设置连续弯路标志。

2）标志到连续弯路起点的距离可按表 3.1.3 选取。当连续弯路总长度大于 500m 时,标志应重复设置。

3）连续弯路标志可根据需要与有关标志联合使用,并与标线相配合。

3.2.2　公路纵断面线形警告标志

1　陡坡标志

陡坡标志分为上陡坡标志和下陡坡标志。

1）在纵坡坡度大于表 3.2.2 规定值的路段,应设置陡坡标志。

2）在纵坡坡度小于或等于表 3.2.2 的规定,但经常发生制动失效事故的下坡路段,或存在其他不利的地形、环境气候条件等因素,可能危及行车安全的路段,可根据现场条件设置陡坡标志。

3）标志到坡脚或坡顶的距离可按表 3.1.3 的规定选取。

表 3.2.2　上陡坡或下陡坡标志设置条件

设计速度（km/h）		20	30	40	60	80	100	120
纵坡坡度（%）	上坡　海拔 3 000m 以下	7	7	7	6	5	4	3
	海拔 3 000~4 000m	7	7	6	5	4		
	海拔 4 000~5 000m	7	6	5	4	4		
	海拔 5 000m 以上	6	5	4	4	4		
	下坡	7	7	7	6	5	4	3

2　连续下坡标志

1）在连续两个及两个以上路段平均纵坡坡度大于或等于表 3.2.2 的规定,且连续下坡长度超过 3km 的坡顶以前适当位置,应设置连续下坡标志。

2）在纵坡坡度小于表 3.2.2 规定,但经常发生制动失效事故的连续下坡路段,也可根据现场条件设置连续下坡标志。

3）当连续下坡总长大于 3km 时,应以辅助标志表示连续下坡的坡长(图 3.2.2)或在下坡 3km 后重复设置连续下坡标志。

4）在连续下坡的变坡点处,可根据需要设置下陡坡标志。

图 3.2.2　连续下坡标志示例

3.2.3　公路横断面变化的警告标志

1　窄路标志

1）当公路两侧车道数同时减少,或公路两侧路面宽度同时缩窄至 6m 以下时,应设置两侧变窄标志。两侧变窄标志设在公路缩窄过渡段起点前,到缩窄过渡段起点的距离可按表 3.1.3 选取。

2）当公路右侧或左侧车道数减少或路面宽度缩窄至 6m 以下时,应设置右侧或左侧变窄标志。右侧或左侧变窄标志设置在缩窄过渡段起点前,到缩窄过渡段起点的距离可按表 3.1.3 选取。

2　窄桥标志

当公路桥梁桥面净宽较两端路面宽度窄,且桥面净宽小于6m时,应设置窄桥标志。标志到桥梁缩窄过渡段起点的距离可按表3.1.3选取。

3 双向交通标志

当由双向分离行驶过渡到临时性或永久性的不分离行驶时,或由单向行驶进入双向行驶时,应设双向交通标志,用以提醒驾驶人注意会车。标志到双向行驶过渡段起点的距离可按表3.1.3选取。

4 注意潮汐车道标志

在潮汐车道路段起点前适当位置,应设置注意潮汐车道标志。

5 注意合流标志

注意合流标志用于提醒驾驶人前方有车辆汇入,注意车辆运行状态。标志设置于主线适当位置,到合流点的距离可按表3.1.3选取。

6 注意障碍物标志

当前方路上有障碍物,车辆必须绕行时,应设置注意障碍物标志。标志到障碍物起点的距离可按表3.1.3选取。

7 施工标志

当前方公路施工作业时,应在公路作业区上游设置施工标志。标志到作业区起点的距离可按表3.1.3选取。该标志属临时性措施,公路养护维修作业完成后,施工标志应随之取消。

3.3 与交叉路口有关的警告标志

3.3.1 交叉路口标志

1 公路交叉路口标志分为10种,应根据交叉公路等级、功能和交叉口形状,选择驾驶人易于理解的图案。

2 两相交公路间不能保证由停车视距构成的通视三角区(图3.3.1),或存在其他辨识困难时,应设置交叉路口标志。

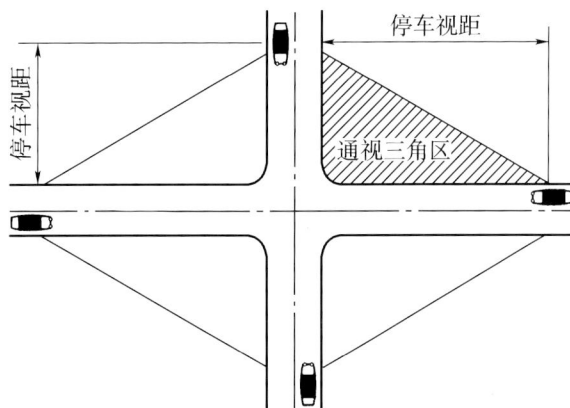

图3.3.1 通视三角区

3 已设置信号灯控制的平面交叉口,或已设置大型指路标志、减速让行标志或停车让行标志的交叉口,可不再设置交叉路口标志。

4 标志到交叉口的距离可按表3.1.3选取。

3.3.2 注意分离式道路标志

在被交道路是分离式路基且分离距离较宽、车辆驶入时易发生错向行驶的平面交叉口前适当位置,应设置注意分离式道路标志。

3.4 与路面状况有关的警告标志

3.4.1 路面不平、路面高突、路面低洼标志

1 在公路路基不均匀沉降、路面坑洞或桥头跳车等较为显著、影响行车安全性和舒适性的路段前,应设置路面不平标志。

2 在路面突然凸起前或减速丘前适当位置,应设置路面高突标志。

3 在路面突然低凹前适当位置,应设置路面低洼标志。

4 以上标志到所警示路段起点的距离可按表3.1.3选取。

3.4.2 过水路面(或漫水桥)标志

当公路前方为过水路面(或漫水桥)时,应设置过水路面(或漫水桥)标志。标志到过水路面(或漫水桥)的距离可按表3.1.3选取。

3.4.3 易滑标志

在公路路面摩擦系数降低,路面易于积水等路段,或在其他因车辆滑移容易引发交通事故的路段,应设置易滑标志。标志到路面易滑点的距离可按表3.1.3选取。

3.5 与沿线设施有关的警告标志

3.5.1 注意信号灯标志

有以下情况之一者,应设置注意信号灯标志。注意信号灯标志到停车线的距离可按表3.1.3选取。

1 信号灯控制的交叉口视距不良,或驾驶人在停车视距的范围内不易发现前方交叉口信号灯时;

2 由高速公路驶入相邻公路的第一个信号灯控制交叉口前;

3 因临时交通管制或其他特殊情况设置活动信号灯的路口。

3.5.2 隧道标志及隧道开车灯标志

1 在长度小于或等于500m的公路隧道入口前,应设置隧道标志。长度大于500m

的隧道应按第 6 章和第 7 章的规定设置相关的指路标志。

2 在无照明或照明不足的隧道入口前,应设置隧道开车灯标志。

3 隧道标志和隧道开车灯标志只需设置一个。

4 标志到隧道口的距离可按表 3.1.3 选取。

3.5.3 驼峰桥标志

当双向两车道公路拱桥的拱度大,坡度陡,通视距离小于规定的最小停车视距时,应设置驼峰桥标志。标志到驼峰桥的距离可按表 3.1.3 选取。

3.5.4 渡口标志

当从引道到渡船跳板的距离短,坡度大,车辆上渡船速度慢时,应设置渡口标志。标志到渡口的距离可按表 3.1.3 选取。

3.5.5 铁路道口标志

1 有人看守铁路道口标志

当车辆到有人看守铁路道口的视距小于规定的最小停车视距时,应设置有人看守铁路道口标志。标志到铁路道口的距离可按表 3.1.3 选取。

2 无人看守铁路道口标志

当公路与铁路的平交道口无人看守时,必须设置无人看守铁路道口标志。标志到铁路道口的距离可按表 3.1.3 选取。

3 叉形符号

在无人看守铁路道口,当有两股以上铁道与公路相交时,应在无人看守铁路道口标志上端设置叉形符号。叉形符号颜色为白底红边,其交叉点到警告标志三角形顶点的距离为 40cm。应根据警告标志尺寸选用相应规格的叉形符号。

4 斜杠符号

在无人看守铁路道口,当相交公路不能标画"近铁路平交道口标线"时,应在该道口的无人看守铁路道口标志下附设斜杠符号,表示该标志到道口的距离。斜杠符号共有三块,有一道、二道、三道斜杠符号的标志,分别设置在距停车让行标志 50m、100m 和 150m 位置。

3.5.6 避险车道标志

设置了避险车道的公路,在避险车道前方适当位置应至少设置一块避险车道标志,用以提醒货车驾驶人注意是否使用避险车道。当条件允许时,宜在避险车道前 1km、500m 左右及其他适宜位置分别设置预告标志,在避险车道的入口处设置避险车道入口警告标志。

3.6 与沿线环境有关的警告标志

3.6.1 村庄标志

当公路前方有村庄,车辆到村庄的通视距离小于规定的最小停车视距,或者村庄房屋位置不易被驾驶人发现时,应设置村庄标志。标志到村庄危险点的距离可按表 3.1.3 选取。

3.6.2 注意行人标志

当公路经过村镇街道化路段,行人密集或驾驶人不易发现前方人行横道线时,应设置注意行人标志。标志到人行横道线的距离可按表 3.1.3 选取。

3.6.3 注意儿童标志

1 当公路近旁有儿童集中出入的设施时,必须在距有关设施出入口前适当位置设置注意儿童标志。标志到儿童集中出入地点的距离可按表 3.1.3 选取。

2 宜根据实际情况,在有关设施出入口前所设警告标志上游方向,增设一处注意儿童标志,并附加辅助标志预告到前方危险地点的距离。

3 在机动车道与人行道相互分离并连续设置防护设施的路段,可不设置该类标志。

3.6.4 注意残疾人标志

当公路近旁有残疾人经常出入地点时,应设置注意残疾人标志。标志到残疾人经常出入地点的距离可按表 3.1.3 选取。

3.6.5 注意非机动车标志

当公路前方有较多非机动车在路边活动或横穿,公路通视距离小于规定的最小停车视距时,应设置注意非机动车标志。标志到非机动车干扰点的距离可按表 3.1.3 选取。

3.6.6 注意落石标志

在路侧有落石且未设置防落石措施的路段前,应设置注意落石标志。标志到落石路段的距离可按表 3.1.3 选取。

3.6.7 傍山险路标志

当前方公路路侧存在陡峭悬崖、深沟、高边坡、高挡墙等险要路段时,应据路侧安全防护设施的情况来确定是否设置傍山险路标志。标志到傍山险路危险点的距离可按表 3.1.3选取。

3.6.8 堤坝路标志

当公路路侧有水库、湖泊、河流等险要路段时,应据路侧安全防护设施的情况来确定是否设置堤坝路标志。标志到堤坝路危险点的距离可按表3.1.3选取。

3.6.9　注意牲畜标志

当公路前方路段经常有牲畜横穿、出入时,应设置注意牲畜标志。标志到牲畜活动干扰点的距离可参考表3.1.3并经现场调研确定。

3.6.10　注意野生动物标志

当公路前方路段经常有野生动物横穿、出入时,应设置注意野生动物标志。标志到野生动物活动干扰点的距离可参考表3.1.3并经现场调研确定。标志上的动物图形可根据该地区最常出现的或最具代表性的野生动物种类适当调整。

3.6.11　注意横风标志

当公路前方的高架桥、垭口,或其他经常有强劲侧向风的路段,对车辆行驶的稳定性有影响时,应设置注意横风标志。标志到有强劲侧向风路段的距离可按表3.1.3选取。

3.7　其他警告标志

3.7.1　事故易发路段标志

在事故易发路段前,应设置事故易发路段标志。标志到事故易发点的距离可按表3.1.3选取。

3.7.2　注意保持车距标志

在经常发生车辆追尾事故路段前适当位置,可设置注意保持车距标志。

3.7.3　慢行标志

1　当公路前方由于突发性事件或其他情况,需要让车辆减速慢行以保证安全时,可设置慢行标志。标志到危险点的距离可按表3.1.3选取。

2　当条件允许时,应尽量避免采用慢行标志,而宜将前方道路存在的危险通过相应警告标志图案告知驾驶人。

3.7.4　建议速度标志

在弯道、出口、匝道等的适当位置,当有必要提醒车辆驾驶人保持安全的行驶速度时,可设置建议速度标志。此标志不单独使用,宜与其他警告标志联合使用或附加辅助标志,以说明建议速度的原因或路段位置、长度,如图3.7.4。

图 3.7.4　与其他警告标志组合使用的建议速度标志示例

3.7.5 注意危险标志

当前方路段存在现有警告标志不能包括的其他危险情况时，可设置注意危险标志。该标志通常应附设辅助标志，说明危险原因。

4 禁令标志

4.1 一般规定

4.1.1 在需要明确禁止或限制车辆、行人交通行为的路段起点前,应设置有关禁令标志。公路上使用的禁令标志版面如附录 C。

4.1.2 禁令标志所设位置,应便于受限车辆驾驶人或行人观察前方路况,并易于转换行驶或行走方向。部分禁令标志可在开始路段的交叉口前适当位置设置有关指路标志,提示被限制车辆提前绕道行驶。

4.1.3 两个或两个以上禁令标志并设时,应按禁止、限制的严厉程度,或按对公路安全的影响程度,将相对较重要的禁令标志设置在上部或左侧。

4.1.4 禁令标志应与相应的交通标线协调使用。

4.1.5 除个别标志外,禁令标志的颜色为白底、红圈、红杠、黑图案,图案压杠。禁令标志的形状为圆形、矩形、八角形、顶角向下的等边三角形。

4.2 与交通管理有关的禁令标志

4.2.1 在下列条件下,需要禁止或限制某些车辆或行人通行、驶入的路段应设置相应的禁令标志。除特殊规定外,标志设置位置应符合第 4.1.2 条的规定。

1 禁止通行标志

当前方公路由于水毁、泥石流、地震、塌方、雪崩等造成路面损坏、桥梁倒塌,或由于交通管理的需要,禁止一切车辆和行人在该公路(路段)通行时,应在该公路(路段)的入口处设置禁止通行标志。禁止通行的理由和时段可用辅助标志说明。

2 禁止驶入标志

当前方公路为单向行驶路段的出口,或互通式立体交叉匝道的出口,为防止车辆错向驶入时,应设置禁止驶入标志。该标志所设位置应让来车看到标志后能从容驶往正确方向。禁止驶入标志设置示例如图 4.2.1-1。

3 禁止各类或某类机动车驶入标志

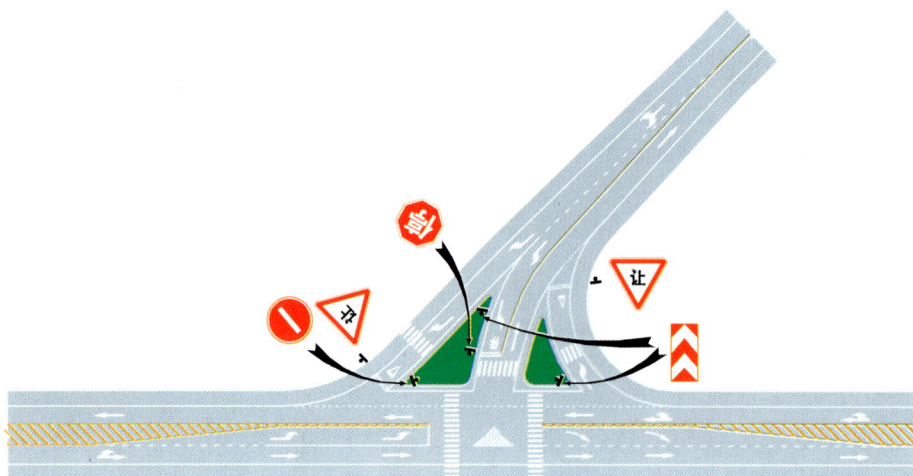

图4.2.1-1　禁止驶入标志设置示例

　　禁止各类或某类机动车驶入标志表示前方公路禁止标志图案所示类别的机动车驶入,设置在禁止各类或某类机动车驶入路段的所有入口处醒目位置,并应让来车看到标志后能从容驶往正确方向。应根据该公路路段禁止机动车通行类别的情况,选择合适的图案。一块禁止标志上可最多出现两类被禁止驶入车辆的图案。有时间、车种等特殊规定时,应用辅助标志说明,如图4.2.1-2。

图4.2.1-2　禁止一定吨位载
货汽车驶入标志

　　4　禁止各类或某类非机动车进入标志

　　禁止各类或某类非机动车进入标志表示前方公路禁止各类或某类非机动车进入,设置在禁止各类或某类非机动车进入的专供汽车行驶的公路所有入口处,或其他禁止非机动车通行的公路路段入口处醒目位置。

　　5　禁止行人进入标志

　　禁止行人进入标志表示前方公路禁止行人进入,设置在全封闭的高速公路、一级公路入口处,或其他禁止行人进入路段入口处的醒目位置。

　　4.2.2　需要禁止车辆某些行驶方向的路段,应在醒目位置设置禁令标志。已设置车道行驶方向指示标志时,经过论证,可通过指示相应方向的箭头杆与禁止驶入标志的组合来取消本类标志的单独设置。除特殊规定外,标志设置位置应符合第4.1.2条的规定。

　　1　禁止向某一或两个方向行驶标志

　　前方路口禁止一切车辆向某一个或两个方向行驶时,应设置禁止向该方向行驶标志。禁止向某一个或两个方向行驶标志的设置条件是:

　　1)公路平面交叉路口某一或两个方向路段超过其通行能力,需要实行分流;

　　2)公路平面交叉路口某一或两个方向路段正在进行维修施工,需限制交通量;

　　3)进行交通量调配控制的需要。

2 禁止掉头标志

禁止掉头标志表示前方公路平面交叉口或路段禁止机动车掉头。凡在平面交叉口或路段掉头,会严重影响、阻碍其他交通运行,或可能酿成交通事故时,应设置禁止掉头标志。

3 有时间、车种等特殊规定时,应用辅助标志说明或附加图形。附加图形时,应保持箭头的位置不变,如图 4.2.2-1、图 4.2.2-2。

图 4.2.2-1　禁止载货汽车左转弯标志

4.2.3 在禁止超车、禁止车辆停放处应设置禁令标志。禁止超车结束处应设置解除禁止超车标志。

1 禁止超车、解除禁止超车标志

1)禁止超车标志表示该标志至前方解除禁止超车标志的公路路段内,不准机动车超车。凡在双向两车道公路或其他无中央隔离设施的公路上,超车视距不能得到满足,车辆跨越车道分界线实施超车行驶,可能危及对向车辆安全的路段;或车道数减少,路基宽度缩窄,进入隧道口前的路段等,车辆实施超越行动可能危及其他车辆安全的路段,应设置禁止超车标志。

2)凡在双向两车道公路或其他无中央隔离设施的公路上,在禁止超车路段的终点应设解除禁止超车标志。

图 4.2.2-2　禁止载货汽车及拖拉机左转弯标志

3)解除禁止超车标志必须与禁止超车标志联合使用。

禁止超车和解除禁止超车标志设置示例如图 4.2.3。

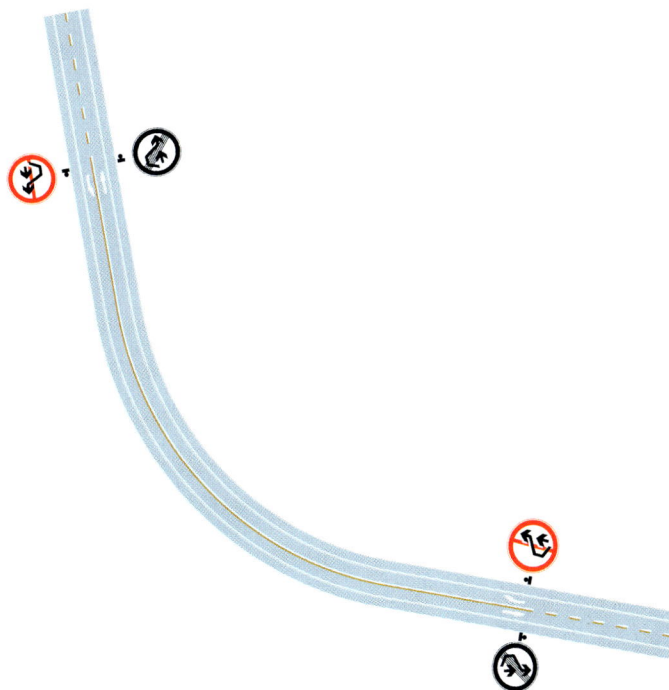

图 4.2.3　禁止超车和解除禁止超车标志设置示例

　　2　禁止车辆停放标志

　　1）禁止停车标志表示在标志限定范围内，禁止一切车辆在公路边长时间或临时停放。

　　2）禁止长时停车标志表示在标志限定范围内，禁止一切车辆在公路边长时间停放。

　　3）禁止车辆停放的时段、车种和范围可用辅助标志说明。

4.2.4　禁止鸣喇叭标志

　　在公路沿线经过村镇、学校、医院或野生动物保护区等需要禁止机动车鸣喇叭处，应设置禁止鸣喇叭标志。禁止鸣喇叭的时间和范围可用辅助标志说明。当禁鸣区的范围超过800m时，该标志可重复设置。

4.2.5　限制速度、解除限制速度标志

　　在需要对车辆的行驶速度进行限制的路段起点处，应设置限制速度标志。在限速路段终点处，应设置解除限制速度标志或新的限制速度标志。

　　1　符合下列条件时，应设置限制速度标志：

　　1）高速公路、一级公路入口加速车道后的适当位置；

　　2）各级公路的技术指标受设计速度控制的路段、低于设计规范中规定的极限值的路段，视距不足的路段，经过村镇、学校等行人较多的路段；

　　3）因车速过快经常导致交通事故发生的路段。

　　2　限速值应根据路段的具体情况，分别选用设计速度或运行速度值。公路、交通条件过于复杂的，在交通安全分析的基础上，可选用小于设计速度的限速值。相邻路段的限速值差值不宜超过20km/h。

　　3　限制速度标志可与警告标志联合使用。

4.2.6　停车检查标志

　　在需要机动车停车受检的地点，应设置停车检查标志。

4.2.7　海关标志

　　在公路上机动车需停车接受海关检查方可通过的地点，应设置海关标志。

4.2.8　区域禁止、区域禁止解除标志

　　当某特定区域禁止车辆的某种行为时，可在该区域的所有入口处及出口处设置区域禁止和区域禁止解除标志。

4.3　与公路建筑限界及汽车荷载有关的禁令标志

4.3.1　限制宽度、限制高度标志

在因车辆的宽度、高度超过公路建筑限界或有关规定而禁止通行的路段,应设置限制宽度、限制高度标志。除特殊规定外,标志设置位置应符合第4.1.2条的规定。

4.3.2 限制质量、限制轴重标志

在车辆的总质量或轴重超过公路汽车荷载设计值或有关规定而禁止通行的路段,应设置限制质量或限制轴重标志。除特殊规定外,标志设置位置应符合第4.1.2条的规定。

4.4 与路权有关的禁令标志

4.4.1 停车让行、减速让行标志

非信号控制的公路平面交叉口,在支线或次线上,应设置减速让行或停车让行标志,并符合下列规定:

1 停车让行标志、减速让行标志及相应控制措施的设置均应从确保交通安全、符合相关法律法规的要求、使应停车的车辆数最小和使路段交通延误率最小等方面经过综合的技术判断确定。

2 当前方有人行横道时,停车让行标志或减速让行标志应设置在沿行车方向距到来车辆最近的人行横道线之前。

3 当相交公路所夹角度为锐角时,停车让行标志或减速让行标志的设置位置,不应影响另一个方向的公路。

4 如因视距原因,可增设停车让行或减速让行预告标志。预告标志由停车让行或减速让行标志和反映实际距离的辅助标志组成。

5 停车让行和减速让行标志不得安装在同一个立柱上。除禁止驶入标志外,不得与其他标志背对背相连接。

6 选择停车让行标志或减速让行标志应符合主路优先通行的原则。

1)公路功能、等级、交通量有明显差别的两条公路相交,或交通量较大的T形交叉,如两相交公路的通视三角区能得到保证,则次要公路与主要公路交会处应设置减速让行标志;否则次要公路应设置停车让行标志或设置强制停车及减速设施。当主要公路受条件限制而难以设置应有长度的加速车道时,在其入口附近宜设置减速让行标志。

2)当两条相交公路的技术等级均低且交通量较小时,应在行政等级低的被交公路上设置减速让行标志;如两条公路的行政等级相同,则相交公路所有方向均宜设置停车让行标志。

3)在环形交叉口所有入口处适当位置,应设置减速让行标志。

停车让行标志、减速让行标志的设置示例如图4.2.1-1。

4.4.2 会车让行标志

下列条件下,在车辆会车时必须停车让对方车先行的路段,应设置会车让行标志:

    1   会车有困难的狭窄路段的一端；

    2   双向通行公路,由于某种原因只能开放一条车道作双向通行,通行受限制的一端。

    会车让行标志设置位置应符合第4.1.2条的规定。该标志应与会车先行标志配合使用,设置示例如图4.4.2。

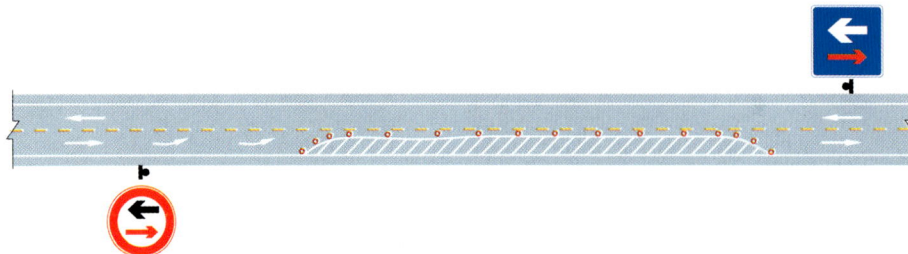

图4.4.2   会车让行标志设置示例

5 指示标志

5.1 一般规定

5.1.1 根据交通流组织和交通管理的需要,应在下列驾驶人、行人容易产生迷惑处或必须遵守行驶规定处设置指示标志:

 1 需要指出前方的行驶方向时;

 2 需要指导驾驶人的驾驶行为时;

 3 需要指出每个车道的使用目的时;

 4 需要指出与路权有关的优先行驶权时。

公路上使用的指示标志版面如附录 D。有时间、车种等规定时,应在标志下方用辅助标志说明。除特别说明外,指示标志上不允许附加图形。附加图形时,原指示标志的图形位置不变。

5.1.2 指示标志所设位置,应便于驾驶人或行人观察前方路况,并易于转换行驶或行走方向。必要时可在开始路段的交叉口前适当位置设置相应的指路标志,提示某些车辆提前绕道行驶。

5.1.3 指示标志应与指路标志、禁令标志相协调,避免重复设置。

5.1.4 当专指某车道的去向或指明为专用车道时,指示标志宜设置在相应车道的上方。

5.1.5 指示标志宜与相应的路面标线配合设置。

5.1.6 除特殊规定外,指示标志的颜色为蓝底、白图案,形状分为圆形、长方形和正方形。

5.2 与行驶方向有关的指示标志

5.2.1 指示某行驶方向的标志

指示某行驶方向的标志表示在该公路交叉口,一切车辆只准按标志指示方向行进。标志设置位置应符合第 5.1.2 条的规定。有时间、车种等特殊规定时,在标志下方可设

置辅助标志说明或附加图形。附加图形时,原指示标志的图形位置不变。设置本类标志应满足下列条件之一:

1 公路交叉口某方向路段交通量超过其通行能力,需要实行分流,车辆只能按箭头指示方向行驶时;

2 一些大型或畸形平面交叉口需要控制车辆转弯时;

3 在一些平面交叉口或出入口,某些方向的交通流经常错误行驶,需要设置相应的指示标志时;

4 因交通管制、公路维修等原因需限制某方向交通流,车辆只能按箭头指示方向行驶时;

5 靠右侧道路行驶标志应尽可能设置在突起的中央分隔带、隔离岛、跨线桥中墩及其他醒目位置。

5.2.2 立体交叉行驶路线标志和环岛行驶标志

立体交叉行驶路线标志和环岛行驶标志指示车辆在立交桥和环岛处的行驶路线,表示车辆在立交桥处的直行、左转弯或右转弯行驶的途径,环岛内只准车辆靠右逆时针方向环行。设置本类标志应满足下列条件:

1 当驾驶人有可能对公路立交桥行驶路线感到迷惑,不易看清行驶方向时,应设置立体交叉行驶路线标志,用于指示在立交处的行驶方向。此类标志不应代替高速公路立交的出口预告和出口标志,也不应代替地点、方向标志。标志设置位置应符合第5.1.2条的规定。当高速公路互通式立体交叉处的出口预告、出口标志和地点、方向标志已对出口方向、去往地点指示得非常清楚、明确时,可不设置立体交叉行驶路线标志。

2 环岛行驶标志应设置在面向路口来车方向的适当位置。当环岛各路口前已设有大型环岛指路标志,对环岛各路口行驶方向和地点有清楚的指示时,可不设置环岛行驶标志。

5.2.3 单行路标志

单行路标志表示一切车辆单向行驶。当前方公路或者相交公路为单向行驶公路时,应设置单行路标志。

1 在无信号灯控制的交叉口处,单行路标志一般设置在与单行路相交公路的两侧,可以配合禁止左转、禁止右转等标志一起使用。

2 在有信号灯控制的交叉口处,单行路标志一般可以设置在信号灯附近。

3 在 T 形交叉口处,单行路标志一般平行设置在单行路旁。

单行路标志设置示例如图5.2.3。

5.3 指导驾驶行为的指示标志

5.3.1 鸣喇叭标志

a)

b)

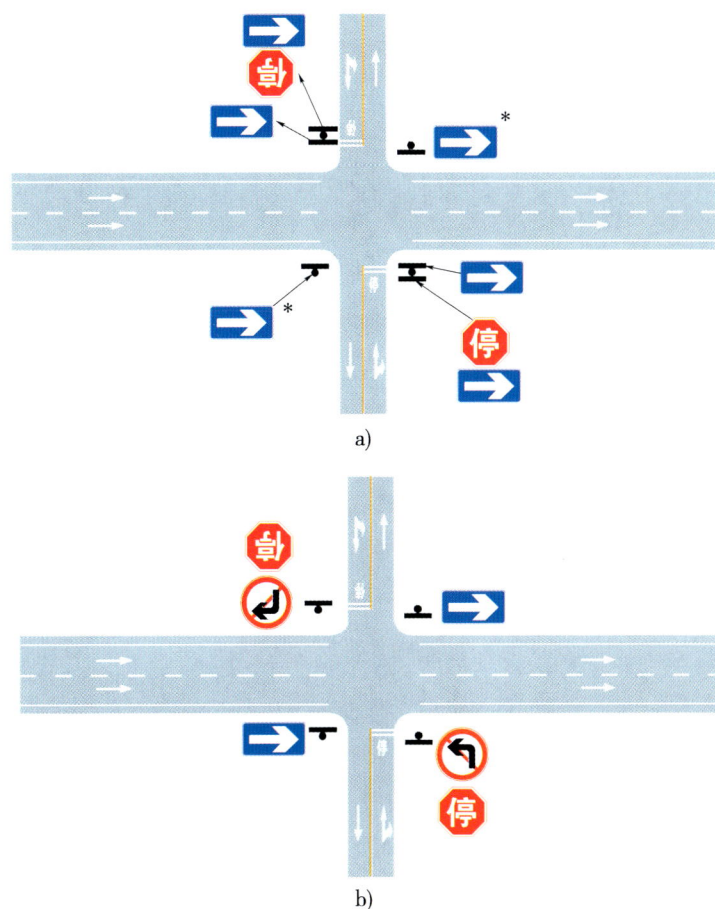

图 5.2.3　单行路标志设置示例

注:①单行路上箭头仅表示行车方向,非路面导向箭头。

②＊表示可选。

鸣喇叭标志表示机动车行至该标志处应鸣喇叭,以提醒对向车辆驾驶人注意。在以下路段,应设置鸣喇叭标志,以提醒对向车辆注意停车等待,安全行驶:

1　驾驶人无法辨别是否对向有车辆迎面驶来的视线不良路段、急弯陡坡路段;

2　二级及二级以下公路隧道入口前视距不良的路段;

3　视距不良的单车道窄桥入口前。

鸣喇叭标志可以和相关的警告标志并设。

5.3.2　最低限速标志

当公路路段规定机动车行驶的最低速度限制时,应设置最低限速标志。

1　最低限速标志通常设置在高速公路入口后适当位置或其他限制最低车速路段起点的醒目位置。

2　最低限速标志应与最高限速标志一起设置,不应独立设置。最高限速标志居上,最低限速标志居下;或最高限速标志居左,最低限速标志居右。

3　最低限速标志用于公路上的慢速交通车辆有可能影响正常的行车安全时,其限制值应符合法律法规的规定。当法律法规无明文规定时,应结合现场条件进行必要的研究论证。

5.4 指出车道使用目的的指示标志

5.4.1 车道行驶方向标志

当前方公路交叉口驶入段有多个车道,且划分了不同的车道行驶方向时,应在导向车道起点处设置车道行驶方向标志。如在交叉口已设置了指明各方去向和地点的路径指引标志,则可不必再设置车道行驶方向标志。

5.4.2 专用道路和车道标志

1 机动车行驶标志和机动车车道标志

机动车行驶标志和机动车车道标志可设置在公路的起点及各交叉口和入口处前,或设置在机动车、非机动车分隔带起点处,表示该公路或该车道只供机动车行驶。

2 非机动车行驶标志和非机动车车道标志

非机动车行驶标志和非机动车车道标志可设置在公路的起点及各交叉口和入口处前,或设置在机动车、非机动车分隔带起点处,表示该公路或车道只供非机动车行驶。

机动车车道标志和非机动车车道标志版面上箭头应正对车道,箭头方向向下。当标志无法正对车道时,可调整箭头方向,指向车道。

3 多乘员车辆专用车道标志

多乘员车辆专用车道标志设置在进入多乘员车辆专用车道的起点及各交叉口入口前适当位置。当有人数规定时,可以在标志右上角表示;当有时间、车型规定时,应以辅助标志表示。

5.5 与路权有关的指示标志

5.5.1 路口优先通行标志

当以停车让行标志或减速让行标志控制公路交叉口通行权时,可在有优先通行权的干路路口醒目位置设置路口优先通行标志。标志设置位置应符合第5.1.2条的规定。

5.5.2 会车先行标志

当公路狭窄路段会车有困难时,可在一个方向设置会车先行标志,表示车辆在会车时享有优先通行权利。该标志设置在通行困难路段起点醒目位置,应与设置在另一个方向的会车让行标志配合使用。

5.5.3 人行横道标志

人行横道标志设置于人行横道两端,表示该处为人行横道。

5.5.4 允许掉头标志

允许掉头标志设置在允许机动车掉头路段的起点和交叉口前,应与适当的地面标线配合设置。当有时间、车种等特殊规定时,应用辅助标志说明。

5.5.5 停车位标志

停车位标志设置在进入机动车允许停放区域通道的适当位置,一般应朝向来车方向,并需要与停车位线配合使用。当有车种专用、时段或时长限制时,可用辅助标志表示。

6 高速公路指路标志和其他标志

6.1 一般规定

6.1.1 本章适用于高速公路(含城市绕城环线和城市放射线)指路标志和其他标志的设置。高速公路指路标志设置示例如附录 E。具有干线功能的一级公路互通式立体交叉范围内的指路标志,可参照本章的规定进行设置。

6.1.2 高速公路指路标志按照标志的功能可分为路径指引、沿线信息指引、沿线设施指引标志,其他标志包括旅游区标志及告示标志等。

　　1 路径指引标志

　　1)入口指引标志包括:入口预告标志,入口处地点、方向标志,命名编号标志,路名标志。

　　2)行车确认标志包括:地点距离标志、命名编号标志、路名标志。

　　3)出口指引标志包括:下一出口预告标志,出口预告标志,出口标志及出口地点、方向标志。

　　2 沿线信息指引标志

　　沿线信息指引标志包括:起点标志、终点预告标志、终点提示标志、终点标志、著名地点标志、分界标志、交通信息标志、里程牌和百米牌、停车领卡标志、车道数变少标志、车道数增加标志、交通监控设备标志、车距确认标志、特殊天气建议速度标志、隧道出口距离预告标志。

　　3 沿线设施指引标志

　　沿线设施指引标志包括:紧急电话标志、救援电话标志、收费站预告及收费站标志、ETC 车道指示标志、计重收费标志、加油站标志、紧急停车带标志、服务区预告标志、停车区预告标志、停车场预告及停车场标志、爬坡车道标志、超限检测站标志。

6.1.3 从互通式立体交叉被交道路驶入高速公路,至下一互通式立体交叉出口,指路标志和其他标志的设置顺序宜符合下列规定:

　　1 指路标志

　　1)路径指引标志:入口预告标志→入口处地点、方向标志→命名编号标志或路名标志→下一出口预告或地点距离标志→高速公路命名编号标志或路名标志(根据需要设置)→出口预告标志→出口标志→出口处地点、方向标志。路径指引标志各版面信息之间应保持一致性和连续性。

2)沿线信息指引标志和沿线设施指引标志:应在高速公路沿线根据需要设置,并与路径指引标志统筹考虑。

2 其他标志

高速公路旅游区(点)应根据需要设置相应的指引标志,在高速公路入口或路段适当位置可根据需要设置告示标志。告示标志的设置详见第7章的规定。

6.1.4 根据信息的重要程度、高速公路的服务对象和功能,各类信息可分为 A 层、B 层和 C 层信息,如表6.1.4。

表6.1.4 高速公路标志信息分级表

信息类型		A 层 信 息	B 层 信 息	C 层 信 息
公路编号(名称)		高速公路、国道、城市快速路编号(名称)①	省道、城市主干线编号(名称)①	县道、乡道、城市次干路和支路编号(名称)①②
地区名称信息	主线、并行线、联络线、地区环线	重要地区(直辖市、省会、自治区首府、副省级城市、地级市)③	主要地区(县及县级市)	一般地区(乡、镇、村)
	城市绕城环线、放射线	卫星城镇、城区重要地名、人口密集的居民住宅区④	城区较重要地名、人口较密集的居民住宅区	
地点名称信息	交通枢纽信息	飞机场、省级火车站、港口、重要交通集散点	地级火车站、长途汽车总站、大型平面交叉、大型立交桥	县级火车站、长途汽车站、较大型平面交叉
	文体、旅游信息	国家级旅游景区、自然保护区、博物馆、文体场馆	省级旅游景点、自然保护区、博物馆、文体场馆	地级、县级旅游景点、博物馆、纪念馆、文体中心

注:①公路有正式编号时,应首选公路编号。公路编号(名称)应符合国家统一规定。
②县、乡道宜同时标明编号和名称。
③直辖市、省会、自治区首府等控制性城市可作为沿线的基准地区。
④应根据高速公路的服务功能、所在位置的远近、交通量和互通式立体交叉分布的疏密等因素确定沿线的基准地区。城市绕城环线较长时,基准地区可相对固定,否则可适当变化。城市放射线高速公路可选取城市范围内最远处的卫星城镇或城市城区(市中心)作为两个方向的基准地区。旅游、机场专用高速公路等应以其服务对象作为方向信息。如城市放射线与国家或省级高速公路路线重合,则按照国家或省级高速公路的规定确定基准地区。

6.1.5 高速公路互通式立体交叉出口应统一编号,并符合下列规定:

1 出口编号一般采用阿拉伯数字,数值等于该出口所在互通式立体交叉公路主线的中心里程。里程数超过 1 000km 时,保留后 3 位有效数字。

2 国家高速公路出口编号的顺序应符合国家高速公路的路线走向。省级高速公路出口编号的顺序应符合省、自治区或直辖市级高速公路主管部门批准的路线走向。地区环线以及城市绕城环线出口编号顺序应为顺时针方向;联络线高速公路出口编号的起点应为与主线互通式立体交叉的交点,然后依次增加。

3 当路段重复时,应保留行政等级最高的高速公路出口编号。如行政等级相同,则应保留编号较小的高速公路的出口编号。当地区环线或城市绕城环线高速公路与其他高速公路有重合路段时,应优先保留地区环线或城市绕城环线的出口编号。

4 相同的出口编号所代表的前进方向应相同。

6.1.6 高速公路互通式立体交叉、服务区、停车区指路标志的设置,分别以减速车道渐变段起点和加速车道渐变段终点为前、后基准点。

6.1.7 高速公路主线设置的指路标志所显示的距离,应指其与相关互通式立体交叉或服务区、停车区、停车场等沿线设施的前基准点的间距。当按规定设置的指路标志所在位置受到影响时,指路标志可适当移位。当指路标志与前基准点间距小于或等于3km时,指路标志设置位置的允许偏差为±50m;当间距为3km以上时,允许偏差为±250m。

6.1.8 分别设置于高速公路主线和匝道上的交通标志不得互相影响。

6.1.9 以匝道收费站为界,除特殊规定外,高速公路主线及相连的匝道指路标志应为绿底、白字、白边框、绿色衬边,并按本章的规定进行设置;收费站以外的匝道及被交道路的指路标志版面颜色应为蓝底、白字、白边框、蓝色衬边。

6.2 指路标志信息的选取

6.2.1 高速公路与各等级道路连接时,可参考表6.2.1选择信息层次,同时还应考虑相交道路服务区域的特点和交通流的流向和流量。

表6.2.1 互通式立体交叉处标志信息要素选择参考表

标志所在位置	主线方向(即直行方向)	被交道路方向(即出口方向)		
		高速公路、国道、城市快速路	省道、城市主干路	县道、乡道、城市次干路和支路
国家高速公路	A层、(B层)	A层、(B层)	(A层)、B层	(B层)、C层
省级高速公路	(A层)、B层	A层、(B层)	(A层)、B层	(B层)、C层

注:①表中不带括号的信息为首选信息;带括号的信息适用于无首选信息时,或根据需要作为第二个信息。
②当接近首选信息所指示的目的地时,该信息作为第一个信息。如需选取第二个,则仍按本表的顺序筛选。

6.2.2 各类指路标志需要提供的信息数量应符合本章的相关规定。当同一方向有同层次多类信息时,应按照由上而下的顺序对表6.1.4的信息类型加以选择,直至满足规定的信息数量为止。当同一方向有同层次同类多个信息时,应按照由近到远的顺序加以选择。

6.2.3 当无法按照表6.2.1的规定选取必要的信息时,可降级选取信息。必要时,也可升级选取信息。

6.3 路径指引标志

6.3.1 入口指引标志

1 在通往高速公路的一般公路或城市道路平面交叉处,应设置带行车方向指引的高速公路入口预告标志。在其他位置,可根据下列规定设置:

1)在距高速公路5~10km范围内、距城市绕城环线和放射线高速公路入口2~5km范围内的道路平面交叉处,应根据道路条件、交通条件及交通管理的需要在主要平面交叉处设置入口预告标志。确定高速公路的指引路线后,平面交叉较少的路段每隔2km宜设置一个入口预告标志。

2)平面交叉附近如存在与高速公路同等重要的地区、地点需要指引,当受环境景观及设置位置限制时,高速公路的编号(名称)应作为平面交叉指路标志信息的一部分,并按第7章的规定设置相关指路标志。其他情况下,应按本条第2款的规定独立设置预告标志。

2 独立设置的入口预告标志以被交道路与高速公路连接线平面交叉路口或减速车道起点为基准点,除在该处设置入口预告标志外,还应设置下列入口预告标志:

1)当被交道路为一级、二级公路时,应距基准点500m、1km和2km处预告三次,其他公路可距基准点200m、500m处预告两次。

2)当被交道路为城市主干路时,应距基准点500m、1km预告两次,次干路和支路可距基准点200m预告一次。

3)当入口预告标志所在地已有其他交通标志时,交通标志之间的间距应符合第2.3.2条的规定。

3 入口预告标志宜将高速公路距当前所在地最近的A层信息(一般选取基准地区或重要地区名称)作为方向,并通过箭头来指示行驶方向。所选取的基准地区名称应与进入主线后设置的地点距离标志的第三个地名相同(临近基准地区时,与第二个地名相同)。两个不同方向的信息之间可进行分隔。当沿线经过国家级旅游景区或大型民用机场时,可将这些重要地点作为方向信息,并与进入主线后设置的地点距离标志相对应。入口预告标志的地区或地点信息的数量不宜超过4个。

4 当两条或多条高速公路有重合路段时,入口预告标志应指出行政等级高的高速公路的编号(名称)。如版面允许,则可同时指出每条高速公路的编号(名称)。当地区环线或城市绕城环线高速公路与其他高速公路有重合路段时,应优先保留地区环线或城市绕城环线的编号(名称)。

5 在驶入高速公路的匝道分岔点处,应设置分别指向高速公路两个行驶方向的地点、方向标志,版面内容应与入口预告标志和相应方向的地点距离标志的第三个或第二个地名相对应。如版面允许,则可在目的地信息之上增加前往高速公路的编号(名称)信息。

6 在互通式立体交叉的后基准点附近,应设置高速公路命名编号标志;尚无路线编号的,应设置路名标志。根据路线总体走向,可采用方向标志指出前进方向的地理方位信息或目的地方向信息。

6.3.2 行车确认标志

1 当互通式立体交叉间距大于或等于5km、小于10km时,应设置一处地点距离标志;当互通式立体交叉间距大于或等于10km、小于30km时,地点距离标志可设置两处;当互通式立体交叉间距大于或等于30km时,地点距离标志可视具体情况适当加密设置。重复设置的地点距离标志应保持地点信息的关联性。此时可不设置下一出口预告标志。

地点距离标志上的地点名称宜采用三行按由近到远的顺序排列:

1)第一行的地点为近程目的地,应选用经由下一个互通式立体交叉可到达的目的地信息。根据被交道路的等级按照第6.2节的规定选取信息等级,然后根据第6.1.4条的规定确定信息的内容(重要地区、主要地区、一般地区),所选信息应与前方设置的出口预告及出口系列标志中的指路信息相一致。

2)第三行的地点为远程目的地,同时作为指示路线总体前进方向的基准地区,在一定距离内保持相对固定。当沿线存在直辖市、省会、自治区首府等A层信息时,应以距当前所在地最近的上述地区名称作为基准地区。当临近基准地区时,再按照上述原则选取下一个一级信息作为新的基准地区。当沿线不存在上述基准地区时,应按表6.1.4的顺序选取沿线距当前所在地最远的其他A层信息(高速公路等的编号或重要地区、著名地点)作为远程目的地。

当城市绕城环线高速公路里程较长时,可选用距当前所在地最远的A层信息(基准地区),并相对固定;当里程较短时,可选取前方第三个互通式立体交叉可到达的目的地信息,并依次变化。

城市放射线高速公路可选用城市范围内距起点最远的A层信息(基准地区)作为远程目的地。

3)第二行的地点为中间远程目的地,宜选取上述两个目的地之间的最近的其他A层信息(重要地区)。如无重要地区,则可按表6.1.4所列顺序选取其他A层信息或B层信息(主要地区)。当接近基准地区时,应选用基准地区作为第二行的地点。

城市绕城环线和城市放射线高速公路可选取前方第二个互通式立体交叉可到达的目的地信息。

2 当互通式立体交叉间距大于或等于3km、小于5km时,应设置下一出口预告标志,可不设置地点距离标志;当互通式立体交叉间距大于或等于2km、小于3km时,可不设置下一出口预告标志和地点距离标志。

3 地点距离标志或下一出口预告标志宜设置在距高速公路互通式立体交叉的后基

准点 1km 以上、容易被驾驶人识别辨认的适当位置。重复设置的地点距离标志应相隔 5km 以上。

4 当高速公路互通式立体交叉间距大于 30km 时,应加密设置 1 处高速公路命名编号标志。根据路线总体走向,可采用方向标志指出前进方向的地理方位信息或目的地方向信息。

6.3.3 出口预告及出口标志

1 在距互通式立体交叉的前基准点 2km、1km、500m 和 0km 处,应分别设置 2km、1km、500m 出口预告标志和出口预告(行动点)标志。出口预告标志应同时附着出口编号标志。出口预告标志版面可出现两行信息,根据相连接道路的等级,可按表 6.2.1 的规定进行选择。一般情况下,第一行应为出口可连接的公路编号(名称)信息,如前进方向明确,则可指出其方向。第二行应为所连接道路的一两个地区或地点名称信息:第一个信息应与地点距离标志的第一行信息或下一出口预告标志内的信息相一致,第二个信息应为经由该出口可到达的其他同类信息。如被交道路无路线编号,则可设置路线名称和两个目的地的名称。

当因互通式立体交叉、桥梁、隧道等因素没有位置设置时,经严格论证可取消 2km 出口预告标志,其他出口预告标志必须设置。

当出口预告系列标志需要适当移位时,宜选取易读数据。如与实际距离之差在 10% 以内,则可采取四舍五入的方法表示。

2 在高速公路驶出匝道的三角地带端部,应设置出口标志或地点、方向标志。

1)当已设置了完善的出口预告系列标志且支撑方式已考虑了车型构成比例时,可设置出口标志。该标志的版面内容宜出现出口可到达的公路编号或地区、地点名称。如因版面原因只能保留一个信息,则应出现出口预告标志中的第一个信息。

2)当已设置了较完善的出口预告系列标志,大型车辆所占比例很高,或出口和直行方向均存在 A 层信息(重要地区或基准地区)时,可设置地点、方向标志。该标志可采用双悬臂支撑方式,版面信息可分为两行:出口方向的地点与出口预告系列标志的信息内容相同(当版面允许时,可增加公路编号信息);直行方向的第一行信息可采用下一出口可到达的地区(地点)信息,第二行可选取前方最近的基准地区信息。

3)出口标志或地点、方向标志应同时附着出口编号标志。

3 当从高速公路驶出进入其他一般公路时,应按第 7 章的规定在行驶方向分岔点处设置地点、方向标志,所表达的信息应与出口预告标志的版面信息相同并可适当增加。

6.4 沿线信息指引标志

6.4.1 起、终点标志

1 高速公路起点标志

在高速公路的起点处,应设置起点标志。

2 终点预告、终点提示及终点标志

当高速公路终点与一般公路或城市道路相连接时,在距离高速公路终点前2km、1km、500m处应设置终点预告标志,在距终点前200m附近位置可设置终点提示标志。在高速公路的终点位置,应设置高速公路的终点标志。

当高速公路终点与其他高速公路或城市快速路相连接时,可不设置终点预告、终点提示标志,终点标志的设置应弱化。

6.4.2 交通信息标志

在交通标志数量较少的位置处,可根据需要设置交通信息标志。

6.4.3 里程牌和百米牌

1 里程牌可单面分别设置在高速公路两侧,或双面设置在高速公路中央分隔带上,两个方向显示的里程信息应相同。当两条或多条路线重合时,应采用行政等级高的公路路线的里程。如行政等级相同,则选择编号较小的高速公路的里程,无编号的高速公路可选择知名度高的高速公路的里程。离开重合段后,无连续里程的路线第一个里程应为车辆行驶的总里程,即里程数应为前重合点里程＋重合路段里程。编排顺序应按国家规划的路线走向进行递增。地区环线或城市绕城高速公路应按顺时针方向编排,当与其他高速公路重合时,重合路段里程应按照环线累计。当在准确位置不能安装里程牌时,可在15m范围内移动,否则宜取消。

2 里程牌之间每隔100m设置1个百米牌,应与里程牌设置在相同的路侧或中央分隔带上。

6.4.4 停车领卡标志

停车领卡标志设置在进入高速公路收费站入口侧适当位置处。

6.4.5 车距确认标志

当高速公路两相邻互通式立体交叉间距大于10km时,在其间无其他指路标志的平直路段上可设置车距确认标志。

相邻两个互通式立体交叉之间同一方向设置的车距确认标志不宜超过两组。

6.4.6 特殊天气建议速度标志

在受雨、雪、雾等视距不良的特殊天气影响较大,路面施画了白色半圆形车距确认线路段的适当位置处,可设置特殊天气建议速度标志。

6.4.7 其他信息指引标志

著名地点标志、分界标志、车道数变少标志、车道数增加标志、交通监控设备标志、隧道出口距离预告标志的设置同第7章。

6.5 沿线设施指引标志

6.5.1 高速公路沿线设施,应按表6.5.1的规定设置相应的指引标志,其他未提及的沿线设施可参照设置。

表6.5.1 沿线设施和旅游区(点)指引标志的设置

设施分类		指引标志类型	指引标志设置基准点
沿线设施	救援电话	救援电话标志	互通式立体交叉之间的适当位置处
	紧急电话	紧急电话位置处、预告标志①	紧急电话位置处
	主线收费站	2km、1km、500m 收费站预告及收费站标志②	收费广场渐变段起点
	匝道收费站	收费站标志②	收费广场渐变段起点
	ETC 车道	ETC 车道指示标志	收费广场渐变段起点前 300m 处
	计重收费站	计重收费标志	收费站前适当位置
	加油站	加油站标志	加油站的入口附近
	紧急停车带	紧急停车带标志	紧急停车带渐变段起点
	服务区	(1)3km 处设置下两个或三个连续服务区、停车区预告标志③;(2)2km、1km、0km(前基准点)处服务区预告及服务区入口标志④	服务区的前基准点(入口标志设置在出口三角带处)
	停车区	(1)3km 处设置下两个或三个连续服务区、停车区预告标志③;(2)1km、0km(前基准点)处停车区预告及停车区入口标志④	停车区的前基准点(入口标志设置在出口三角带处)
	停车场	1km、0km(前基准点)处停车场预告及停车场入口标志	停车场的前基准点(入口标志设置在出口三角带处)
	爬坡车道	200m 预告、爬坡车道起点、爬坡车道终点标志⑤	爬坡车道渐变段起点
	超限超载检测站	2km 预告、1km 预告、500m 预告、入口标志	减速车道起点
旅游区(点)	AAAAA、AAAA 旅游区(点)	2km、1km、减速车道起点处旅游区(点)预告及出口标志	减速车道起点
	AAA 旅游区(点)⑥	1km、减速车道起点处旅游区(点)预告及出口标志	减速车道起点

注:①沿线紧急电话的预告标志可独立设置,或将反光膜直接粘贴在经过光滑处理的护栏板、柱式轮廓标、混凝土护栏或隧道壁上。预告距离根据具体情况确定。

②设置时,可配合设置限速标志。

③当服务区、停车区之间的间距小于25km时,可不设置此标志。服务区、停车区系列标志的版面应根据提供服务的实际内容进行设置。

④如果需要,可在距服务区500m或路段适当位置增设一块预告标志。

⑤当爬坡车道长度大于或等于3km时,可增设爬坡车道标志。爬坡车道标志设置时应该注意公路线形变化对于车辆的影响,如果需要,应配合设置相应的警告或禁令标志。

⑥视实际需要在不引起信息超载时可设置。

6.5.2 沿线设施不应参与出口编号。

6.6 旅游区标志

6.6.1 高速公路沿线旅游区(点)应按表6.5.1的规定设置相应的指引标志。

6.6.2 当知名度较高、对交通流的吸引力较大时,旅游区(点)可作为目的地名称使用;但当这些旅游区(点)位于城市内部时,在高速公路上的指引标志仅出现城市名称即可。

6.6.3 旅游区(点)的指引标志不得影响主要标志的设置。沿线旅游区(点)较多时,可以最多三个为一组设置旅游区(点)地点距离标志。该标志与用于路径指引的地点距离标志间距应大于1km。

6.6.4 在不引起信息超载的条件下,高速公路旅游区(点)的指引标志可与路径指引标志合并设置。当合并设置引起信息超载时,对 AAAA 级以上旅游区(点)可在距互通式立体交叉的前基准点 1.5km 处和前基准点处设置预告标志,其他旅游区(点)的预告标志可不设置。

6.6.5 在通往各景点或各活动场所的分岔口处,可设置旅游符号来指示旅游区(点)内的设施或活动场所。旅游符号下可附加辅助标志,以指示前进方向或距离。

6.7 特殊情况下指路标志的设置

6.7.1 多个互通式立体交叉连接同一城市时交通标志的设置

1 国家高速公路上设置有行政区划分界标志的大城市,进入该市行政区域范围内后,地点距离标志的地区名称宜改为"××城区",如图6.7.1。对城区所指的范围应做出规定,以统一基准。未设置行政区划分界标志的城市,地点距离标志的地区名称可称为"××市区"。省级高速公路可参照执行。

2 在进入××城区(市区)的互通式立体交叉之前,地点距离标志变更为"城区(市区)出口组预告标志",可按表6.2.1和表6.1.4的规定选取距各互通式立体交叉最近的出口信息作为该标志的版面内容,并作为各互通式立体交叉出口预告标志的主要版面内容。当连接同一城市的互通式立体交叉数量多于3个时,可在该位置处设置城区(市区)连续出口标志,版面内容可分为两行,分别表示城市名称和出口数量。

当相邻互通式立体交叉间距大于10km时,城区(市区)出口组预告标志或连续出口标志可重复设置,其间隔应为5km左右。

（行政分界标志）　（第1个互通）　（地点距离标志）　（第2个互通）　（地点距离标志）　（第3个互通）

（出口组预告标志）或（连续出口标志）

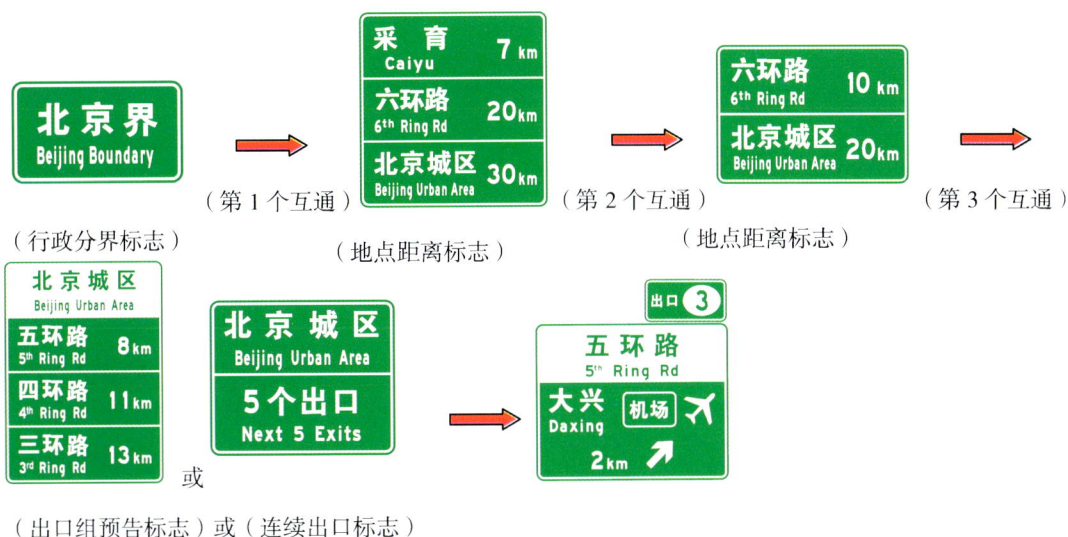

图 6.7.1　多个互通式立体交叉连接同一城市时交通标志的设置示例

3　在进入××城区（市区）的第一个互通式立体交叉之后至最后一个互通式立体交叉之前按规定需设置的地点距离标志，可根据需要变更为城区（市区）出口组预告标志或城区（市区）连续出口标志。

4　当出口沿线地名知名度不高时，可采用"城市名称＋方位"作为版面内容。这种情况下，可根据需要设置连续出口标志。

6.7.2　间距较近的互通式立体交叉交通标志的设置

当第一个互通式立体交叉的后基准点与第二个互通式立体交叉的前基准点之间的距离 $L < 2000\mathrm{m}$ 时，应按下列规定调整指路标志的设置标准：

1　取消两个互通式立体交叉之间的下一出口预告标志。

2　当 $1000\mathrm{m} \leqslant L < 2000\mathrm{m}$ 时，取消第二个互通式立体交叉的2km出口预告标志。

3　当 $500\mathrm{m} \leqslant L < 1000\mathrm{m}$ 时，在第一个互通式立体交叉的前基准点出口预告标志处，并设第二个互通式立体交叉的出口预告标志，预告距离采用实际值。

4　当 $L < 500\mathrm{m}$ 时，在第一个互通式立体交叉的500m出口预告和前基准点出口预告标志处，并设第二个互通式立体交叉的出口预告标志，预告距离采用实际值，可精确到百米。

5　单向三车道及以上的国家高速公路，可根据需要在距第一个互通式立体交叉的前基准点3km处，设置指示前方多个出口的图形标志，如图6.7.2。

6　当互通式立体交叉与服务区、停车区之间的基准间距 $L < 2000\mathrm{m}$ 时，可参考上述规定设置必要的交通标志。

6.7.3　具有集散车道的复杂互通式立体交叉交通标志的设置

图 6.7.2　多车道高速公路间距较近的互通式立体交叉出口预告图形标志示例

    1 在高速公路主线设置的出口预告系列标志中,所有出口应采用同一编号。在互通式立体交叉范围内第一个主出口处,应列出各出口可到达的主要目的地信息,然后再根据出口的分布分别加以引导。

    2 当出口三角端处,应分别设置地点、方向标志。

6.7.4　高速公路枢纽互通式立体交叉指路标志的设置

    1 在距枢纽互通式立体交叉的前基准点3km、2km、1km、500m和0km处,应分别设置3km、2km、1km、500m出口预告标志和出口预告(行动点)标志。出口预告系列标志版面应出现两行信息:第一行应为出口可连接的高速公路或城市快速路的编号(名称)信息;如前进方向明确,则应指出其方向。第二行应为所连接高速公路或城市快速路的一两个地区或地点名称信息;当沿线存在基准地区时,可选择距当前位置最近的一两个基准地区的名称。

    在前基准点处,与出口预告标志一起,宜同时设置直行车道的地点、方向标志。该标志宜出现两个信息:第一个信息为下一出口可到达的道路、地区或地点信息,与相应连接道路的等级相匹配;第二个信息为本高速公路前方能到达的最近的基准地区名称。

    2 当枢纽互通式立体交叉较为复杂或单向车道数大于或等于4条时,宜在适当位置设置出口预告图形化版面标志。该标志应能体现互通式立体交叉的基本轮廓,如图6.7.4。当主线同一方向只有一个出口时,也可将该标志设置于该互通式立体交叉的前基准点处。

图6.7.4　图形化标志示例

6.7.5　当互通式立体交叉范围内或两侧设置有大型桥梁、隧道等构造物时,标志设置应符合下列规定:

    1 当具备条件时,行车确认标志应移出桥梁、隧道路段,距离采用调整后的数值,否则可取消。

    2 当具备条件时,出口预告及出口系列标志应在100～200m范围内移出桥梁、隧道路段,距离采用调整后的数值,否则根据现场公路和环境条件经严格论证可取消2km出口预告标志。其他出口预告及出口标志必须设置,设置位置应尽量减少对桥梁、隧道结构物受力的影响。

    3 设置于隧道内的出口预告标志,不得对通风、监控设施产生很大的影响,其版面内容可适当调整,如图6.7.5。文字和图案的规格可根据建筑限界的要求整体适当减小,但最大不得降低正常规格的50%。降低后的出口预告标志必须设置亮度均匀且不眩光的内部或外部照明。

图6.7.5　位于隧道内的出口预告标志示例

    4 当隧道出口端紧接互通式立体交叉的减速车道

或出口时,或高速公路在隧道出口端分岔时,在隧道的入口前适当位置处应设置分别指向每个车道的地点、方向标志,并采用门架式或附着式支撑方式。隧道内相应位置处应设置出口预告标志,并应满足本条第 3 款的规定。

6.7.6 当互通式立体交叉与服务区或停车区合建时,除按本章的规定选取一个出口信息外,服务区或停车区还必须作为另一个重要信息出现在出口预告及出口系列标志版面中。因版面规格原因,服务区或停车区的名称和标识可取消,仅保留"服务区"或"停车区"的信息,如附录 E.0.4。

7 一般公路指路标志和其他标志

7.1 一般规定

7.1.1 本章适用于除高速公路外的其他各等级公路。除版面颜色外,具有干线功能的一级公路互通式立体交叉范围内的指路标志可参照高速公路的规定进行设置。

7.1.2 一般公路指路标志按照标志的功能可分为路径指引、地点指引、沿线设施指引、公路信息指引标志,其他标志包括旅游区标志及告示标志等。

1 路径指引标志

路径指引标志包括:平面交叉预告标志、平面交叉告知标志、确认标志。

2 地点指引标志

地点指引标志包括:地名标志、著名地点标志、分界标志、地点识别标志。

3 沿线设施指引标志

沿线设施指引标志包括:停车场(区)标志、错车道标志、人行天桥标志和人行地下通道标志、残疾人专用设施标志、观景台标志、应急避难设施(场所)标志、休息区标志。

4 公路信息指引标志

公路信息指引标志包括:车道数变少标志、车道数增加标志、交通监控设备标志、隧道出口距离预告标志、线形诱导标、里程碑或里程牌、百米桩、公路界碑。

7.1.3 根据信息的重要程度、一般公路的服务对象和功能,各类信息可分为 A 层、B 层和 C 层信息,如表7.1.3。

表7.1.3 一般公路标志信息分级表

信息类型		A 层 信 息	B 层 信 息	C 层 信 息
公路编号(名称)		高速公路、国道编号(名称)①	省道编号(名称)①	县、乡道编号和名称①②
地区名称信息		重要地区(直辖市、省会、自治区首府、副省级城市、地级市)③	主要地区(县及县级市)	一般地区(乡、镇、村)
地点名称信息	交通枢纽信息	飞机场、省级火车站、港口、重要交通集散点	地级火车站、长途汽车总站、大型平面交叉、大型立交桥	县级火车站、长途汽车站、较大型平面交叉

信息类型		A 层 信 息	B 层 信 息	C 层 信 息
地点名称信息	文体、旅游信息	国家级旅游景区、自然保护区、大型文体设施	省级旅游景点、自然保护区、博物馆、文体场馆	地、县级旅游景点、博物馆、纪念馆、文体中心
	重要地物信息	国家级产业基地、省部级政府机关	省级产业基地、科技园,地级政府机关	地、县级产业基地,县级政府机关

注:①公路有正式编号时,应首选公路编号。公路编号(名称)应符合国家统一规定。

②县、乡道宜同时标明编号和名称。

③直辖市、省会、自治区首府等控制性城市可作为沿线的基准地区。

7.1.4 指路标志版面中的距离应指其与计算基准点的距离。计算基准点的选取方法如下:

1 当指示信息为一般公路时,若所指示公路与当前公路直接相交,则以平面交叉作为计算基准点;若通过其他公路相连,则以连接公路与所指示公路的平面交叉作为计算基准点。

2 当指示信息为高速公路或城市快速路时,以一般公路与高速公路、城市快速路的连接线平面交叉或减速车道渐变段起点作为计算基准点。

3 当指示信息为地区信息时,若为有环线的特大城市或大城市,则以中心环线的入口作为计算基准点;若为无环线的特大城市或大城市,中、小城市(区、县),或乡村,则以中心区(老城区)或政府所在地作为计算基准点。

4 当指示信息为旅游景区、交通枢纽等较大型重要地物时,以距其建筑物本身或外围大门最近的平面交叉作为计算基准点。

7.2 路径指引标志

7.2.1 在公路与公路相交叉处,应根据相交公路的行政等级,按照表7.2.1的规定,设置相应的交通标志,其设置位置如图7.2.1。平面交叉交通标志的设置流程如附录F。具有集散功能的一级公路、二级及二级以下公路中的互通式立体交叉及专用公路可参照本条和第7.2.2条的规定设置。

表7.2.1 平面交叉交通标志的设置

主线公路 ＼ 被交公路	国 道	省 道	县 道	乡 道
国道	预 告 确	预 告 确	预 告 确	告
省道	预 告 确	预 告 确	预 告 确	告

被交公路 主线公路	国　道	省　道	县　道	乡　道
县道	预 告 确	预 告 确	预 告 确	告
乡道	预 告 确	预 告 确	告	告

注:预——平面交叉预告标志;

告——平面交叉告知标志;

确——确认标志;

○——国、省道或单向双车道及以上的公路应设置的交通标志,其他公路宜设置的交通标志;

⊙——在综合分析公路的技术等级、设计速度、交通量及车型构成等因素的基础上,根据需要可设置的交通标志。

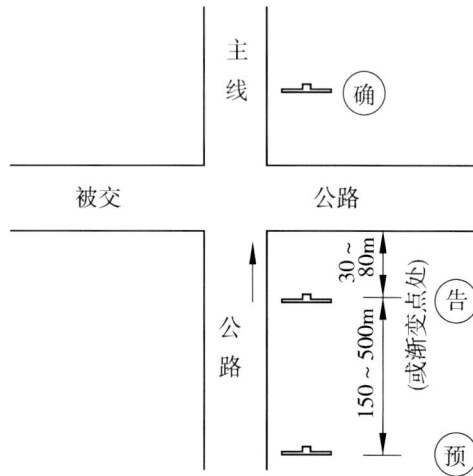

图 7.2.1 平面交叉交通标志设置示例

1 平面交叉预告标志

1）平面交叉预告标志应指明该平面交叉可到达的公路编号（名称）、地区或地点等的名称及由当前位置至该平面交叉的距离。路线总体走向为东、西、南或北向的顺直路段部分,可在标志板的左上角（版面受限制时可在右上角）指明方向信息。版面信息的选择应符合第 7.2.2 条的规定。同一方向的目的地信息不应超过两个。

2）宜通过图案体现该平面交叉的形状。

3）当平面交叉处无路线重合时,如目的地信息数量总数小于或等于 4 个,则可通过指示方向的箭头杆标识公路路线的编号（名称）,其文字高度可适当降低,取 0.5 ~ 0.7 倍字高,但汉字高度不宜小于 20cm,字母标识符和阿拉伯数字高度不宜小于 15cm,公路编号标志的总高度不宜小于同一指路标志的汉字字高;如目的地信息数量总数大于 4 个,则可在平面交叉预告标志之前的适当位置处设置公路编号（名称）标志,路线总体走向为东、西、南或北向的顺直路段部分,可在公路编号标志的上方设置方向标志。当平面交叉处有多条路线重合时,公路编号（名称）标志均应单独设置,各条公路的编号（名称）标志应全部列出,平面交叉预告标志指示方向的箭头杆不再标识公路路线的编号（名称）,方向标志根据所在位置的路线走向设置。

4）设计速度大于或等于80km/h的公路平面交叉预告标志,应设置在距平面交叉告知标志300～500m处;其他公路的平面交叉预告标志,应设置在距平面交叉告知标志150～300m处。

2 平面交叉告知标志

1）平面交叉告知标志指明的公路编号(名称)、地区或地点等的名称和方向信息应与平面交叉预告标志相同。大型平面交叉可在图案的下方指出该平面交叉的名称,其文字高度可适当降低,取0.5～0.7倍字高,且不宜小于20cm。

2）在根据表7.2.1的规定无需设置确认标志的情况下,可指出到达目的地沿相关公路需行驶的距离。

3）在指示方向的箭头杆上是否标识公路的编号(名称)信息,处理方法同平面交叉预告标志。

4）设置有减速车道的公路平面交叉告知标志,应设置于减速车道起点处;其他公路的平面交叉告知标志,应设置于距平面交叉30～80m处。

3 确认标志

1）确认标志包括地点距离标志、公路编号标志等。

2）地点距离标志应设置在平面交叉的公路入口后300～400m或两个平面交叉中间的适当位置处。版面内容的选择应符合第7.2.2条的规定。当两个平面交叉间距小于2km时,可不设置地点距离标志;当两个平面交叉间距大于10km时,可适当增设,并保持地点信息的关联性。

3）公路编号标志可独立设置在平面交叉的公路入口后30～50m的位置。当两个平面交叉间距大于10km时,可适当增设。路线总体走向为东、西、南或北向的顺直路段部分,可在公路编号标志的上方设置方向标志。公路编号标志的下方可设置现在地名称等信息。当条件允许时,公路编号标志可按下列方法和地点距离标志合并设置:

①地点距离标志版面的左侧设置带有公路编号的指示箭头。路线总体走向为东、西、南或北向的顺直路段部分,可在箭头的上方设置地理方位信息。

②公路编号标志附着在地点距离标志的立柱结构上。

当路线重合时,公路编号(名称)标志应全部列出。

7.2.2 路径指引标志版面信息的选取

1 平面交叉预告标志、告知标志

平面交叉预告标志、告知标志上的信息级别,应根据相交公路的行政等级、服务区域的特点,在对交通流的流向和流量加以综合分析的基础上,按表7.2.2选取。一般公路路径指引标志设置示例如附录G。

1）当同一方向有同层多类信息时,应按由上至下的顺序对表7.1.3的信息类型加以选择。公路编号信息宜与同层地区名称并用。专用公路应根据其服务对象选取对应的信息类型。

2）当同一方向有同层同类多个信息时,应按由近到远的顺序加以选择。当有多个C

层信息时,应综合考虑交通吸引量、经济发展水平等因素选取相对更为重要的信息。

3)位于国道、省道上的标志所选取的信息,应与交通地图的信息相呼应;县、乡道上的标志所选取的信息,宜与交通地图的信息相呼应。

4)当无法按表7.2.2的规定选取必要的信息时,可降级选取信息。必要时,也可升级选取信息。

5)同一方向主要目的地信息的数量不应超过两个。当选取两个地名时,宜按由近到远采用同一行内由左到右或在两行内由上到下的顺序排列。在条件允许时,远程信息宜选取前方的基准地区。

表7.2.2 平面交叉预告、告知标志信息要素选择参考表

标志所在位置 公路行政等级	主线方向	支线方向		
		国道	省道	县、乡道
国道	A层、(B层)	A层、(B层)	(A层)、B层	(B层)、C层
省道	(A层)、B层	A层、(B层)	(A层)、B层	(B层)、C层
县、乡道	(B层)、C层	A层、(B层)	(A层)、B层	(B层)、C层

注:①表中不带括号的信息为首选信息;带括号的信息适用于无首选信息时,或根据需要作为第二个信息。

②当接近首选信息所指示的地点时,该信息作为第一个信息。如需选取第二个,则仍按本表的顺序筛选。

2 地点距离标志

1)国道、省道的地点距离标志,宜采用三行排列:

①第一行的地点为近程目的地,应在沿线的A层、B层、(C层)信息中选取距当前所在地最近的信息。一般情况下,宜优先选择沿线可到达的地区名称。

②第三行的地点为远程目的地,同时作为指示路线总体前进方向的基准地区,在一定距离内保持相对固定。当沿线存在直辖市、省会、自治区首府等A层信息时,应以距当前所在地最近的上述地区名称作为基准地区。当临近基准地区时,再按照上述原则选取下一个A层信息作为新的基准地区。当沿线不存在上述基准地区时,应按表7.1.3的顺序选取沿线距当前所在地最远的其他A层信息(高速公路、国道编号或其他重要地区)作为远程目的地。

③第二行的地点为中间远程目的地,宜选取上述两个目的地之间的最近的其他A层、B层信息(重要地区)。如无重要地区,则可按表7.1.3的顺序选取其他A层信息或B层信息(主要地区)。当接近基准地区时,选用基准地区作为第二行的地点。

2)县道、乡道的地点距离标志,可根据需要采用两行或三行排列:

①第一行(第二行)可在沿线的(A层)、(B层)、C层信息中选取沿线最近的(次近的)目的地信息,并按本条第1款和表7.2.2的规定选取。

②最下一行可选取沿线较远处的B层信息(如县及县级市等)作为基准地区信息,并相对固定。当临近基准地区时,可按表7.1.3的顺序选取沿线距当前所在地最远的其他B层信息(如省道编号等)作为基准信息。

3)地点距离标志指示信息中,至少应有一个信息与平面交叉告知标志中的信息相呼应。

7.3 地点指引标志

7.3.1 地名标志

1 在公路沿线经过的市、县、镇、村的边缘处,可视需要设置地名标志,其中村名标志可附设在村庄警告标志下。

2 地名标志宜便于两个以上方向的辨认。

7.3.2 著名地点标志

1 对于路径指引标志中出现的著名地点,应在适当位置设置相应的著名地点标志。

2 对于公路沿线跨越河流、湖泊、海峡等长度大于 1 000m 的桥梁,长度大于 500m 的隧道,大型枢纽互通式立体交叉等交通设施,可独立设置著名地点标志。版面内容应包括有关设施名称,桥梁和隧道应标明其长度,可四舍五入精确到百米。

3 著名地点标志可根据需要设置表示公共设施或旅游设施的象征性标记。

4 著名地点标志应设置在距其起点 50~100m 的适当位置处。

7.3.3 分界标志

1 根据公路的行政等级,可按照表 7.3.3 的规定设置相应的行政区划分界标志。如必需同时表示行政等级低一级的地区名称,则应采用宽度相同的两块标志板同时设置于一根立柱上。

表 7.3.3 行政区划分界标志的设置

行政分界 主线公路	省、直辖市、 自治区界	省会、自治区首府、 副省级城市、 地级市界	县及县级市界	乡、镇界
国道	○	○		
省道	○	○	○	
县道和乡道			○	○

注:○表示应设置的交通标志;○表示根据需要可设置的交通标志。

2 除下列情况外,行政区划分界标志应设置在实际分界线上:

1)当实际分界线上不具备设置条件时,可在前后 30m 以内选定适当位置。

2)当实际分界线处为桥梁、隧道时,可在出口端适当位置设置。

3 位于公路养护段、道班管辖分界处的分界标志,可根据需要设置。

7.3.4 地点识别标志

1 在飞机场、加油站、轮渡码头等重要地点,可根据需要设置地点识别标志。

2 地点识别标志宜与辅助标志配合使用。如所在位置同时存在路径指引标志,则可将代表相应地点的图形符号布置在路径指引标志的版面中。

7.4 沿线设施指引标志

7.4.1 对于一、二级公路沿线设施,应按表7.4.1的规定设置相应的指引标志;三、四级公路出现相关设施时,可参照设置。

表7.4.1 沿线设施和旅游区(点)指引标志的设置

设施分类		公路分级		交通标志设置基准点
		一级、二级公路作为干线公路时	一级、二级公路作为集散公路时	
沿线设施	服务区	(1)3km 处可设置下两个或三个连续服务区、停车区预告标志①;(2)2km、1km、减速车道起点处服务区预告及入口标志	—②	服务区出口减速车道起点(入口标志设置在出口三角带处)
	停车区、停车场	1km、减速车道起点处设施预告及入口标志	—②	设施出口减速车道起点(入口标志设置在出口三角带处)
	错车道	—②	错车道标志	设置在距错车道100~150m处③
	观景台	500m 预告、减速车道起点处设施预告标志	出口标志	观景台出口减速车道起点④
	应急避难设施(场所)	应急避难设施(场所)预告及指引标志	应急避难设施(场所)指引标志	疏散通道及其他应急避难设施附近
	休息区	500m、减速车道起点处设施预告标志	减速车道起点处设施预告标志	设施出口减速车道起点
	主线收费站	1km、500m 收费站预告及收费站标志	500m 收费站预告及收费站标志	收费广场渐变段起点
	匝道收费站	收费站标志	收费站标志	收费广场渐变段起点
旅游区(点)	AAAAA、AAAA、AAA 旅游区(点)	2km、1km、减速车道起点处旅游区预告标志	1km、减速车道起点处旅游区预告标志	减速车道起点
	AA、A 旅游区(点)⑤	减速车道起点处旅游区预告标志	减速车道起点处旅游区预告标志	减速车道起点

注:①当服务区、停车区之间的间距小于25km时,可不设置此标志。服务区、停车区系列标志的版面应根据提供服务的实际内容进行设置。

②无此设施。

③可设置辅助标志指示距前方错车道的距离。

④表中部分设施未设置减速车道的,则"出口减速车道起点处"的位置改为距出口100~200m处。

⑤视实际需要在不引起信息超载时可设置。

7.4.2 公路沿线设施应以版面易于被公路使用者识别、理解为前提,进行版面设计。

7.5 公路信息指引标志

7.5.1 车道数变少标志
车道数变少标志设置在变化点前适当位置处。

7.5.2 车道数增加标志
车道数增加标志设置在车道数量增加断面前的适当位置处。

7.5.3 交通监控设备标志
交通监控设备标志设置在设置了图像采集等交通监控设备的路段适当位置处。

7.5.4 隧道出口距离预告标志
1 隧道出口距离预告标志设置在长度超过3 000m的特长隧道内,从距离隧道出口2 000m处开始每500m设置一块,直至隧道出口。
2 该标志可设置在隧道侧壁上,版面中隧道曲线的转弯方向应与实际情况相对应。

7.5.5 线形诱导标
1 当需要指出公路轮廓时,宜按表7.5.5的规定在平曲线外侧设置线形诱导标。位于中央分隔带及渠化设施端部的线形诱导标,应为竖向设置。
2 线形诱导标的设置,应根据曲线半径、曲线长度、偏角大小确定。偏角小于或等于7°的曲线路段,可在曲线中点位置设一块线形诱导标;偏角大于7°、曲线较长的弯道,可根据需要设置若干块线形诱导标,并应保证驾驶人在曲线范围内连续看到不少于3块线形诱导标。
3 第1、2块线形诱导标可根据需要设置为单层或双层。
4 双车道公路可并设两个方向的线形诱导标。
5 设置线形诱导标后,可不再设置公路平面线形警告标志。

表7.5.5 线形诱导标的最大设置间距

设计速度(km/h)	120	100	80	60	40	30	20
设置间距(m)	105	80	55	37	20	15	10

7.5.6 里程碑和百米桩
1 公路前进方向的右侧每隔1km应设置1块里程碑。当由于路侧条件所限无法设置里程碑时,可设置里程牌。
2 里程碑之间每隔100m应设置1个百米桩。

7.5.7 公路界碑

公路界碑应设置在公路两侧用地范围分界线上，设置间距 200～500m，曲线段可适当加密。

7.6 旅游区标志

7.6.1 对于一般公路沿线旅游区（点），应按表 7.4.1 的规定设置相应的指引标志。

7.6.2 当知名度较高、对交通流的吸引力较大时，旅游区（点）可作为目的地名称使用。

7.6.3 旅游区（点）的指引标志不得影响主要标志的设置。当沿线旅游区（点）较多时，可以最多三个为一组，设置旅游区（点）地点距离标志。该标志与用于路径指引的地点距离标志的间距应大于 1km。

7.6.4 在通往各景点或各活动场所的分岔口处，可设置旅游符号来指示旅游区（点）内的设施或活动场所。旅游符号下可附加辅助标志，以指示前进方向或距离。

7.7 告示标志

7.7.1 告示标志的设置，不应影响警告、禁令、指示和指路标志的设置和视认。

7.7.2 告示标志和警告、禁令、指示和指路标志设置在同一位置时，禁止并设在一根立柱上，需设置在警告、禁令、指示和指路标志的外侧。

7.7.3 下列条件下，可在公路入口或路段的适当位置视需要设置行车安全提醒告示标志：

1 提醒驾驶人不要酒后驾车，可设置严禁酒后驾车标志。
2 提醒驾乘人员不要向车外抛洒物品，可设置严禁乱扔弃物标志。
3 提醒驾驶人急弯减速行驶，可设置急弯减速标志。
4 提醒驾驶人急弯下坡减速行驶，可设置急弯下坡减速标志。
5 提醒机动车驾驶人、乘坐人员应按规定使用安全带，可设置系安全带标志。
6 提醒行驶速度较慢的大型车辆靠右行驶，可设置大型车靠右标志。
7 提醒机动车驾驶人驾车时不要使用手持电话，可设置驾驶时禁用手机标志。
8 用以提醒机动车驾驶人注意校车停靠站点，可设置校车停靠站点标志。

8 纵向标线

8.1 分类

纵向标线按其功能可分为：

1 可跨越对向车行道分界线、可跨越同向车行道分界线、潮汐车道线、车行道边缘线、左弯待转区线、路口导向线和导向车道线等指示标线；

2 禁止跨越对向车行道分界线、禁止跨越同向车行道分界线和禁止停车线等禁止标线；

3 路面(车行道)宽度渐变段标线、接近障碍物标线和铁路平交道口标线等警告标线。

8.2 对向车行道分界线

8.2.1 设置条件

二、三级公路及双车道四级公路应设置对向车行道分界线。

8.2.2 形式选择

1 对向车行道分界线分为可跨越对向车行道分界线和禁止跨越对向车行道分界线两类，应根据沿线公路条件、行车障碍物的分布、视距及双向交通量的构成等条件加以选择。可跨越对向车行道分界线采用单黄虚线，禁止跨越对向车行道分界线采用双黄实线、黄色虚实线和单黄实线三种类型，如附录 H。

2 双向双车道公路应根据表 8.2.2 规定的超车视距和公路沿线条件来确定对向车行道分界线的类型：

1)当两个方向超车视距均能满足时，应设置单黄虚线。

2)当两个方向超车视距均不能满足时，应设置单黄实线。

3)当一个方向允许车辆超车或左转弯，而另一个方向不允许时，或一个方向交通量远大于另一个方向交通量时，应设置黄色虚实线(允许超车或左转弯，或交通量大的一侧设置黄色虚线)。公路曲线路段通过超车视距确定禁止超车区的方法如附录 I。

4)在学校、城镇、沿河等路段应设置单黄实线。

5)在进入铁路或其他道路前 30m 处应设置单黄实线。

表8.2.2 二、三、四级公路超车视距

速度(km/h)		80	60	40	30	20
超车视距（m）	一般值	550	350	200	150	100
	最小值	350	250	150	100	70

注:①超车视距的取值应与公路的设计值相一致。

②速度值应选取设计速度与实际限速值两者中的的较大值。

3 双向三车道公路对向车行道分界线,应采用双黄实线或黄色虚实线:

1)当两个行车方向均需禁止车辆超车或向左转弯时,应设置双黄实线。

2)当允许单车道方向一侧越线超车或向左转弯时,应设置黄色虚实线(单车道一侧设置黄色虚线)。

4 当双向四个及四个以上车道的整体式路基未设置中央分隔带时,应设置双黄实线。除与公路、铁路或其他道路的平面交叉或允许车辆左转弯的路段外,均应连续设置。

8.2.3 设置位置

1 对向车行道分界线宜设置在相邻双向车行道的几何分界线上。如该位置为水泥混凝土路面的接缝,则通过工程研究和判断,单黄实线或单黄虚线可偏向接缝一侧,偏移宽度不宜大于对向车行道分界线宽度。

2 当单黄线(单黄实线或单黄虚线)与双黄线(黄色虚实线或双黄实线)搭接时,单黄线宜位于双黄线的中间。当双黄线的净距大于50cm时,应进行过渡处理。

8.2.4 设置规格

1 单黄实线、单黄虚线的宽度应为15cm,特殊情况下可降低至10cm。

2 单黄虚线的线条长度应为4m,空白段长度应为6m。

3 黄色虚实线、双黄实线的净距宜为10~30cm,根据公路的设计速度和路面宽度确定。当双黄实线净距大于50cm时,应用黄色斜线或其他设施填充两条黄实线间的部分,黄色斜线填充线线宽应为45cm,间隔应为100cm,倾斜角度应为45°。

8.3 同向车行道分界线

8.3.1 设置条件

当同一行驶方向有两条或两条以上的车行道时,应设置同向车行道分界线。

8.3.2 形式选择

1 同向车行道分界线分为可跨越同向车行道分界线和禁止跨越同向车行道分界线两类,应根据是否需要禁止车辆变换车道和短时越线超车加以选择。可跨越同向车行道分界线采用白色虚线,禁止跨越同向车行道分界线采用白色实线,如附录J。

2　经常出现强侧向风的特大桥梁路段、宽度窄于路基的隧道路段、急弯陡坡路段、车行道宽度渐变路段、交叉口驶入段、接近人行横道线的路段或其他需要禁止变换车道的路段,应设置白色实线;同向相邻车道间,允许车辆变换车道或短时跨越车行道分界线行驶时,则应设置白色虚线。

8.3.3　设置位置

同向车行道分界线应设置在同向行驶的车行道之间的分界线上。如该位置为水泥混凝土路面的接缝,则通过工程研究和判断,白色虚线或白色实线可偏向接缝一侧,偏移宽度不宜大于白色虚线或白色实线的宽度。

8.3.4　设置规格

1　白色虚线、白色实线的宽度应为 10～15cm,根据公路的设计速度和路面宽度确定。

2　二级及二级以上的公路白色虚线的线条长度应为 6m,空白段长度应为 9m;其他公路白色虚线的线条长度应为 2m,空白段长度应为 4m。

8.4　潮汐车道线

8.4.1　设置条件

当车辆行驶方向可随交通管理需要进行变化时,可设置潮汐车道。应使用相应的可变标志、车道行车方向信号控制设施来配合实现车道行车方向随需要变化的功能,可配合使用相应的物理隔离设施。

8.4.2　形式选择

采用两条黄色虚线并列组成的双黄虚线作为潮汐车道的指示标线。

8.4.3　设置位置

潮汐车道线位于潮汐车道的两侧。

8.4.4　设置规格

黄色虚线的宽度应为 15cm;线段与间隔长度应与同一路段的可跨越同向车行道分界线一致。两条线之间的净距应为 10～15cm,在确保车行道宽度条件下,可适当调整。

8.5　车行道边缘线

8.5.1　设置条件

1　高速公路、一级公路应设置车行道边缘线。

2 二级及二级以下公路的下列路段应设置车行道边缘线:

1)公路的窄桥及其上下游路段;

2)采用公路设计极限指标的曲线段及其上下游路段;

3)交通流发生合流或分流的路段;

4)路面宽度发生变化的路段;

5)路侧障碍物距车行道较近的路段;

6)经常出现大雾等影响安全行车天气的路段;

7)非机动车或行人较多的机非混行路段。

3 二级公路的其他路段宜设置车行道边缘线,三、四级公路的其他路段可不设置。

8.5.2 形式选择

1 车行道边缘线可分为白色实线、白色虚线、白色虚实线、单黄实线,应根据车行道边缘线所在的位置加以选择,如附录 H。

2 除下列路段外,车行道边缘线均应为白色实线:

1)在出入口、交叉口及允许路边停车路段等允许机动车跨越边缘线的地方,可设置车行道边缘白色虚线。当公路相邻出入口间距小于或等于 100m 时,车行道边缘虚线可连续设置。

2)在必要的地点,如公交车站邻近路段、允许路边停车路段等,可设置车行道边缘白色虚实线。虚线侧允许车辆越线行驶,实线侧不允许车辆越线行驶。

3)机动车单向行驶且非机动车双向行驶的路段,在机动车道与对向非机动车道之间应施画单黄实线作为车行道边缘线。

4)单向行驶的公路左边缘应施画单黄实线作为车行道边缘线。

8.5.3 设置位置

车行道边缘线应设置在公路两侧紧靠车行道的硬路肩内,并不得侵入车行道内。如该位置为水泥混凝土路面的接缝,则车行道边缘线可偏向接缝一侧,偏移宽度不宜大于其宽度。

8.5.4 设置规格

1 车行道边缘线的宽度应为 15～20cm,根据公路的设计速度和路面宽度确定。

2 车行道边缘白色虚线的线条长度及空白段长度应分别为 200cm 和 400cm,白色虚实线的虚实线净距应为 15～20cm。

8.6 左弯待转区线

8.6.1 设置条件

当设有左转弯专用信号且辟有左转弯专用车道时,应设置左弯待转区线。在有条件的地点,左弯待转区可设置多条待转车道。

8.6.2 形式选择

左弯待转区线为两条平行并略带弧形的白色虚线,其前端应施画停止线。在待转区内应施画白色左转弯导向箭头,可在左弯待转区的起始位置和停止线前各施画一组。当左弯待转区较长时,中间可重复设置导向箭头;当左弯待转区较短时,可仅设置一组导向箭头。

8.6.3 设置位置

左弯待转区线应设置于左转弯专用车道前端,伸入交叉路口内,但不得妨碍对向直行车辆的正常行驶。

8.6.4 设置规格

左弯待转区线线宽应为15cm,线段及间隔长均应为50cm。导向箭头长应为300cm。

8.7 路口导向线

8.7.1 设置条件

当平面交叉口面积较大、形状不规则或交通组织复杂,车辆寻找出口车道困难或交通流交织严重时,应设置路口导向线,辅助车辆行驶和转向。

1 当平面交叉为四车道与四车道相交时,宜设置机动车左转导向线;当平面交叉任一条道路相交车道数大于4时,应设置机动车左转导向线,如图8.7.1 a)。

2 当平面交叉为非正交且相交角小于70°时,应设置机动车左转导向线,如图8.7.1 b)。

3 当平面交叉的对向进口道出现偏置错位情况时,宜设置机动车直行导向线,以引导直行车辆的运行,如图8.7.1 c)。

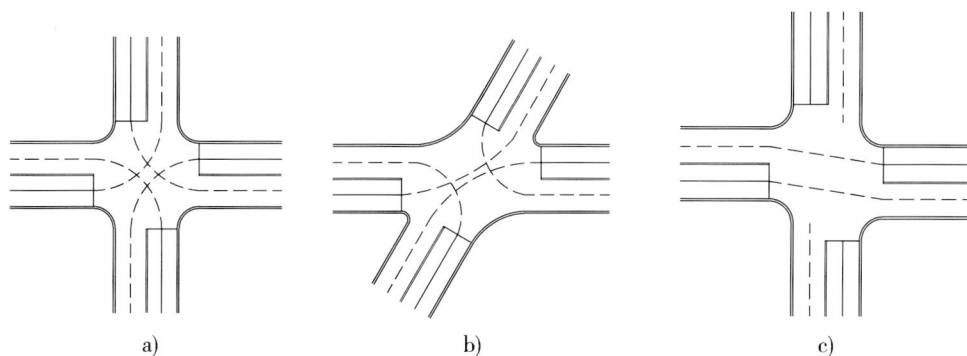

图8.7.1 路口导向线

a)左转导向线;b)不规则交叉口左转导向线;c)直行导向线

8.7.2 形式选择

连接同向车行道分界线或机非分界线的路口导向线为白色圆曲(或直)虚线;连接对向车行道分界线的路口导向线为黄色圆曲(或直)虚线。

8.7.3 设置规格

路口导向线为虚线,线段长应为 200cm,间隔应为 200cm,线宽应为 15cm。

8.8 导向车道线

8.8.1 设置条件

导向车道线由设置于路口驶入段的车行道分界线构成,用以指示车辆应按导向方向行驶的导向车道的位置。

可变导向车道线用于指示导向方向随需要可变的导向车道的位置,其设置长度应不小于其他导向车道线的设置长度,在其内部不应设置导向箭头。可变导向车道线应与可变的车道行驶方向标志配合使用,进入可变导向车道的车辆应按车道行驶方向标志显示的指向行驶。

8.8.2 设置规格

导向方向固定的导向车道线为白色实线,线宽应为 10cm 或 15cm,施画长度根据路口的几何线形及交通管理需要确定,不宜小于 30m。

可变导向车道线尺寸如图 8.8.2 a),设置示例如图 8.8.2 b)。

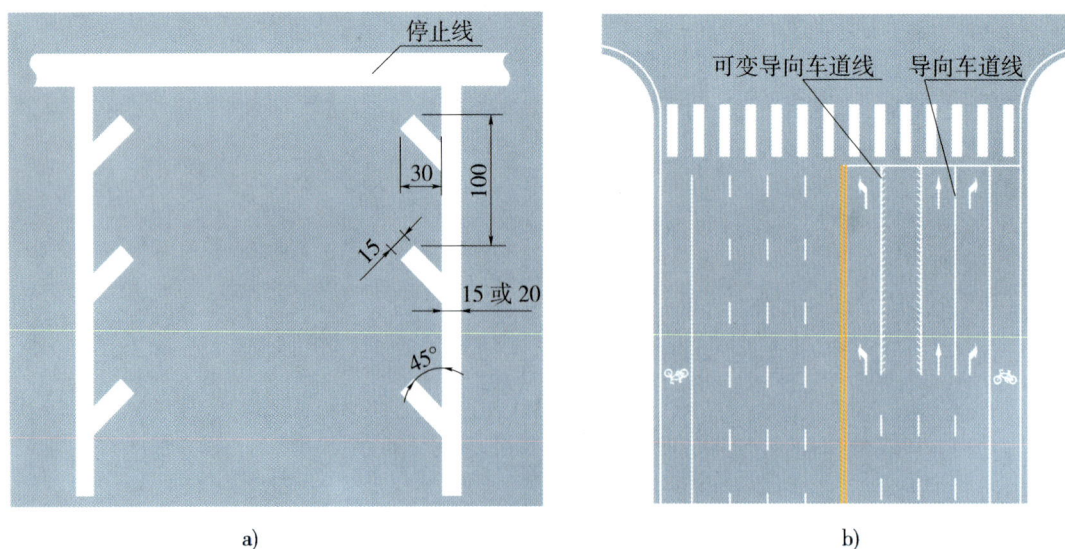

图 8.8.2 导向车道线(尺寸单位:cm)

a)可变导向车道线;b)导向车道线设置示例

8.9 禁止停车线

8.9.1 设置于路缘石上的禁止停车线

1 在禁止路边长时停放车辆的路段,在路缘石正面及顶面宜设置禁止长时停车线。除法律、法规规定的禁止停车区外,在经常被积雪、积冰覆盖的地方应同时设置禁止长时停车标志。

禁止长时停车线为黄色虚线,宽度应为15cm,或与路缘石宽度相同,高度应与路缘石高度相同,线段长应为100cm,间隔应为100cm,如图8.9.1 a)。

2 在禁止路边临时或长时停放车辆的路段,在路缘石正面及顶面宜设置禁止停车线。除法律、法规规定的禁止停车区外,在经常被积雪、积冰覆盖的地方,应同时设置禁止停车标志。

禁止停车线为黄色实线,宽度应为15cm,或与路缘石宽度相同,高度应与路缘石高度相同,如图8.9.1 b)。

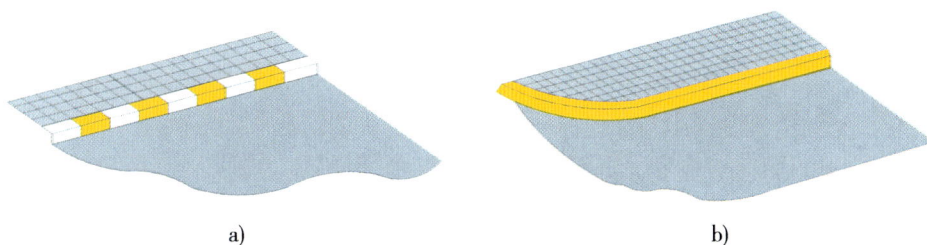

图8.9.1 设置于路缘石上的禁止停车线
a)禁止长时停车线;b)禁止停车线

8.9.2 设置于路面上的禁止停车线

公路路侧无路缘石时,禁止停车线可施画于路面上:

1 禁止长时停车线为黄色虚线,距路面边缘应为30cm。黄色虚线的宽度应为15cm,线段长应为100cm,间隔应为100cm。

禁止长时停车线可配合"禁止停放"路面文字和禁止长时停车标志一并使用,并可根据需要在辅助标志上标明禁止路边停放车辆的时间或区间。

2 禁止停车线为黄色实线,距路面边缘应为30cm。黄色实线的宽度应为15cm,施画的长度表示禁停的范围。

禁止停车线可配合"禁止停放"路面文字和禁止停车标志一并使用,并可根据需要在辅助标志上标明禁止路边停放车辆的时间或区间。

8.10 路面(车行道)宽度渐变段标线

8.10.1 车行道数量变化

1 车行道数量减少

当车行道数量减少时,应以渐变段过渡。在车行道数量减少的一侧,应施画车行道边缘线。当三车道公路直线段一个方向的车行道数量由两条减少为一条时,渐变段应采用斑马线填充,斑马线线宽应为45cm,间隔应为100cm,倾斜角度应为45°,如附录 K.1。渐变段长度宜符合式(8.10.1)的规定:

$$L = \begin{cases} \dfrac{v^2 W}{155} & (v \leqslant 60\text{km/h}) \\ 0.625vW & (v > 60\text{km/h}) \end{cases} \qquad (8.10.1)$$

式中:L—— 渐变段的长度(m);

v—— 设计速度(km/h);

W—— 缩减宽度(m)。

当式(8.10.1)计算结果大于表 8.10.1 所示最小值时,采用计算结果作为实际渐变段长度,反之采用表 8.10.1 所示最小值作为实际渐变段长度。

表 8.10.1　渐变段长度最小值

设计速度 v(km/h)	最小值(m)	设计速度 v(km/h)	最小值(m)
20	20	60	40
30	25	80	85
40	30	>80	100

对于设计速度与实际运行速度偏离较大的公路,可用实际运行速度值代替设计速度值确定渐变段长度。

2　车行道数量增加

当一个方向的车行道数量由一条增加为两条时,应采用渐变段标线,并用斑马线填充。斑马线线宽应为45cm,间隔应为100cm,倾斜角度应为45°,如附录 K.1。渐变段长度宜符合式(8.10.1)的规定。

8.10.2　路面宽度变化

当车行道数量和宽度未变化时,对向车行道分界线、同向车行道分界线和车行道边缘线应根据路面宽度的变化进行必要的调整。

8.10.3　宽度小于路基段的二级及二级以下等级的公路桥梁或下穿公路路段

1　桥面板或下穿公路两侧的墩台或挡土墙之间的宽度与路基同宽或略宽于路基段,差值小于1.25m时,在该路段及入口处应设置禁止跨越对向车行道分界线;如入口公路的路面宽度小于7m,则上述路段可采用单黄实线来代替双黄实线。当已施画单黄实线时,可不必再施画车行道边缘线。

2　当桥梁或下穿公路的宽度小于或等于5m(交通构成中大型商用车所占比例很大时,则小于6m),或进入桥梁或下穿公路处的线形较差时,该桥梁或下穿公路可认为是单车道。标线的画法如附录 K.2。当车行道边缘线与路缘石的间距小于0.4m 时,可不必施画车行道边缘线。如位于国、省干线公路上,两侧公路均设置了车行道边缘线,而桥梁宽度又大于 3.5m 时,则可施画车行道边缘线。

3 其他情况下,如工程研究表明有设置对向车道分界线的需要时,也宜设置。

8.10.4 宽度窄于路基的隧道路段

1 当同方向有两个或两个以上车行道时,同向车行道分界线应为白色实线。

2 隧道入口前 30～50m 范围的右侧硬路肩内,应设置斜向行车方向的斑马线,线宽应为 45cm,间距应为 100cm;隧道入口前 50～100m、出口后 30～50m 范围的车行道分界处,应设置白色实线。

3 白色实线的线宽应与路基段其他同向车行道分界线一致。

标线画法如附录 K.3。

8.11 接近障碍物标线

8.11.1 设置条件

当车辆靠近桥梁、分隔岛、导流岛、收费岛、大型树木或其他障碍物,需要引起驾驶人注意时,应设置接近障碍物标线。

8.11.2 设置位置

接近障碍物标线的设置位置,应有助于指引驾驶人顺利地绕过障碍物。标线外轮廓为实线,内部以斜向行车方向的斑马线填充。当障碍物位于公路中心线或中央分隔带时,接近障碍物标线如附录 L.0.1～L.0.3;当障碍物位于公路同一行车方向的车行道中间时,接近障碍物标线如附录 L.0.4;收费岛路面标线如附录 N.2。

当障碍物为中央分隔墩、隧道洞口、收费岛、实体安全岛或导流岛、灯座、标志基座等立体实物时,在实体立面上应设置立面或实体标记,详见第 10.15 节和第 10.16 节。路面标线处可配合设置防撞设施。从标线中间到障碍物表面的最小偏移距离应为 30cm。

8.11.3 设置规格

接近障碍物标线的颜色和宽度,应根据障碍物所在的位置,与对向车行道分界线或同向车行道分界线的颜色和宽度一致。斑马线的线宽应为 45cm,间隔应为 100cm,与对向车行道分界线或同向车行道分界线的倾斜角度宜为 45°。

8.12 铁路平交道口标线

8.12.1 当前方有铁路平交道口时,应设置铁路平交道口标线。

8.12.2 铁路平交道口标线线条及路面文字标记规格应符合下列规定:

1 交叉线为白色反光标线,线宽应为 40cm,长度应为 600cm,宽度应为 300cm。

2 "铁路"路面文字标记,白色反光,标写于交叉线的左右部位,单个字高应为200cm,宽度应为70cm。

3 横向虚线,白色反光,线宽应为40cm,线段长度应为60cm,间隔应为60cm。

4 禁止跨越对向车行道分界线,黄色反光,每侧长度应大于30m。

5 停止线,白色反光,线宽应为40cm。

8.12.3 铁路平交道口标线应与铁路道口标志及停车让行标志配合设置,其他有关设施的设置应符合现行《工业企业铁路道口安全标准》(GB 6389)的规定。

9 横向标线

9.1 分类

横向标线按其功能可分为:

1 人行横道线和车距确认线等指示标线;

2 停止线、停车让行线和减速让行线等禁止标线;

3 减速标线等警告标线。

9.2 人行横道线

9.2.1 设置条件

1 公路平面交叉和行人横过公路较为集中的路段未设置过街天桥、地下通道等过街设施的,应施画人行横道线;学校、幼儿园、医院、养老院门前的公路没有行人过街设施的,应施画人行横道线,设置人行横道标志。当附近有过街天桥或地下通道时,其前后200m范围内,不宜设置人行横道线。

2 在远离交通信号灯或"停车让行"标志处,人行横道线的设置应根据行人流量、行人年龄段分布、公路宽度、交通量、车辆速度和视距等因素加以综合考虑。视距受限制的路段及急弯陡坡等危险路段和车行道宽度渐变路段,不应设置人行横道线。

3 人行横道线的设置间距根据实际需要确定,但路段上设置的人行横道线之间的距离宜大于150m。

9.2.2 设置形式和规格

1 人行横道线一般与公路中心线垂直,特殊情况下,其与中心线夹角不宜小于60°(或大于120°),其条纹应与公路中心线平行;人行横道线的最小宽度应为300cm,并可根据行人交通量以100cm为一级加宽。人行横道线的线宽应为40cm或45cm,线间隔宜为60cm,可根据车行道宽度进行调整,但最大不应超过80cm。

2 当在无信号灯控制或未设置"停车让行"标志的路段中设置人行横道线时,应在到达人行横道线前的路面上设置停止线和人行横道线预告标识,并配合设置人行横道指示标志,视需要也可增设人行横道警告标志。人行横道预告标识为白色菱形图案。

3 路基宽度大于30m的公路上,应在中央分隔带或对向车行道分界线处的人行横道上设置安全岛。安全岛长度宜大于或等于人行横道宽度,宽度与中央分隔带相同或依据实际情况确定。在安全岛面积不能满足等候信号放行的行人停留需要、桥墩或其他构筑物遮挡驾驶人视线等情况下,人行横道线可错位设置。

4 行人过街交通量特别大的路口,可并列设置两道人行横道线,使斑马线虚实段相互交错,并辅以方向箭头指示行人靠左右分道过街,方向箭头长度宜为100cm。

9.3 车距确认标线

9.3.1 设置条件

车距确认标线视需要设置于较长直线段、易发生追尾事故或其他需要的路段,应与车距确认标志配合使用。

9.3.2 设置形式和规格

车距确认标线有白色折线和白色半圆形两种类型,根据沿线行车条件确定。

1 白色折线:标线总宽度应为300cm,线条宽度应为40cm或45cm,从确认基点0m开始,应每隔5m设置一道标线,连续设置两道为一组,间隔50m重复设置,共设置五组,也可在较长路段内连续设置多组。

2 白色半圆形:设置于气象条件复杂、影响安全行车的路段两侧,半圆半径应为30cm,设置间隔应为50m,可在一定路段内连续设置。

9.4 停止线

9.4.1 停车线可设置于交叉路口、铁路平交道口、左弯待转区的前端、人行横道线前及其他需要车辆停止的位置。

9.4.2 停止线为白色实线。双向行驶的路口,停止线应与对向车行道分界线连接;单向行驶的路口,其长度应横跨整个路面。停止线的宽度,根据公路等级、交通量、行驶速度的不同选用20cm、30cm或40cm。

9.4.3 停止线应设置在有利于驾驶人观察路况的位置。当设有人行横道时,停止线应距人行横道100~300cm。

9.4.4 停止线对横向公路左转弯机动车正常通行有影响的,可适当后移,或部分车道的停止线作适当后移,后移距离可为100~300cm。

9.5 让行线

9.5.1 停车让行线

1 设有"停车让行"标志的路口,除路面条件无法施画标线外,均应设置停车让行线。

2 停车让行线为两条平行白色实线和一个白色"停"字。双向行驶的路口,白色双实线长度应与对向车行道分界线连接;单向行驶的路口,白色双实线长度应横跨整个路面。白色实线宽度应为20cm,间隔应为20cm,"停"字宽度应为100cm,高度应为250cm。

3 停车让行线应设置在有利于驾驶人观察路况的位置。当有人行横道线时,停车让行线应距人行横道线100~300cm。

9.5.2 减速让行线

1 设有"减速让行"标志的路口,除路面条件无法施画标线外,均应设置减速让行线。

2 减速让行线为两条平行的虚线和一个倒三角形,颜色均为白色。双向行驶的路口,白色虚线长度应与对向车行道分界线连接;单向行驶的路口,白色虚线长度应横跨整个路面。虚线宽度应为20cm,两条虚线间隔应为20cm。倒三角形底宽应为120cm,高度应为300cm。

3 减速让行线应设置在有利于驾驶人观察路况的位置。当有人行横道线时,减速让行线应距人行横道线100~300cm。

9.6 减速标线

9.6.1 设置条件

1 公路主线和匝道设置的各类收费站、超限超载检测站进口广场宜设置横向减速标线,ETC(电子不停车收费)专用车道可根据需要设置纵向减速标线。

2 互通式立体交叉出口匝道、急弯陡坡、隧道入口等特殊路段及其他需要车辆减速或提醒驾驶人注意安全行车处,可根据需要设置横向或纵向减速标线。

3 减速标线宜与警告标志或限速标志配合使用。

9.6.2 设置位置

减速标线的设置范围宜从进入收费站、超限超载检测站或特殊路段前的适当位置开始,到路基宽度渐变段结束或特殊路段的适当位置为止。其他位置可根据具体条件确定。

9.6.3 设置规格

横向减速标线应根据驶入速度、设置长度、期望末速度进行计算,应使车辆通过各标线间隔的时间大致相等,减速度可取为1.8m/s^2。当设置长度大于200m时,横向减速标线可设置10~15道;当设置长度小于或等于200m时,横向减速标线可设置5~10道。

纵向减速标线采用一组平行于车行道分界线的菱形块虚线,线段长度应为100cm,间隔应为100cm。在起始位置设置30m的渐变段,菱形块虚线由窄变宽。当长度较短的ETC(电子不停车收费)专用车道设置纵向减速标线时,可取消渐变段。

10 其他标线

10.1 分类

其他标线按功能可分为：

1 公路出入口标线、停车位标线、港湾式停靠站标线、减速丘标线、导向箭头、路面文字标记和路面图形标记等指示标线；

2 非机动车禁驶区标线、导流线、网状线、专用车道线和禁止掉头（转弯）线等禁止标线；

3 立面标记和实体标记等警告标线。

10.2 公路出入口标线

10.2.1 公路出入口标线由出入口的纵向标线和三角地带标线组成。

10.2.2 公路出入口标线的颜色为白色，应结合出入口的形式和具体线形进行设计布置。

10.3 停车位标线

10.3.1 在停车场或路侧空地、车行道边缘等适当位置处，可设置停车位标线。大、中、小型汽车的停车位宜分开设置。停车位标线按两种车型规定尺寸，上限尺寸长度为1 560cm，宽度为325cm，适用于大中型车辆；下限尺寸长度为600cm，宽度为250cm，适用于小型车辆。在车行道边缘等处平行设置的停车位，当条件受限时，宽度可适当减小，但最小不应小于200cm。

10.3.2 设置在路侧的停车位与平面交叉路口、公共汽车站、消防栓等的间距，应在10m以上。

10.3.3 停车位标线的形式包括三类，可根据通道宽度、停放车辆种类、交通量等情况选择：

1 车辆平行于通道方向停放的平行式；

    2 车辆与通道方向成 30°~60°角停放的倾斜式;

    3 车辆垂直于通道方向停放的垂直式。

10.3.4 当停车位标线的颜色为蓝色时,表示此停车位为免费停车位;为白色时,表示此停车位为收费停车位;为黄色时,表示此停车位为专属停车位。停车位标线的宽度可介于 6~10cm 之间。

10.3.5 当对停车方向有特殊要求时,可在停车位标线中附加箭头,箭头所指方向表示停车后车头的朝向。

10.3.6 停车位标线宜和停车场标志配合使用,根据停车种类的不同可设置相应的路面文字或符号标记。

10.4　港湾式停靠站标线

10.4.1 港湾式停靠站标线由渐变段引道白色虚线、正常段外边缘白色实线或白色填充线组成。正常段长度不宜小于 30m,两侧渐变段引道的长度不宜小于 25m。

10.4.2 当专用于特定车辆停靠时,应在停靠站中间标注停靠车辆的类型文字,并以黄色实折线填充停靠站正常段其他区域,指示除特定车辆外,其他车辆不得在此区域停留。

10.5　减速丘标线

10.5.1 布置减速丘的路段,应在减速丘前设置减速丘标线。

10.5.2 减速丘标线由设置在减速丘上的标记和设置在减速丘上游的前置标线组成。当减速丘与人行横道组合设置时,可省略减速丘上的标记部分,但应标示出减速丘的边缘。

10.6　导向箭头

10.6.1 在行驶方向受限制的平面交叉入口车道内、车道数减少路段的缩减车道内、设有专用车道的平面交叉或路段、畸形复杂的平面交叉、渠化后的车行道内,应设置导向箭头。在互通式立体交叉出入口处,或其他需要指示车辆行驶方向处,宜设置导向箭头。

10.6.2 导向箭头的颜色为白色,可根据实际车道导向需要设置,组合使用时不宜超过两种方向。

10.6.3 除掉头车辆外,其他车辆的行驶方向均应遵循导向箭头的指示。机动车在有禁止掉头或者禁止左转弯标志、标线的地点,以及在铁路道口、人行横道、桥梁、急弯、陡坡、隧道或者容易发生危险的路段,不得掉头;在没有禁止掉头或者没有禁止左转弯标志、标线,且道路条件允许的地点,可以掉头,但不得妨碍正常行驶的其他车辆和行人的通行。

10.6.4 平面交叉驶入段的导向车道内,应有导向箭头,标明各车道的行驶方向。距路口最近的第一组导向箭头在距停止线3~5m处设置;第二组在导向车道的起始位置设置,箭头起始端部与导向车道线起始端部平齐;第三组及其他作为预告箭头,在距第二组箭头前30~50m间隔设置,预告箭头指示方向应与前方导向车道允许行驶方向保持一致。出入口导向箭头的规格、设置次数如表10.6.4。

表10.6.4 导向箭头的规格、设置次数

设计速度（km/h）	120、100	80、60	40、30、20
导向箭头的长度（m）	9	6	3
导向箭头的设置次数	≥3	3	≥2

10.6.5 互通式立体交叉出口导向箭头,应以减速车道渐变点为基准点,间距应为50m。入口导向箭头,应以加速车道起点为基准点,视加速车道长度而定,可设三组或两组。

10.7 路面文字标记

10.7.1 当需要限制车行道的行驶速度、控制车行道行驶车辆的类型或指定车行道的前进方向、提示出口信息时,可设置相应的路面文字标记。汉字标记应沿车辆行驶方向由近及远竖向排列,数字标记应沿车辆行驶方向横向排列。路面文字标记字数不宜超过3个,设置规格应符合表10.7.1的规定。

表10.7.1 路面文字标记规格

设计速度 （km/h）	公路路面文字标记		
	字高*（cm）	字宽（cm）	纵向间距*（cm）
120、100	900	300	600
80、60	600	200	400
40、30、20	300	100	200

注*:表示专用时间段的数字,相应值可取正常值的一半,字宽及横向间距视路面情况可适当调整。

10.7.2 速度限制标记设置于需要限制车辆最高行驶速度或最低行驶速度的车道起点和其他适当位置。表示最高限速值数字的颜色为黄色,可单独使用;表示最低限速值数字的颜色为白色,应和最高限速值数字同时使用。最高和最低限速值应分别按一个文字处理。

10.7.3 需要设置路面限速标记且易发生事故的地点,也可将最高限速的标志版面图形施画于路面作为路面限速提示用标记。该标记应为反光标记,且应与限速标志配合使用,并应采用抗滑的标线材料。

10.8 路面图形标记

10.8.1 设置于车行道或停车位内的路面图形标记宽度,应为车道或停车位宽度的一半,并四舍五入取 10cm 的整倍数。

10.8.2 注意前方路面状况标记:在不易发现前方路面状况发生变化,需要提醒驾驶人注意提前采取措施的路段,可设置注意前方路面状况标记。本标记为白色实折线,线宽应为 20cm,顶角应为 60°,设置高度及范围视实际需要而定。

10.9 非机动车禁驶区标线

10.9.1 在无专用左转弯相位信号控制的较大路口或其他需要规范非机动车行驶轨迹的路口内,可设置非机动车禁驶区标线。

10.9.2 非机动车禁驶区范围以机动车道外侧边缘为界,可配合设置中心圈。左转弯非机动车应沿禁驶区范围外绕行,且两次停车,其停止线长度不应小于相应非机动车道宽度。

10.10 导流线

10.10.1 导流线主要设置于过宽、不规则或行驶条件比较复杂的交叉路口,立体交叉的匝道口或其他特殊地点。导流线应根据交叉路口的地形和交通流量、流向情况进行设计。

10.10.2 导流线的颜色为白色,当与公路对向车行道分界线相连时,宜采用黄色。标线形式可分为单实线、V 形线和斜纹线三种。外围线宽应为 15cm 或 20cm,内部填充线宽应为 40cm 或 45cm,间隔应为 100cm,倾斜角应为 45°。

10.11 中心圈

10.11.1 中心圈可设在平面交叉路口的中心。

10.11.2 中心圈颜色为白色,有圆形和菱形两种形式。其直径及形状应根据交叉路口大小确定,圆形的直径应不小于120cm,菱形的对角线长度应不小于150cm。

10.12 网状线

10.12.1 网状线视需要设置于易发生临时停车造成堵塞的交叉路口、出入口及其他需要设置的位置。

10.12.2 网状线颜色为黄色,外围线宽应为20cm,内部网格线与外边框夹角应为45°,内部网格线宽应为10cm,斜线间隔应为100~500cm。

10.12.3 在交通量较小的交叉口或其他出入口处,网状线可简化成在方框中加叉的形式。简化网状线线宽应为40cm或45cm,最大边长应不大于12m。

10.13 车种专用车道线

10.13.1 小型车专用车道线:在车行道内施画"小型车"路面文字。汉字字高、高宽比例、排列方式按第10.7节的规定确定。

10.13.2 大型车道标线:在车行道内施画"大型车"路面文字。汉字字高、高宽比例、排列方式按第10.7节的规定确定。

10.13.3 多乘员车辆专用车道线:由白色虚线及白色文字组成。白色虚线的线段长度和间隔均应为400cm,线宽应为20cm或25cm。标写的文字为"多乘员专用"。如该车道为分时专用车道,可在文字下加标专用的时间。汉字及数字字高、高宽比例、排列方式按第10.7节的规定确定。多乘员车辆专用车道线应与多乘员车辆专用车道标志配合设置。

10.13.4 非机动车道线:由车道线、非机动车标记图案和"非机动车"文字组成。除特殊情况外,可仅采用非机动车标记图案而不标文字标记。

当非机动车道线颜色为蓝色时,此车道仅供非机动车行驶,行人及其他车辆不得进入。

10.14 禁止掉头（转弯）标记

10.14.1 禁止掉头（转弯）标记由叉形标记和导向箭头左右组合而成,颜色均为黄色,叉形标记位于左侧;当车道为限时禁止掉头（转弯）时,应在禁止掉头（转弯）标记下附加表示禁止掉头（转弯）时间段的路面文字标记,颜色为黄色。

10.14.2 导向箭头的尺寸按第 10.6 节的规定确定。叉形标记与导向箭头宽度及长度相同,两者之间间隔应为 50～100cm。路面文字标记的尺寸按第 10.7 节的规定确定。

10.14.3 禁止掉头（转弯）标记应与禁止掉头（转弯）标志配合设置。

10.15 立面标记

10.15.1 立面标记可设置在靠近公路建筑限界的跨线桥、渡槽等的墩柱立面、隧道洞口侧墙端面及其他障碍物立面上。上述设施已设置防撞护栏或相关警告、指示标志的,可不再设置立面标记。

10.15.2 立面标记宜施涂至距路面 2.5m 以上的高度。标线为黄黑相间的倾斜线条,斜线倾角应为 45°,线宽均应为 15cm。设置时,应把向下倾斜的一侧朝向车行道。立面标记的设置宽度可为 30cm 或 30cm 以上,设置于交通标志立柱等构造物上的立面标记可与其同宽。

10.16 实体标记

10.16.1 实体标记可设置在靠近公路建筑限界的上跨桥梁的桥墩、中央分隔墩、收费岛、实体安全岛或导流岛、灯座、标志基座及其他可能对行车安全构成威胁的立体实物表面上。

10.16.2 实体标记宜施涂至距路面 2.5m 以上,或与实体相同的高度。标线为黄黑相间的倾斜线条,线宽均应为 15cm,由实体中间以 45°角向两边施画,向下倾斜的一侧朝向车行道。

10.17 突起路标

10.17.1 设置条件
1 下列情况下,应在路面标线的一侧设置突起路标,并不得侵入车行道内:

1）高速公路的车行道边缘线上；

2）一级及一级以下公路隧道的车行道边缘线上；

3）一级公路互通式立体交叉、服务区、停车区路段的车行道边缘线上；

4）互通式立体交叉匝道出入口路段。

2 隧道的车行道分界线上宜设置突起路标。

3 下列情况下,可设置突起路标：

1）高速公路的同向车行道分界线上；

2）一级公路的车行道边缘线、同向车行道分界线上；

3）减速标线上；

4）二、三级公路的渠化标线及小半径平曲线,以及公路变窄、路面障碍物等危险路段。

4 突起路标可单独设置成车行道边缘线和车行道分界线,但不宜替代右侧车行道边缘线。

5 当在经常下雪的公路上设置突起路标时,应采取易于除雪的措施。

10.17.2 设置规格

1 突起路标与标线配合使用时,应选用主动发光型或定向反光型,其颜色与标线颜色应一致,布设间隔应为 6～15m,宜设置在标线的空当中,也可依据实际情况适当加密。当与单黄实线或单白实线配合使用时,突起路标应设置在标线的一侧,其间隔应与在车行道分界线上设置的间隔相同。

2 当突起路标与出入口标线、导流线、路面（车行道）宽度渐变段标线、接近障碍物标线等配合使用时,应根据实际线形进行布设,力求夜间轮廓分明,清晰可见。

3 当突起路标单独用作车行道分界线时,其布设间距宜为 1～1.2m,也可依据实际情况适当加密。壳体颜色应与标线颜色一致,并应使突起路标表面具有足够的抗滑性能。

4 当突起路标单独用作减速标线时,其布设间距宜为 30～50cm,并应使突起路标表面具有足够的抗滑性能。

5 除有特殊要求外,突起路标宜高出路面 10～25mm。

11   标线综合应用

11.1   平面交叉标线

11.1.1   设置原则

1   应充分体现平面交叉的形式、交通流特点,合理分配主、次公路,明确优先通行权,使主要公路或主要交通流畅通、冲突点少、冲突区小且分散。

2   应减少驾驶人在平面交叉处操作的复杂程度,尽量减小平面交叉的通过距离。

3   应使车辆较平稳地到达平面交叉处,减少车辆之间的速度差。

4   应充分考虑弱势群体的需求,使其安全通过平面交叉。人行横道线的设置应充分考虑行人流量、公路等级和交通管理方式等因素。

5   应与交通标志紧密配合,不应相互冲突或矛盾。

11.1.2   平面交叉标线分类

1   平面交叉出入部分的路面标线包括:车行道分界线、导向车道线、车行道导向箭头等。

2   平面交叉内的路面标线包括:停止线、停车让行线、减速让行线、人行横道线、非机动车禁驶区标线、中心圈、左弯待转区线、左(右)转弯导向线、导流线等。

典型的平面交叉标线设置示例如附录 M。

11.1.3   平面交叉出入部分的路面标线

1   左转弯专用车道标线

1)应积极设置左转弯专用车道。四车道公路除左转交通量很小者外,均应设置左转弯专用车道;二级公路符合下列情况之一者,应设置左转弯专用车道:

①与高速公路或一级公路互通式立体交叉连接线相交的平面交叉;

②非机动车较多且设置慢车道的平面交叉;

③左转弯交通会引发交通拥堵或交通事故时。

2)当设置左转弯专用车道时,应首先考虑适当加宽路口或缩减车道宽度。当受条件限制无法实施时,可按下列顺序选择合理的左转弯专用车道线设置方法:

①缩减中央分隔带宽度设置左转弯专用车道,如图 11.1.3-1 a)。当中央分隔带剩余部分宽度不足 50cm 且本身未加高时,可仅设置路面标线。

②当中央分隔带宽度较小,仅靠缩减中央分隔带宽度不足以设置左转弯专用车道

时,可采用缩减中央分隔带宽度和缩减车行道宽度相结合的方法开辟左转弯专用车道,如图11.1.3-1b）。渐变段宽度由式(11.1.3-1)计算确定。

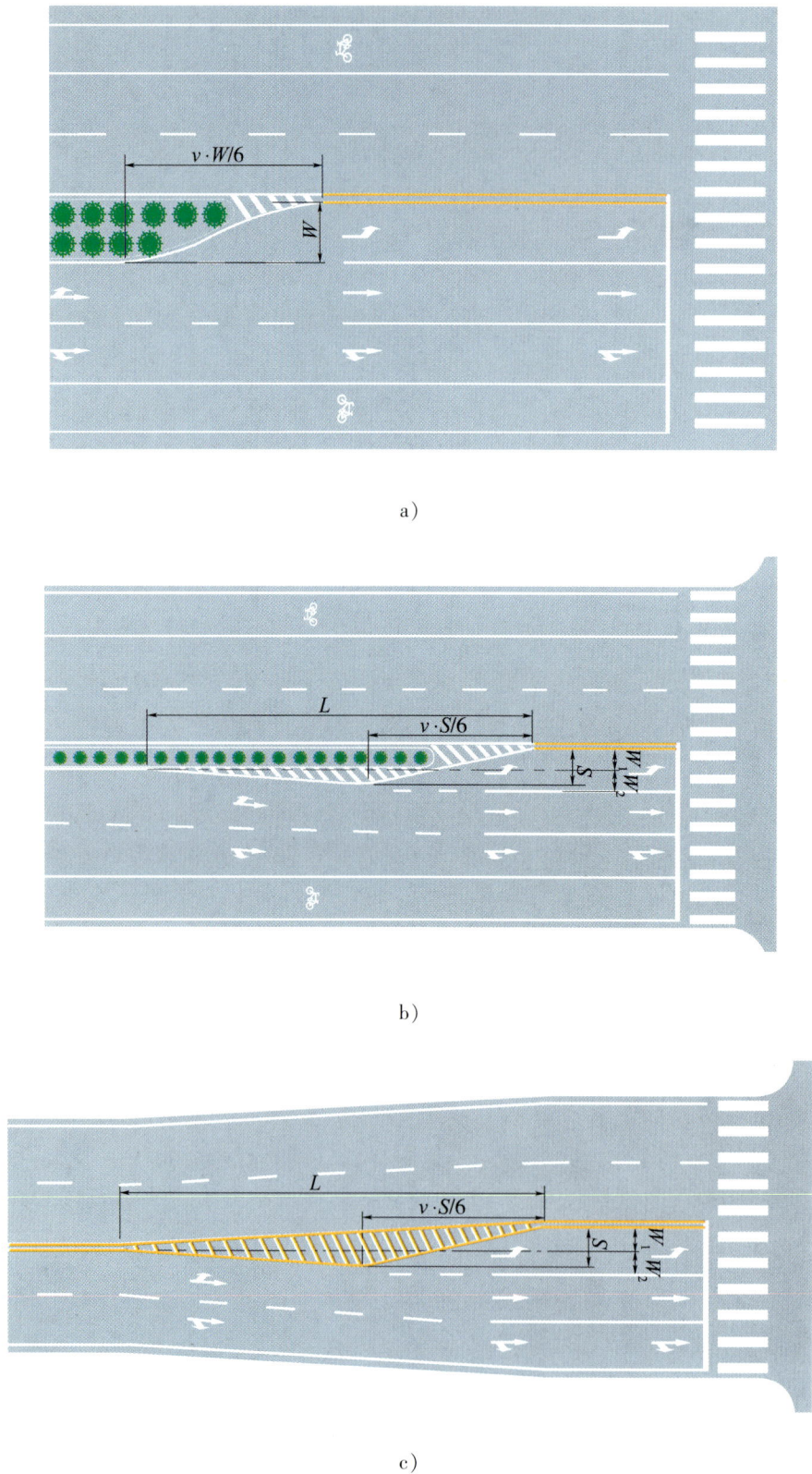

a）

b）

c）

图　11.1.3-1

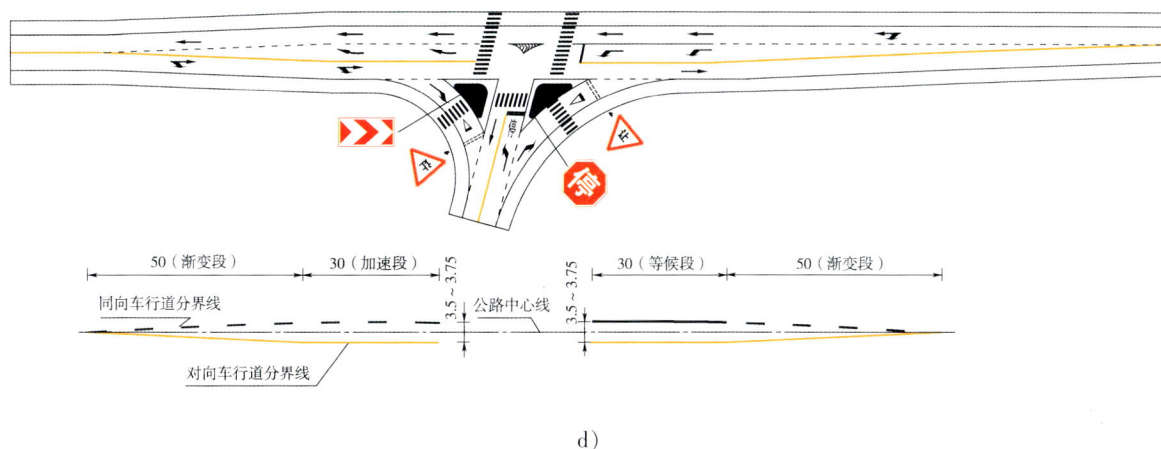

d)

图 11.1.3-1　左转弯专用车道标线设置示例(尺寸单位:m)

a)缩减中央分隔带宽度设置左转弯专用车道示例;b)缩减中央分隔带和缩减车行道宽度相结合设置左转弯专用车道示例;c)偏移公路中心线并缩减车行道宽度以设置左转弯专用车道示例;d)采用简易鱼肚皮形标线设置左转弯专用车道示例

$$S = \frac{6L(W_1 + W_2)}{6L + vW_2}$$
(11.1.3-1)

式中:S——渐变段宽度(m);

$\quad v$——设计速度(km/h);

$\quad L$——渐变段长度(m),按式(8.10.1)的规定确定,其中,$W = \max(W_1, W_2)$;

$\quad W_1$——中央分隔带宽度缩减值(m);

$\quad W_2$——车行道分界线偏移的距离(m)。

③当无法利用缩减中央分离带宽度确保左转弯专用车道宽度时,可偏移公路中心线并缩减平面交叉驶入处的车行道宽度,以设置左转弯专用车道,如图 11.1.3-1c)。渐变段宽度由式(11.1.3-1)计算确定,其中 W_1 采用公路中心线偏移的距离(m)。

④缩减硬路肩或非机动车道的宽度设置左转弯专用车道:在设置了硬路肩或非机动车道的公路,可在平面交叉附近缩减硬路肩或非机动车道的宽度,以设置左转弯专用车道。如仍不能确保左转弯专用车道的宽度,则平面交叉处其他车行道的宽度可适当缩减。

⑤当双车道公路条件受限制时,可通过对向车行道分界线向左适当偏移的方式设置简易鱼肚皮形标线,形成左转弯专用车道,如图 11.1.3-1d)。

3)左转弯专用车道长度计算。

左转弯专用车道长度由以下 3 部分组成:

①将左转弯车辆引导到左转弯专用车道上的渐变段长度;

②左转弯车辆减速时必需的长度;

③左转弯车辆等候所必需的长度。

为避免左转弯专用车道过长,可将渐变段长度作为减速长度使用。除图 11.1.3-1d)所示情况外,左转弯专用车道的长度 L_t 可按式(11.1.3-2)计算。

$$L_t = L_d + L_s$$
(11.1.3-2)

式中:L_t——左转弯专用车道长度(m);

L_d——减速所必需的最小长度(L_{dmin})和左转弯渐变段长度(L)中数值较大的一个(m);

L_s——左转弯等候段长度(m),最小值应取为30m,大于30m时按式(11.1.3-3)或式(11.1.3-4)计算;

信号灯控制平面交叉:

$$L_s = 1.5 \times N \times s \qquad (11.1.3\text{-}3)$$

N——1个周期内平均左转弯车辆的台数(辆);

s——平均车头间隔(m),小型车可取为6m,大型车可取为12m;如无法得出大型车混入率,则可取s为7m统一计算;

无信号控制平面交叉:

$$L_s = 2 \times M \times s \qquad (11.1.3\text{-}4)$$

M——1min内平均左转弯车辆的台数(辆)。

2 右转弯专用车道标线

1)一、二级公路的平面交叉中,符合下列情况之一者应设置右转弯专用车道:

①斜交角接近于70°的锐角象限;

②当交通量较大,右转弯交通会引起不合理的交通延误时;

③当右转弯交通量中重车比例较大时;

④当右转弯行驶速度大于30km/h时;

⑤当互通式立体交叉连接线中的平面交叉右转弯交通量较大时。

2)右转弯专用车道设置示例如图11.1.3-2。

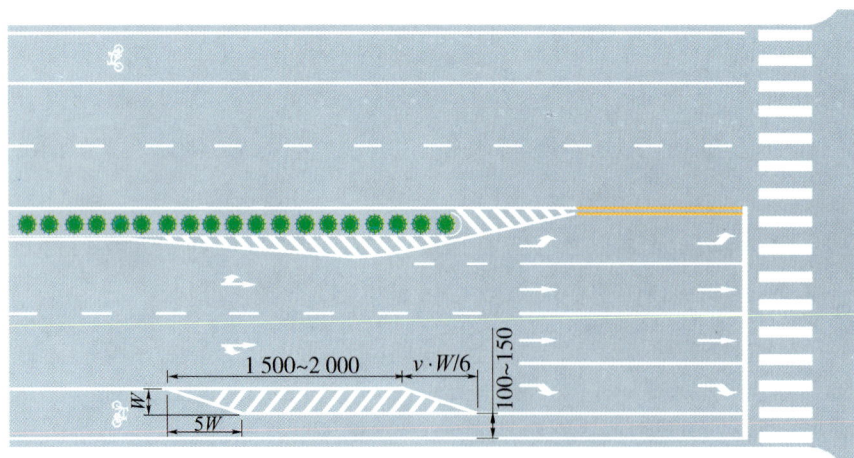

图11.1.3-2 右转弯专用车道设置示例(尺寸单位:cm)

3)右转弯专用车道的长度确定方法可参照左转弯专用车道,但应考虑行人对右转弯车辆的影响,对长度进行适当调整。

3 出入口导向车道线及导向箭头

1）出入口导向车道线的长度应根据平面交叉的几何线形确定,最短长度应为30m。导向车道线为单白实线,禁止车辆变换车行道。

2）平面交叉驶入段的车行道内,除可变导向车道外,应有导向箭头标明各车行道的行驶方向。

11.1.4 平面交叉内的路面标线

1 人行横道线

1）行人一次横穿公路的距离应控制在30m以下,否则应在合适位置设置安全岛。

2）人行横道的最小宽度应为3m,可根据实际情况以1m为一级加宽。

3）当需要预告前方有人行横道时,应在人行横道前的车行道中央设置人行横道线预告标识。设置位置应综合考虑车辆的停车视距和夜间行驶时的可视性,一般在距离人行横道前30~50m处设置一个,在其前10~20m间隔处增设一个。根据具体情况,可再重复设置一个。当人行横道位于公路曲线转弯路段的前方或其他视距不足处时,应设置"注意行人"警告标志。

2 停止线

1）停止线宜与公路中心线垂直。

2）当有人行横道时,停止线应设置在人行横道前1~3m的位置。

3）设置位置应能够被平面交叉周边行驶的车辆明确认知。

4）停止线的设置不应妨碍平面交叉内左、右转弯车辆的运行。

3 让行线

1）公路功能、等级、交通量有明显差别的两条公路相交,或交通量较大的T形交叉,当两相交公路的通视三角区能得到保证,次要公路与主要公路汇合处应设置减速让行线;否则次要公路应设置停车让行线或设置强制停车或减速设施。当主要公路受条件限制而难以设置应有长度的加速车道时,在其入口附近宜设置减速让行线。

2）当相交两条公路的技术等级均低且交通量较小时,行政等级低的被交公路应设置减速让行线;当两条公路的行政等级相同时,相交公路所有方向均宜设置停车让行线。

3）进入环形交叉的车辆应让行环形交叉内正在绕行的车辆。

4 导向线和导流线

1）左转弯导向线:当条件允许时,应积极设置左弯待转区,并可根据左转弯交通流的需要设置左转弯导向线。

2）当交通流在平面交叉内需要曲线行驶或相对路口有一定错位时,应设置路口导向线。

3）右转弯导流线:在有导流岛的右转弯专用车道上,可设置右转弯导流线。

5 非机动车禁驶区标线

1）平面交叉内非机动车专用道的宽度宜根据非机动车交通量确定,不宜小于1.5m。

2）当设置有人行横道时,非机动车禁驶区标线应与人行横道线平行。

11.2 互通式立体交叉标线

11.2.1 设置原则

1 应充分体现互通式立体交叉的形式和交通流特点,使交通流的转换平滑、顺畅。

2 应使驾驶人充分体会到公路等级的差异,能充分预测到交通环境的变化。

互通式立体交叉标线设置示例如附录 N。

11.2.2 相交公路主线的交通标线设置

1 相交公路主线路段的车行道边缘线、车行道分界线的设置标准、规格应与标准路段相同。

2 当主线路段设置辅助车道时,应根据其车行道、硬路肩的宽度设置车行道边缘线和车行道分界线,并应与其他路段的线形相协调。

11.2.3 相交公路匝道的交通标线设置

1 应根据匝道的横断面类型设置对向车行道分界线、同向车行道分界线和车行道边缘线。

2 交通标线的设置位置应考虑匝道圆曲线加宽值的影响。

3 当汇流前的匝道仅为超车之需而采用双车道时,宜通过交通标线将汇流前的匝道并流为单车道,并施画相应的路面标记,如图 11.2.3。

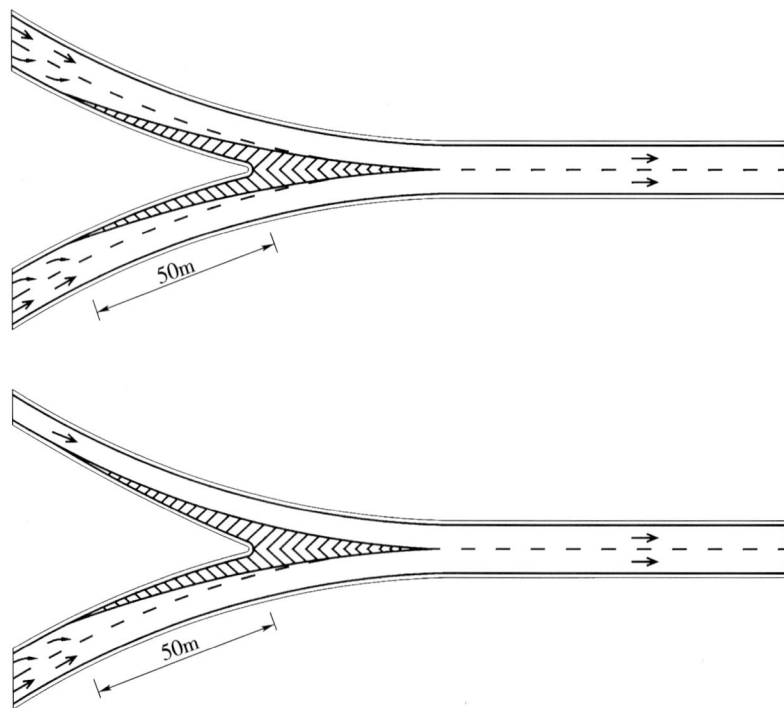

图 11.2.3 匝道汇流前交通标线的设置

4 当匝道之间分、合流或双向匝道分离为两条异向匝道时,由匝道车行道边缘线构成的连接部应设置斜向行车方向的斑马线。

5 集散车道与主线连接处的交通标线,应按第 11.2.4 条的规定设置。

11.2.4 匝道出入口端部的交通标线设置

1 匝道出入口的交通标线应根据变速车道的形式、匝道的横断面来确定。主线右侧车行道边缘线和匝道左侧车行道边缘线之间,应设置斜向行车方向的斑马线。斑马线及其设置范围两侧的车行道边缘线均应为白色。

2 互通式立体交叉路段主线的分流、合流段和匝道间的分流、合流段,应设置分流、合流部标线。主线右侧车行道边缘线和主线或匝道的左侧车行道边缘线之间,应设置体现行车方向的斑马线。

3 对应的主线相应位置处,宜设置导向箭头。出口导向箭头的规格、重复设置次数和设置位置,应符合第 10.6 节的规定。

11.3 服务区、停车区标线

1 服务区、停车区出入口端部及匝道标线的设置同互通式立体交叉标线。

2 服务区、停车区场区内,应根据其总体布局和交通流的组成、行驶方向设置必要的交通标线。

附录 A　部分标志版面布置示例

A.1　部分指路标志版面及箭头使用方法示例

A.1.1　以中文为主和中英文对照的指路标志版面示例如图 A.1.1。

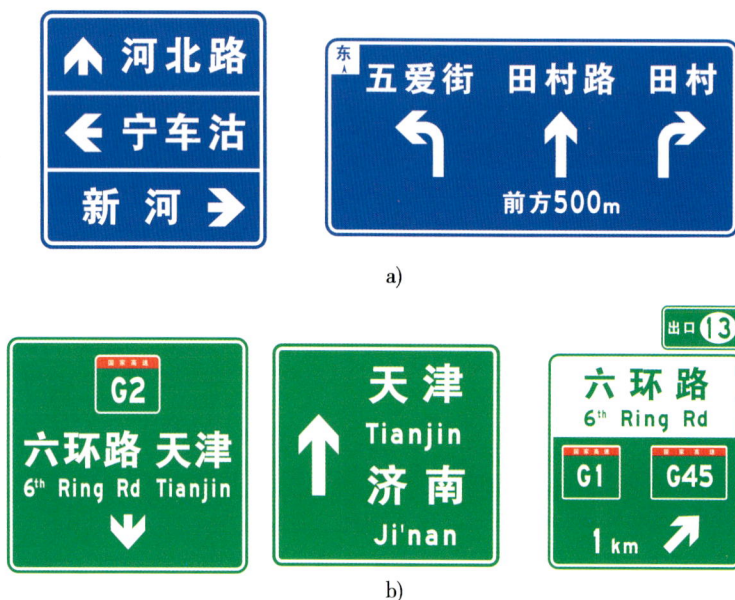

a)

b)

图 A.1.1　指路标志版面示例

a)以中文为主版面;b)中英文对照版面

A.1.2　除特殊规定外,指路标志中箭头的使用应符合下列要求:

1　指路标志中的箭头包括 6 种方向指示,如图 A.1.2-1。其中 a 表示向右方向;b 表示右侧出口方向或斜向右方向;c 表示前进方向;d 表示左侧出口方向或斜向左方向;e 表示向左方向;f 指示当前车行道,并应用于门架式、悬臂式或跨线桥上附着式标志中,此时箭头向下并对准指示车行道的中心线,如因结构的局限性,箭头可以偏离车行道中心线 0~0.75m。各类箭头的制作大样如图 A.1.2-2。

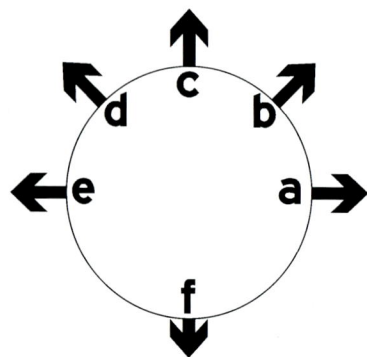

2　为增加美观效果,高速公路上用于指示互通式立体

图 A.1.2-1　箭头方向示意图

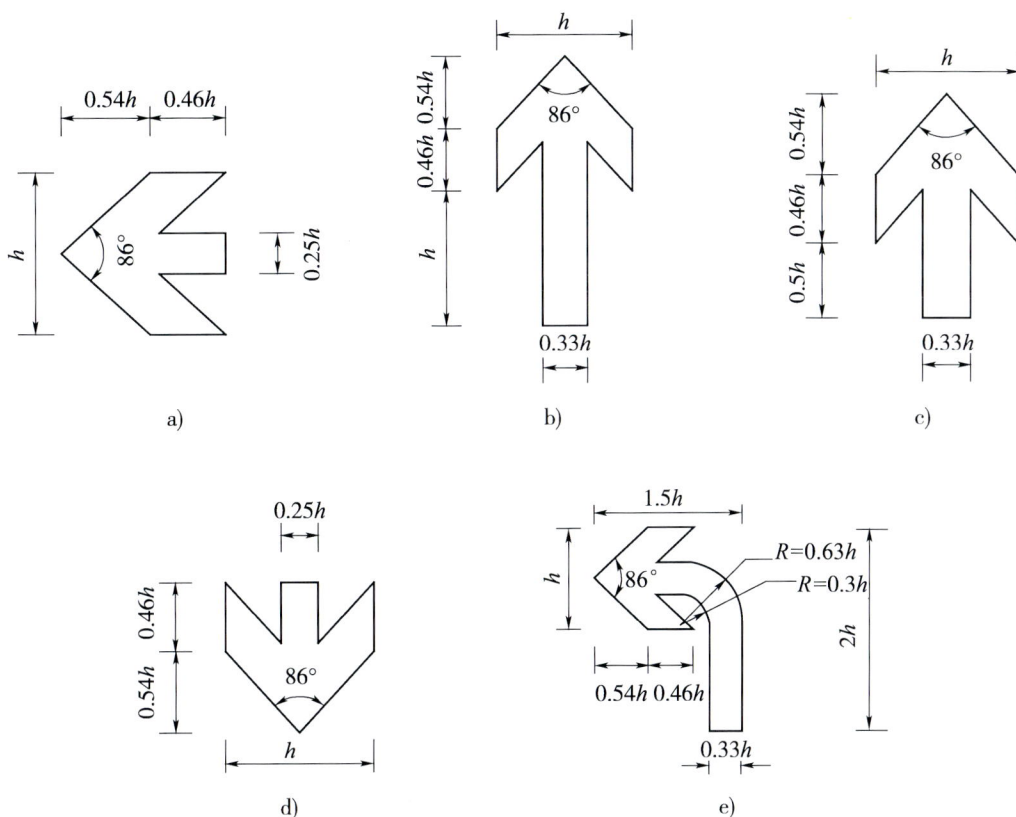

图 A.1.2-2　各类箭头制作大样图
a)左向箭头；b)前进方向箭头；c)出口箭头；d)专用车道箭头；e)左转弯箭头
注:*h* 为汉字高度。

交叉轮廓的图形标志,以及一般公路上用于指示平面交叉轮廓的图形标志,可采用曲线箭头,如图 A.1.2-3。

（箭杆宽度为 *h*/4，特殊情况除外）

图 A.1.2-3　曲线箭头
注:*h* 为汉字高度。

A.2　部分英文缩写词

中英文对照的指路标志版面中,英文根据需要可采用缩写词。部分英文缩写词如表 A.2。

表 A.2　部分英文缩写词

文　　字	缩　写　词
Center	CNTR
Do Not	DONT
East	E
Emergency	EMER
Entrance，Enter	ENT
Expressway	EXPWY
Highway	HWY
Hospital	H
Hour(s)	HR
Information	INFO
Junction/Intersection	JCT
Kilogram	kg
Kilometer(s)	km
Kilometers Per Hour	km/h
Lane	LN
Left	LFT
Maintenance	MAINT
Meter(s)	m
Metric Ton	t
North	N
Parking	PKING
Pedestrian	PED
Right	RHT
Road	RD
Service	SERV
Shoulder	SHLDR
Slippery	SLIP
South	S
Street	ST
Telephone	PHONE
Temporary	TEMP
Traffic	TRAF
Vehicles	VEH
Warning	WARN
West	W

附录 B 公路上使用的警告标志

B.1 与公路几何线形有关的警告标志

B.1.1 公路平面线形警告标志:如图 B.1.1-1～图 B.1.1-3。

a)

b)

图 B.1.1-1 急弯路标志
a)向左急弯路标志;b)向右急弯路标志

图 B.1.1-2 反向弯路标志   图 B.1.1-3 连续弯路标志

B.1.2 公路纵断面线形警告标志:如图 B.1.2-1、图 B.1.2-2。

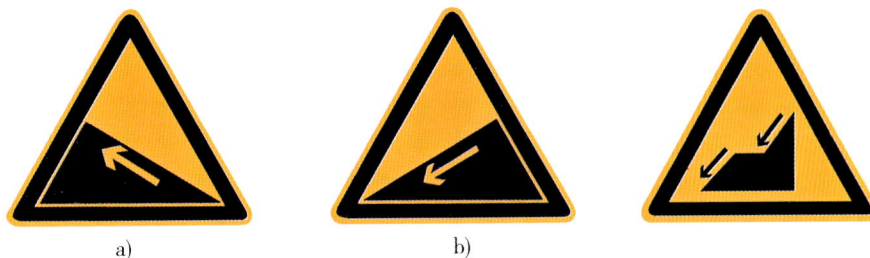

a)   b)

图 B.1.2-1 陡坡标志   图 B.1.2-2 连续下坡标志
a)上陡坡标志;b)下陡坡标志

B.1.3 公路横断面变化的警告标志:如图 B.1.3-1～图 B.1.3-9。

图 B.1.3-1　两侧变窄标志

图 B.1.3-2　右侧变窄标志

图 B.1.3-3　左侧变窄标志

图 B.1.3-4　窄桥标志

图 B.1.3-5　双向交通标志

图 B.1.3-6　注意潮汐车道标志

图 B.1.3-7　注意合流标志

a)　　　　　　　　　b)　　　　　　　　　c)

图 B.1.3-8　注意障碍物标志
a)左右绕行;b)左侧绕行;c)右侧绕行

图 B.1.3-9　施工标志

B.2 与交叉路口有关的警告标志

B.2.1 交叉路口标志：如图 B.2.1。

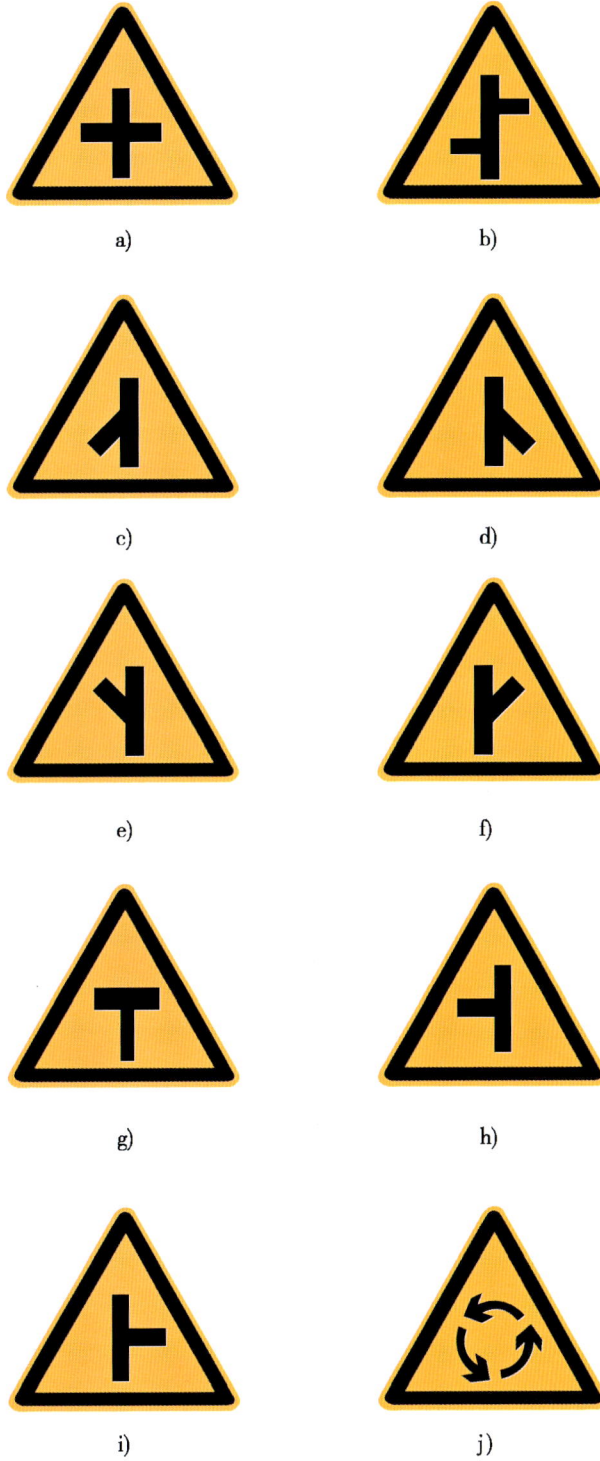

a)

b)

c)

d)

e)

f)

g)

h)

i)

j)

图 B.2.1　交叉路口标志

B.2.2 注意分离式道路标志:如图 B.2.2。

图 B.2.2 注意分离式道路标志
a)十字平面交叉;b)丁字平面交叉

B.3 与路面状况有关的警告标志

B.3.1 路面不平、路面高突、路面低洼标志:如图 B.3.1-1～图 B.3.1-3。

图 B.3.1-1 路面不平标志　　图 B.3.1-2 路面高突标志　　图 B.3.1-3 路面低洼标志

B.3.2 过水路面(或漫水桥)标志:如图 B.3.2。

图 B.3.2 过水路面(或漫水桥)标志

B.3.3 易滑标志:如图 B.3.3。

图 B.3.3 易滑标志

B.4 与沿线设施有关的警告标志

B.4.1 注意信号灯标志:如图 B.4.1。

图 B.4.1　注意信号灯标志

B.4.2　隧道标志及隧道开车灯标志：如图 B.4.2-1、图 B.4.2-2。

图 B.4.2-1　隧道标志　　　　　　　　图 B.4.2-2　隧道开车灯标志

B.4.3　驼峰桥标志：如图 B.4.3。

图 B.4.3　驼峰桥标志

B.4.4　渡口标志：如图 B.4.4。

图 B.4.4　渡口标志

B.4.5　铁路道口标志：如图 B.4.5-1 ～ 图 B.4.5-4。

图 B.4.5-1　有人看守铁路道口标志　　　　图 B.4.5-2　无人看守铁路道口标志

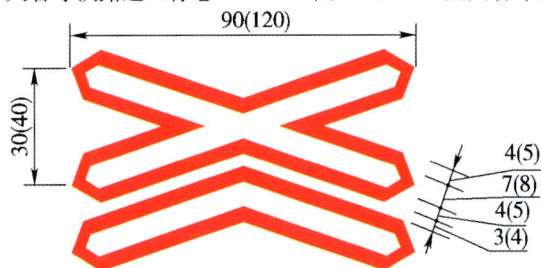

图 B.4.5-3　叉形符号(尺寸单位:cm)

— 83 —

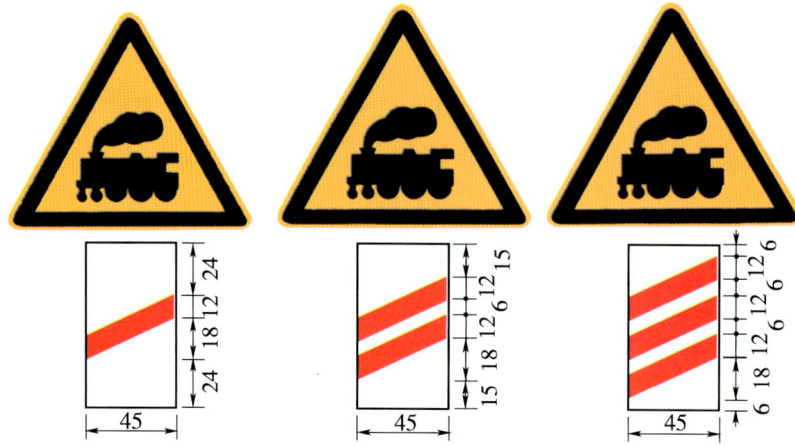

图 B.4.5-4 斜杠符号

B.4.6 避险车道标志:如图 B.4.6-1 ~ 图 B.4.6-3。

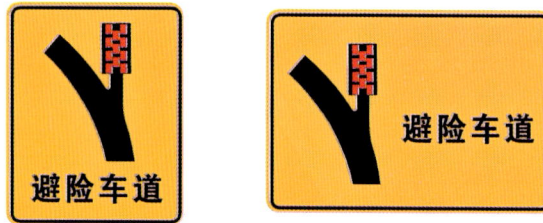

图 B.4.6-1 避险车道标志

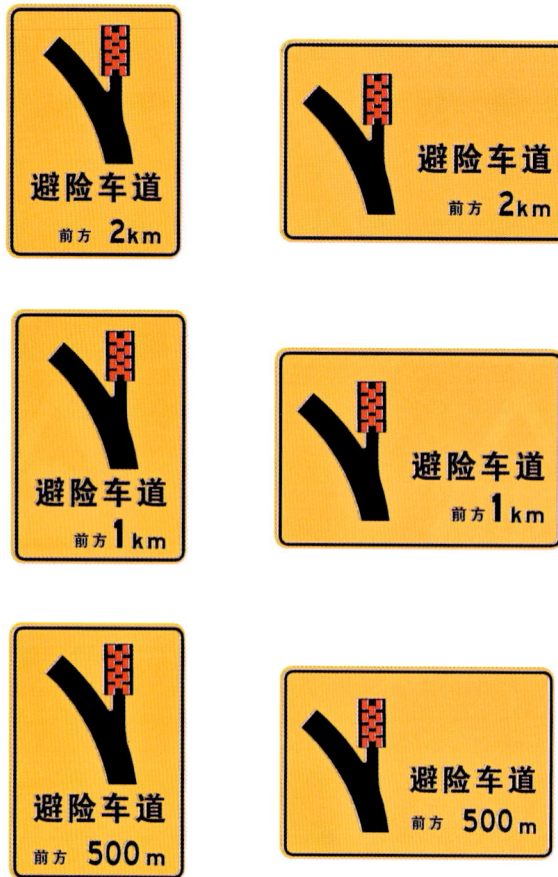

图 B.4.6-2 避险车道预告标志

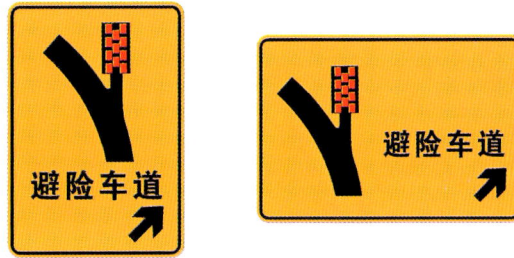

图 B.4.6-3　避险车道入口标志

B.5　与沿线环境有关的警告标志

B.5.1　村庄标志:如图 B.5.1。

图 B.5.1　村庄标志

B.5.2　注意行人标志:如图 B.5.2。

图 B.5.2　注意行人标志

B.5.3　注意儿童标志:如图 B.5.3。

图 B.5.3　注意儿童标志

B.5.4　注意残疾人标志:如图 B.5.4。

图 B.5.4　注意残疾人标志

B.5.5 注意非机动车标志：如图 B.5.5。

图 B.5.5　注意非机动车标志

B.5.6 注意落石标志：如图 B.5.6。

图 B.5.6　注意落石标志

B.5.7 傍山险路标志：如图 B.5.7。

图 B.5.7　傍山险路标志

B.5.8 堤坝路标志：如图 B.5.8。

图 B.5.8　堤坝路标志

B.5.9 注意牲畜标志：如图 B.5.9。

图 B.5.9　注意牲畜标志

B.5.10 注意野生动物标志:如图 B.5.10-1、图 B.5.10-2。

图 B.5.10-1 注意野生动物标志　　　　　　　图 B.5.10-2 注意野生动物标志示例

B.5.11 注意横风标志:如图 B.5.11。

图 B.5.11 注意横风标志

B.6 其他警告标志

B.6.1 事故易发路段标志:如图 B.6.1。

图 B.6.1 事故易发路段标志

B.6.2 注意保持车距标志:如图 B.6.2。

图 B.6.2 注意保持车距标志

B.6.3 慢行标志:如图 B.6.3。

图 B.6.3 慢行标志

B.6.4 建议速度标志:如图 B.6.4。

图 B.6.4 建议速度标志示例

B.6.5 注意危险标志:如图 B.6.5。

图 B.6.5 注意危险标志

附录 C 公路上使用的禁令标志

C.1 与交通管理有关的禁令标志

C.1.1 禁止或限制某些车辆或行人通行、驶入的禁令标志:如图 C.1.1-1 ~ 图C.1.1-5。

图 C.1.1-1 禁止通行标志

图 C.1.1-2 禁止驶入标志

a) b) c) d)

e) f) g) h)

i) j) k)

图 C.1.1-3 禁止各类或某类机动车驶入标志

a)禁止机动车驶入标志;b)禁止载货汽车驶入标志;c)禁止电动三轮车驶入标志; d)禁止大型客车驶入标志;e)禁止小型客车驶入标志;f)禁止挂车、半挂车驶入标志;g)禁止拖拉机驶入标志;h)禁止三轮汽车、低速货车驶入标志;i)禁止摩托车驶入标志;j)禁止运输危险物品车辆驶入标志;k)禁止某两种车辆驶入标志示例

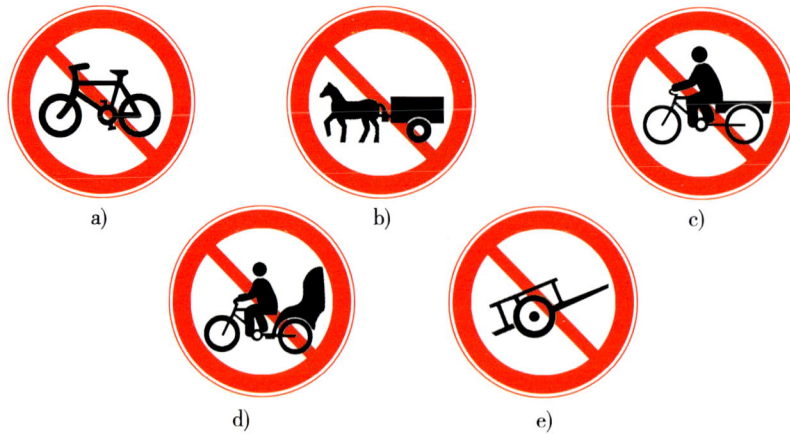

图 C.1.1-4　禁止各类或某类非机动车进入标志

a)禁止非机动车进入标志;b)禁止畜力车进入标志;c)禁止人力货运三轮车进入标志;d)禁止人力客运三轮车进入标志;e)禁止人力车进入标志

图 C.1.1-5　禁止行人进入标志

C.1.2　禁止车辆某些行驶方向的禁令标志:如图 C.1.2-1、图 C.1.2-2。

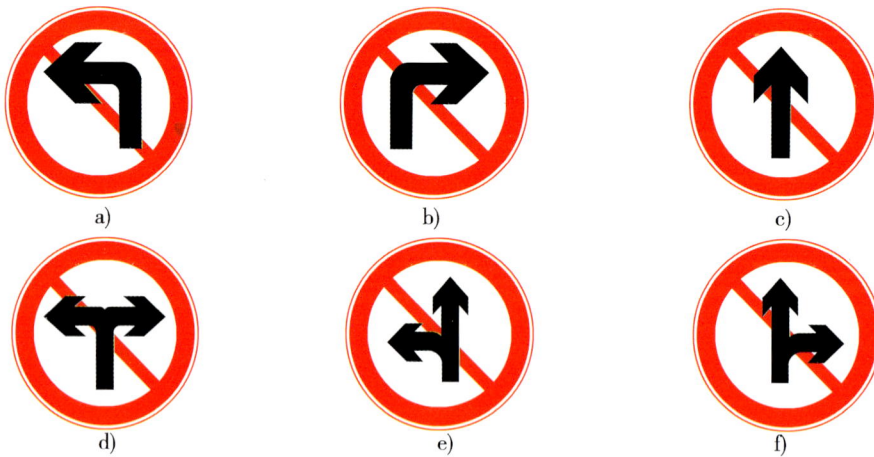

图 C.1.2-1　禁止向某一或两个方向行驶标志

a)禁止向左转弯标志;b)禁止向右转弯标志;c)禁止直行标志;d)禁止向左向右转弯标志;e)禁止直行和向左转弯标志;f)禁止直行和向右转弯标志

图 C.1.2-2　禁止掉头标志

C.1.3 禁止超车、禁止车辆停放的禁令标志：如图 C.1.3-1、图 C.1.3-2。

图 C.1.3-1　禁止超车和解除禁止超车标志

a）禁止超车标志；b）解除禁止超车标志

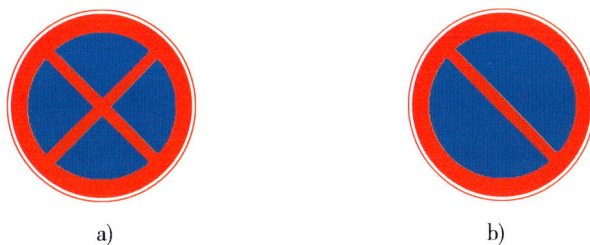

图 C.1.3-2　禁止车辆停放标志

a）禁止停车标志；b）禁止长时停车标志

C.1.4 禁止鸣喇叭标志：如图 C.1.4。

图 C.1.4　禁止鸣喇叭标志

C.1.5 限制速度和解除限制速度标志：如图 C.1.5。

图 C.1.5　限制速度和解除限制速度标志示例

a）限制速度标志；b）解除限制速度标志

C.1.6 停车检查标志：如图 C.1.6。

图 C.1.6　停车检查标志

C.1.7 海关标志：如图 C.1.7。

图 C.1.7　海关标志

C.1.8 区域禁止和区域禁止解除标志：如图 C.1.8-1、图 C.1.8-2。

图 C.1.8-1　区域限制速度标志示例　　　图 C.1.8-2　区域限制速度解除标志示例

C.2　与公路建筑限界及汽车荷载有关的禁令标志

C.2.1 限制宽度、限制高度标志：如图 C.2.1。

a)　　　　　　　　b)

图 C.2.1　限制宽度、限制高度标志
a)限制宽度标志示例;b)限制高度标志示例

C.2.2 限制质量、限制轴重标志：如图 C.2.2。

a)　　　　　　　　b)

图 C.2.2　限制质量、限制轴重标志示例
a)限制质量标志;b)限制轴重标志

C.3 与路权有关的禁令标志

C.3.1 停车让行标志、减速让行标志:如图 C.3.1。

a)

b)

图 C.3.1 停车让行、减速让行标志
a)停车让行标志;b)减速让行标志

C.3.2 会车让行标志:如图 C.3.2。

图 C.3.2 会车让行标志

附录 D 公路上使用的指示标志

D.1 与行驶方向有关的指示标志

D.1.1 指示某行驶方向的标志:如图 D.1.1。

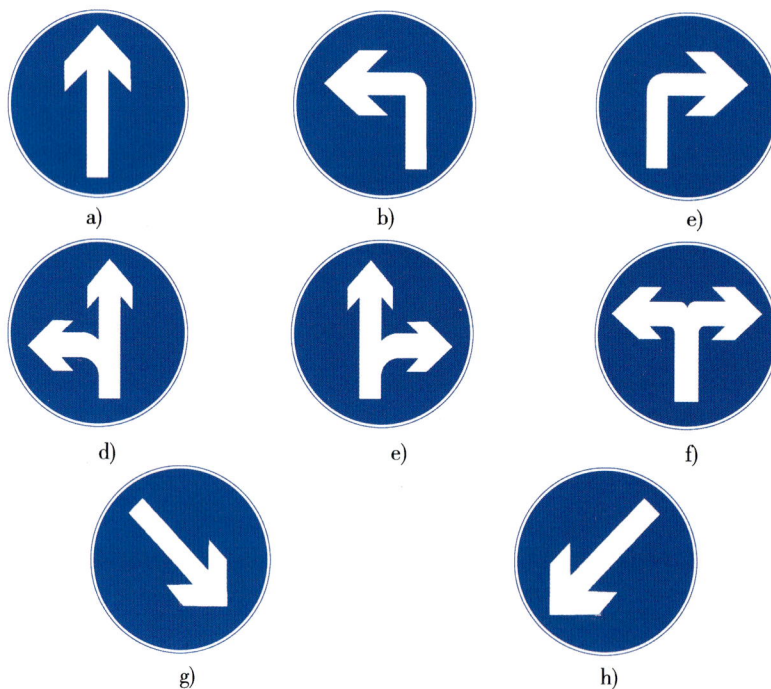

图 D.1.1 指示某行驶方向的标志

a)直行标志;b)向左转弯标志;c)向右转弯标志;d)直行和向左转弯标志;e)直行和向右转弯标志;f)向左和向右转弯标志;g)靠右侧道路行驶标志;h)靠左侧道路行驶标志

D.1.2 立体交叉和环岛行驶路线标志:如图 D.1.2。

图 D.1.2 立体交叉和环岛行驶路线标志

a)立体交叉直行和左转弯行驶标志;b)立体交叉直行和右转弯行驶标志;c)环岛行驶标志

D.1.3 单行路标志:如图 D.1.3。

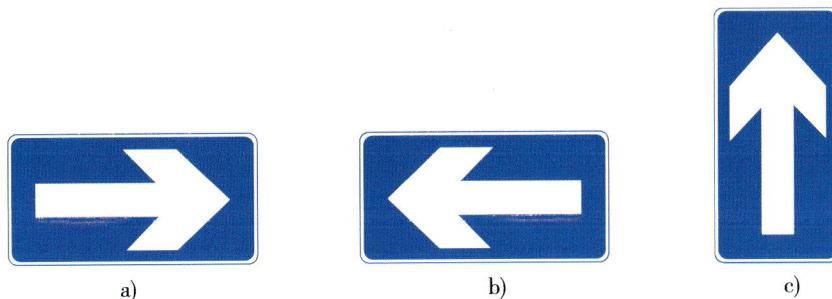

图 D.1.3 单行路标志
a)单行路(向右);b)单行路(向左);c)单行路(直行)

D.2 指导驾驶行为的指示标志

D.2.1 鸣喇叭标志:如图 D.2.1。

图 D.2.1 鸣喇叭标志

D.2.2 最低限速标志:如图 D.2.2。

图 D.2.2 最低限速标志示例

D.3 指出车道使用目的的指示标志

D.3.1 车道行驶方向标志:如图 D.3.1。

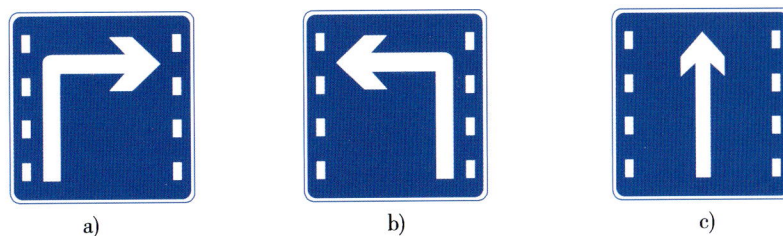

图 D.3.1

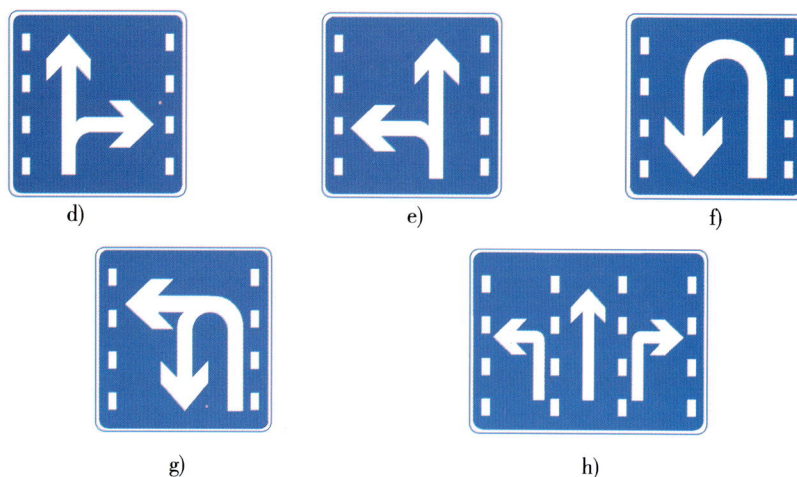

图 D.3.1　车道行驶方向标志

a)右转车道标志;b)左转车道标志;c)直行车道标志;d)直行和右转合用车道标志;e)直行和左转合用车道标志;f)掉头车道标志;g)掉头和左转合用车道标志;h)分向行驶车道标志

D.3.2　专用道路和车道标志:如图 D.3.2-1～图 D.3.2-3。

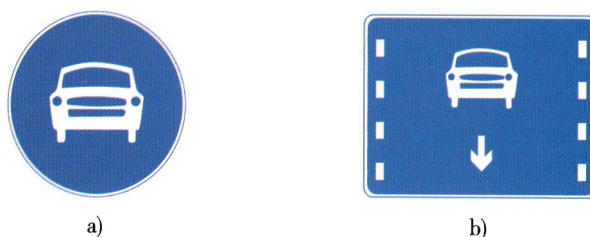

图 D.3.2-1　机动车行驶标志和机动车车道标志

a)机动车行驶标志;b)机动车车道标志

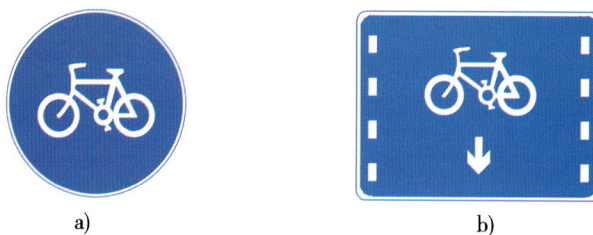

图 D.3.2-2　非机动车行驶标志和非机动车车道标志

a)非机动车行驶标志;b)非机动车车道标志

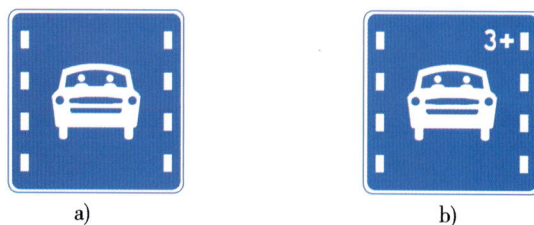

图 D.3.2-3　多乘员车辆专用车道标志

a)多乘员车辆专用车道标志;b)有人数规定的多乘员车辆专用车道标志示例

D.4 与路权有关的指示标志

D.4.1 路口优先通行标志:如图 D.4.1。

图 D.4.1 路口优先通行标志

D.4.2 会车先行标志:如图 D.4.2。

图 D.4.2 会车先行标志

D.4.3 人行横道标志:如图 D.4.3。

图 D.4.3 人行横道标志

D.4.4 允许掉头标志:如图 D.4.4。

图 D.4.4 允许掉头标志

D.4.5 停车位标志:如图 D.4.5。

图 D.4.5 停车位标志

附录 E 高速公路指路标志设置示例

E.0.1 高速公路入口预告标志设置示例如图 E.0.1。

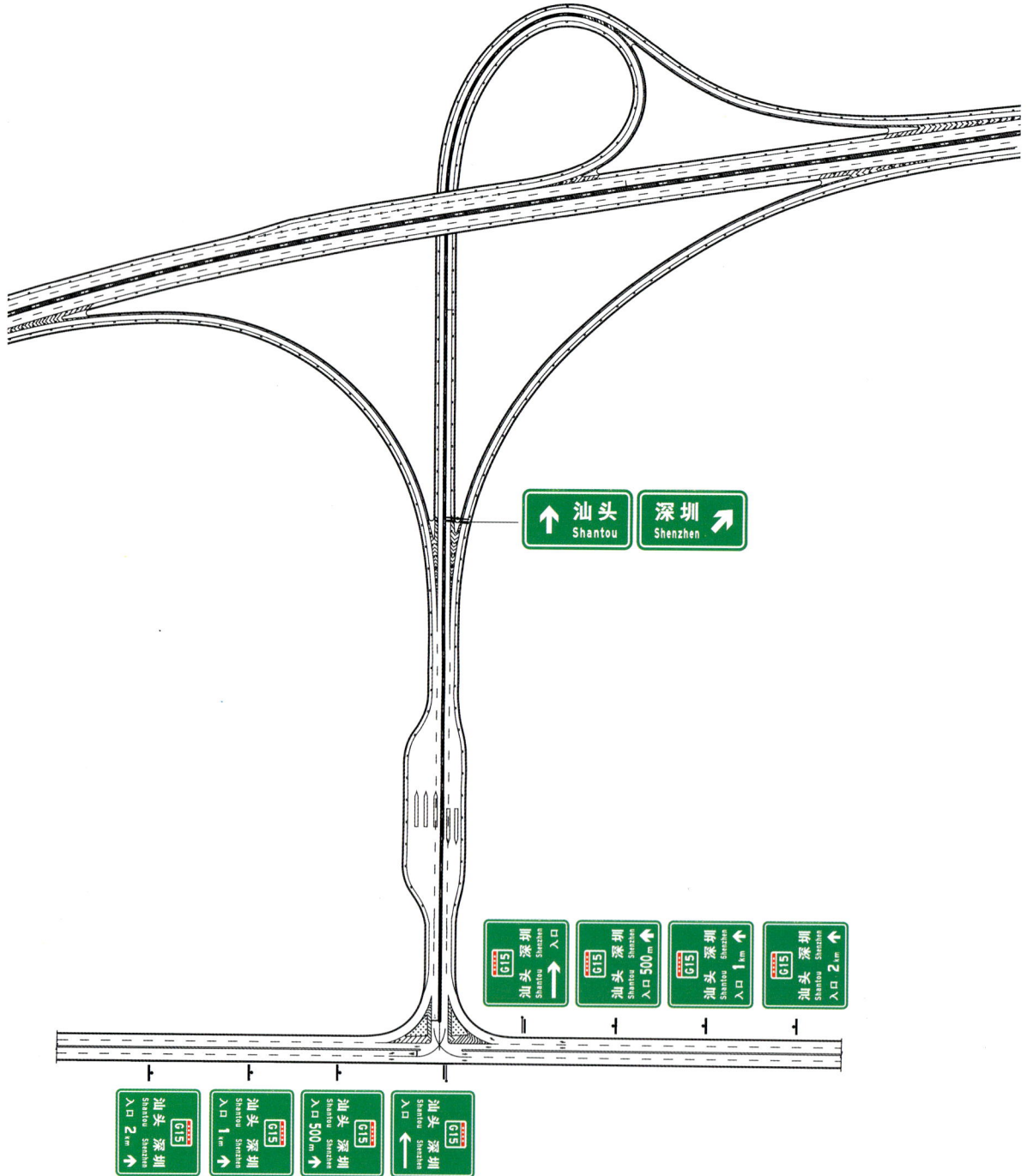

图 E.0.1 高速公路入口预告标志设置示例

注:各标志的设置位置、支撑方式应根据现场条件来确定。

E.0.2 一般互通式立体交叉(喇叭形)指路标志设置示例如图 E.0.2。

图 E.0.2 一般互通式立体交叉(喇叭形)指路标志设置示例

注:①各标志的设置位置、支撑方式应根据现场条件来确定。

②图中收费站标志的收费方式图案应根据实际情况进行调整。

③本图高速公路及被交一般公路仅示出单方向的交通标志设置内容及位置。

E.0.3 枢纽型互通式立体交叉指路标志设置示例如图 E.0.3。

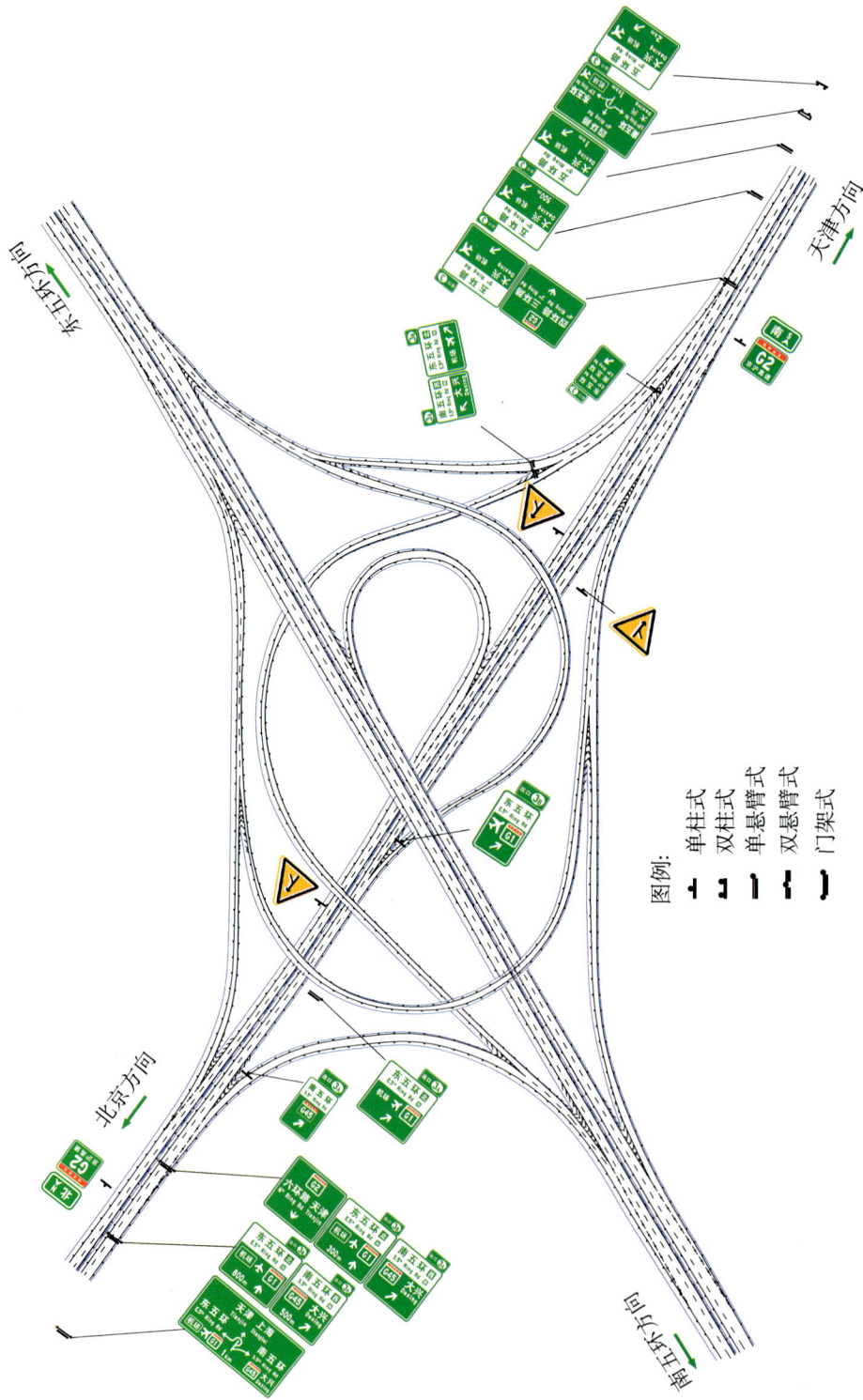

图 E.0.3 枢纽型互通式立体交叉指路标志设置示例

图例:
- ┴ 单柱式
- ⊓ 双柱式
- 单悬臂式
- 双悬臂式
- 门架式

注:①该互通北京至天津方向 2km 出口预告标志无适当设置位置,图形标志移至 1km 位置处。图形标志无适当设置位置,已取消。考虑到交通管理的需要,天津至北京方向前往 G1、G45 的车辆由六环路互通互通分流,故图中两个方向的目的地信息有所区别。
②各标志的设置位置、支撑方式应根据现场条件来确定。

E.0.4 互通式立体交叉与服务区合建时指路标志设置示例如图 E.0.4。

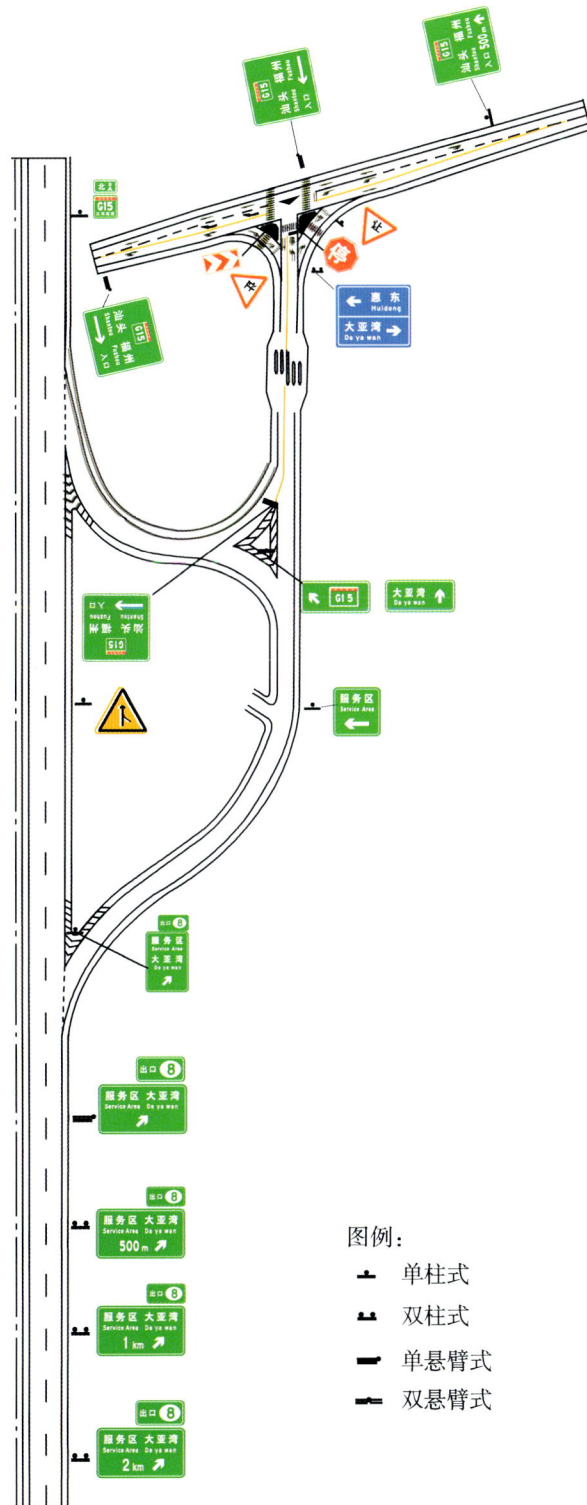

图 E.0.4 互通式立体交叉与服务区合建时指路标志设置示例
注:各标志的设置位置、支撑方式应根据现场条件来确定。

E.0.5 高速公路沿线服务设施指路标志设置示例如图 E.0.5。

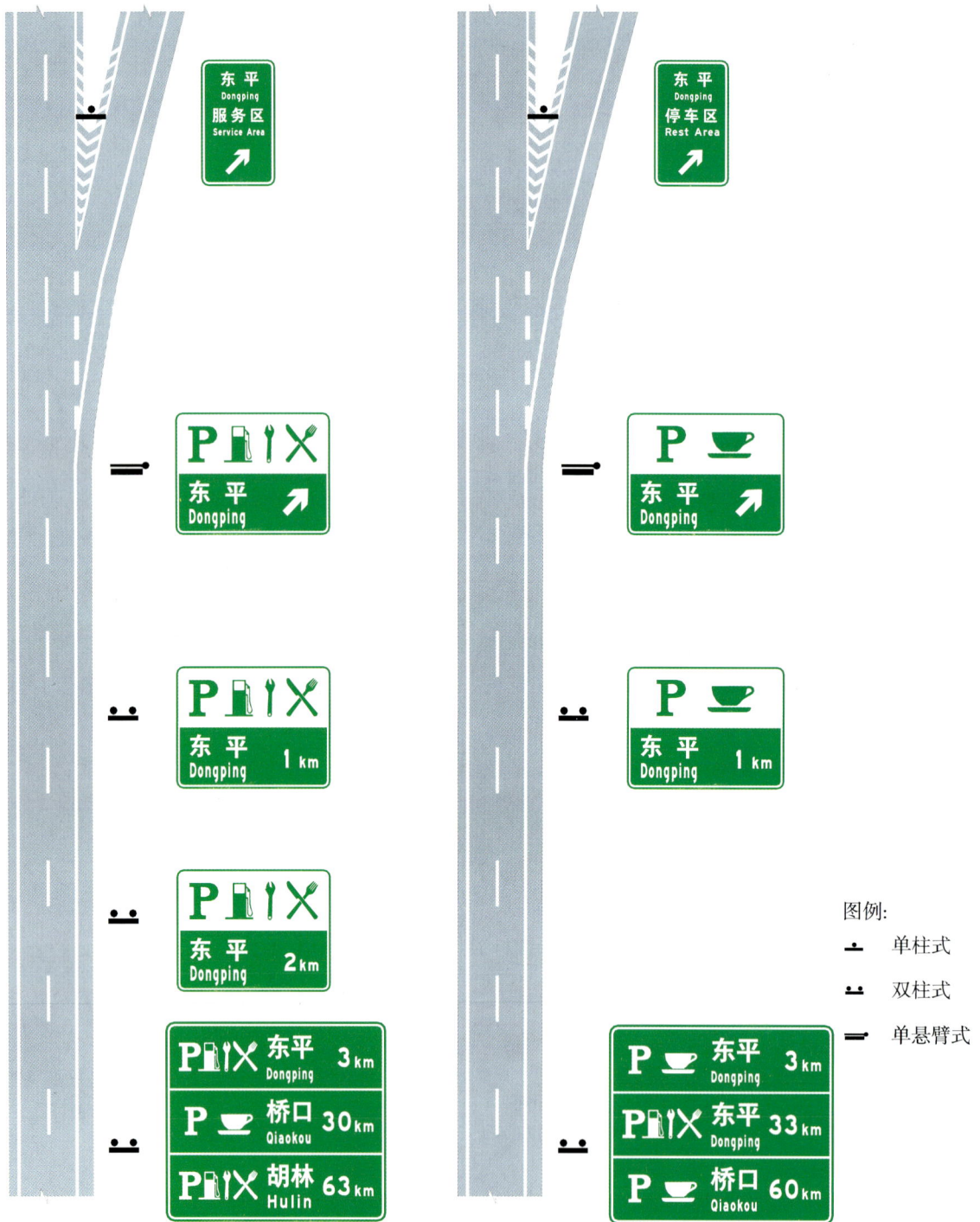

图 E.0.5　高速公路沿线服务设施指路标志设置示例
注:各标志的设置位置、支撑方式应根据现场条件来确定。

E.0.6 高速公路沿线旅游区标志设置示例如图 E.0.6。

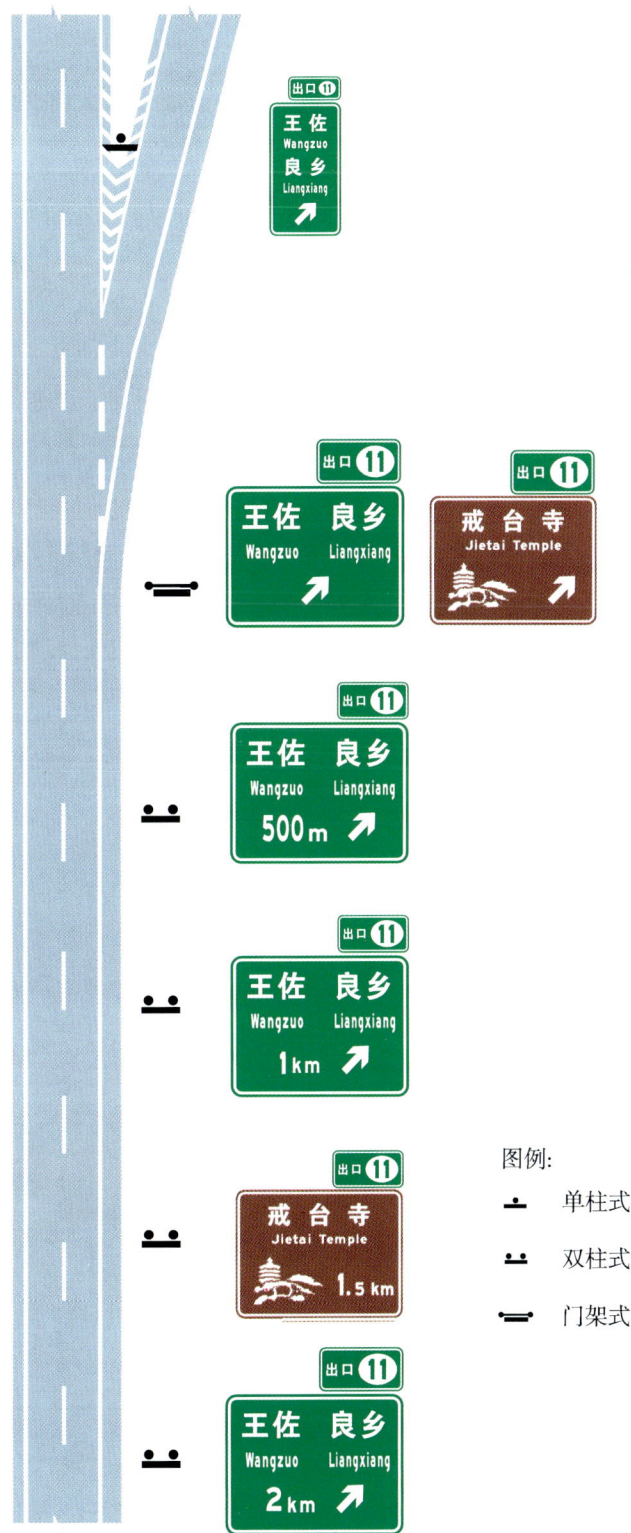

图 E.0.6 高速公路沿线旅游区标志设置示例
注:各标志的设置位置、支撑方式应根据现场条件来确定。

E.0.7 高速公路沿线超限超载检测站指路标志设置示例如图 E.0.7。

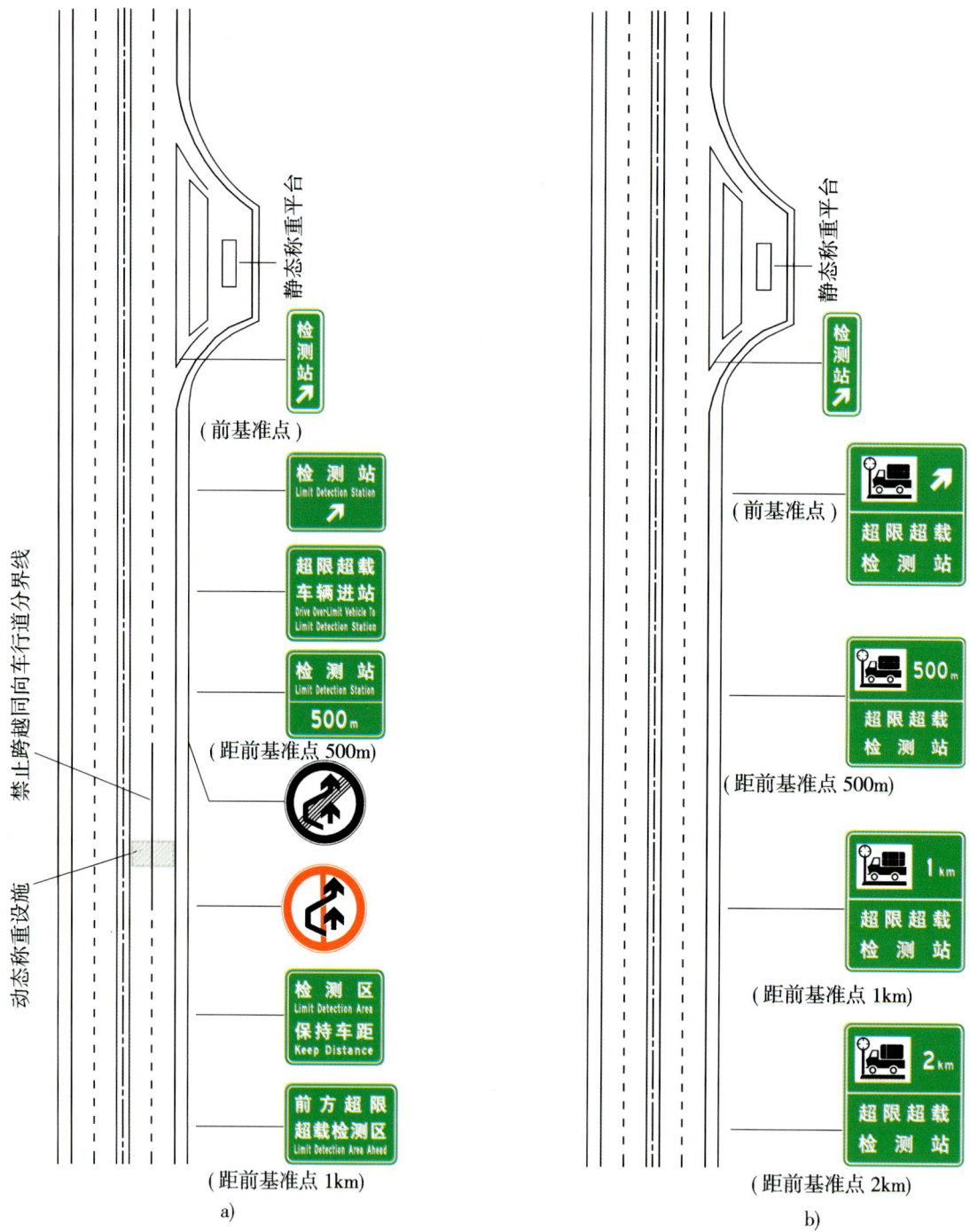

图 E.0.7　高速公路沿线超限超载检测站指路标志设置示例
a)设置动态称重设施的检测站;b)未设置动态称重设施的检测站

附录 F　平面交叉预告、告知、确认标志设置流程

平面交叉预告、告知、确认标志设置流程如图 F。

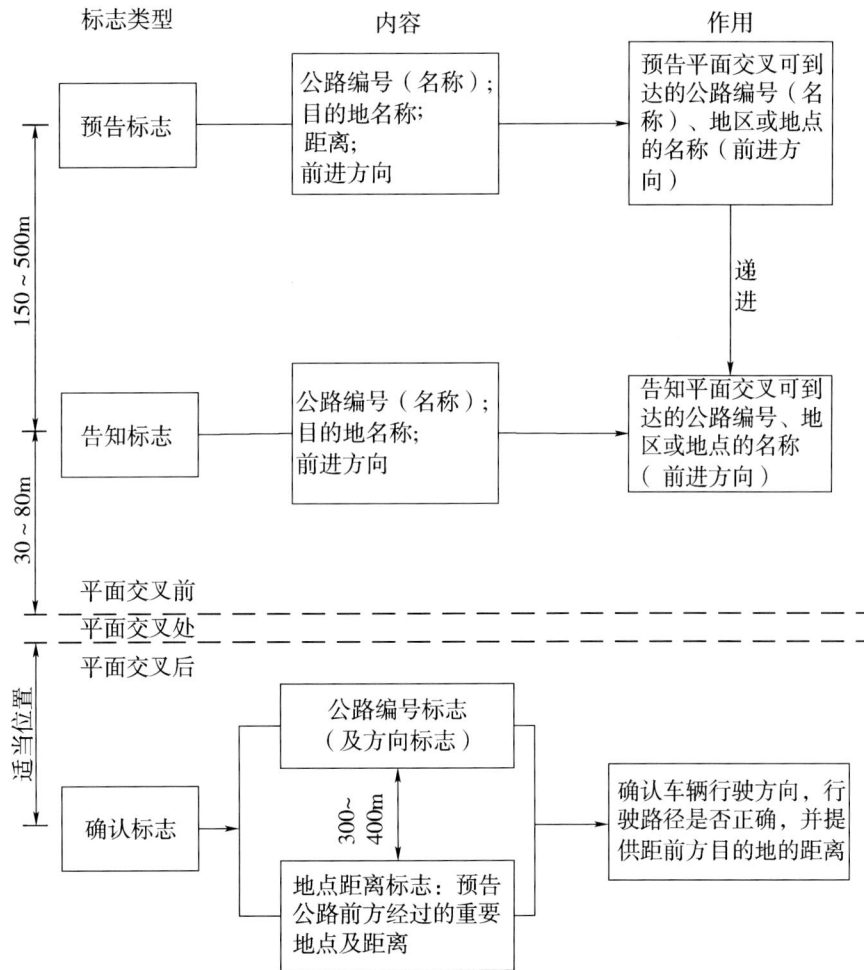

图 F　平面交叉路口预告、告知、确认标志设置流程

附录 G 一般公路路径指引标志设置示例

G.0.1 图 G.0.1 为某区域路网示例。其中,G326 为该地区主要运输通道,并先后与 G210、S205、X010 相交。

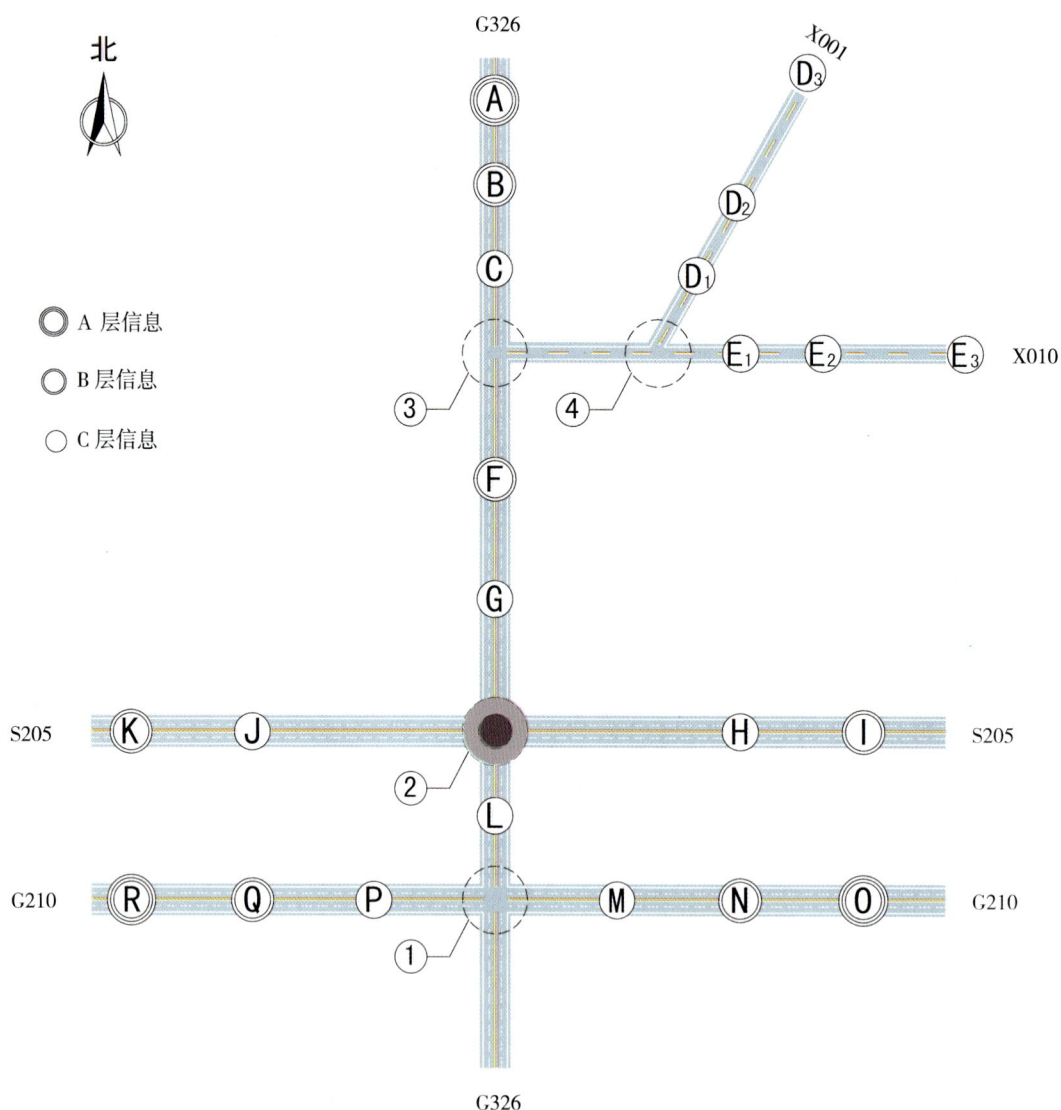

图 G.0.1 某区域路网示例

下面以 G326 向北行车方向为例,分别介绍不同等级公路平面交叉路径指引标志的设置方法。

G.0.2 国道与国道相交指路标志设置示例如图 G.0.2。

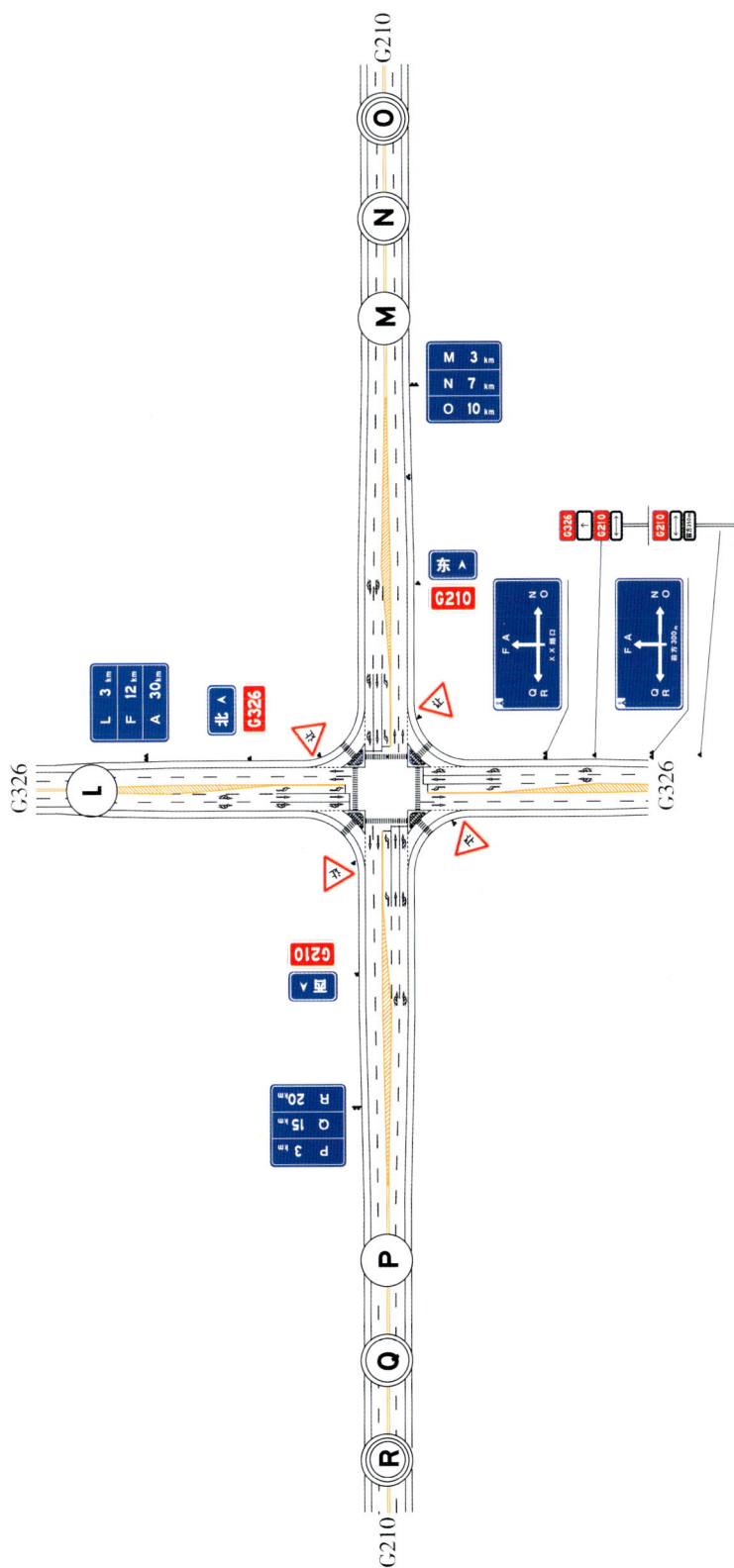

图 G.0.2　国道与国道相交指路标志设置示例

  1   平面交叉①为 G326 与 G210 相交,属于国道与国道平面交叉,应设置平面交叉预告标志、告知标志以及确认标志。

  2   在平面交叉①前首先设置平面交叉预告标志,预告前方为 G326 与 G210 相交,G210 为支线方向。

  3   该平面交叉为十字交叉,指路标志信息选择参照表 7.2.2 的规定。G326 主线方向指示前方最近的 A 层信息 A 和最近的 B 层信息 F。支线 G210 右转方向指示最近的 A 层信息 O 和最近的 B 层信息 N;左转方向指示最近的 A 层信息 R 和最近的 B 层信息 Q。该平面交叉为该地区重要路口,在告知标志版面中可进行标识。因目的地信息数量已达 6 个,可在预告、告知标志前分别设置公路编号(名称)预告标志,以避免标志板面过大。

  4   过平面交叉后的确认标志包括公路编号标志与地点距离标志。G326 上地点距离标志指示 A、F 以及最近的 C 层信息 L,G210 地点距离标志同理进行设置。

G.0.3   国道与省道相交指路标志设置示例如图 G.0.3。

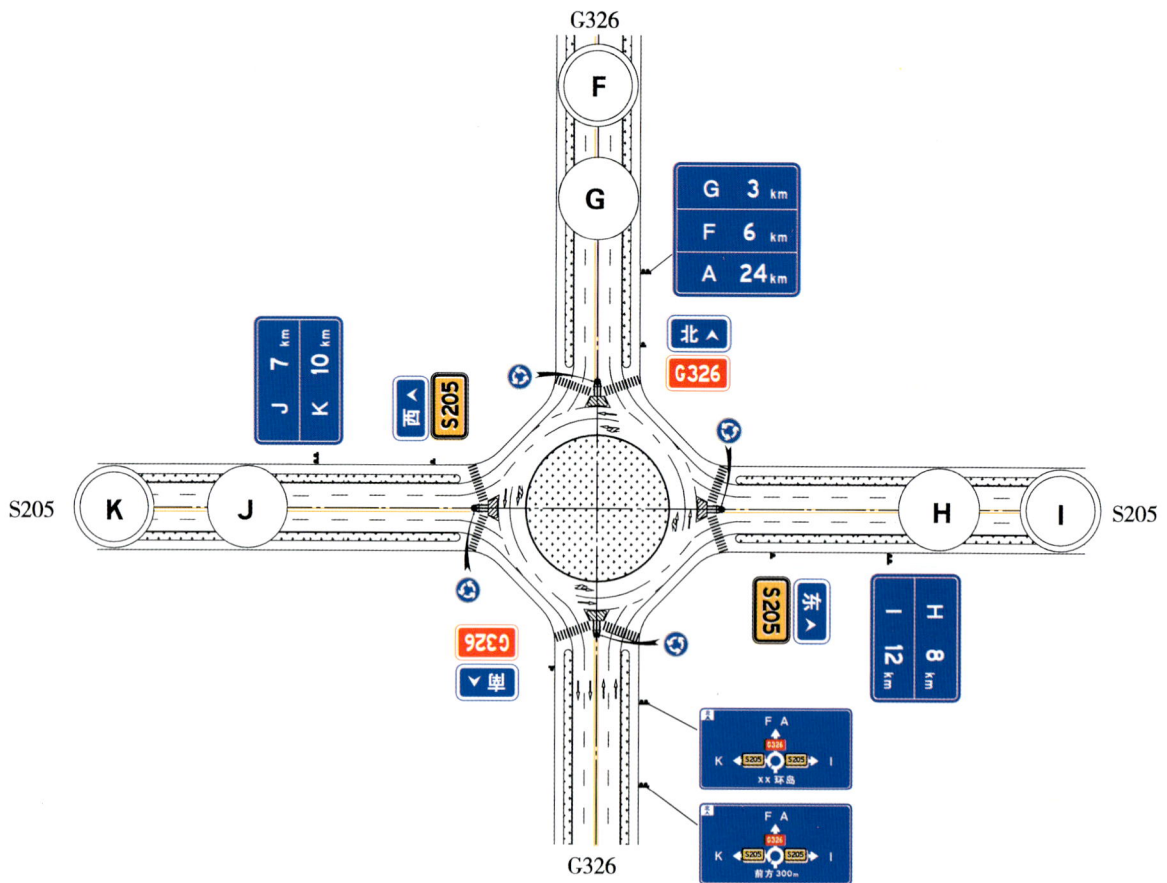

图 G.0.3   国道与省道相交指路标志设置示例

  1   平面交叉②为 G326 与 S205 相交,属于国道与省道平面交叉,应设置平面交叉预告标志、告知标志以及确认标志。

2　在平面交叉②前首先设置平面交叉预告标志,预告前方为 G326 与 S205 相交,S205 为支线方向。

3　该平面交叉为环形交叉,指路标志信息选择参照表 7.2.2 的规定。G326 主线方向指示前方最近的 A 层信息 A 和最近的 B 层信息 F。支线 S205 右转方向指示最近的 B 层信息 I,左转方向指示最近的 B 层信息 K。该环岛为本地区重要环岛,在指引标志版面中可进行标识。

4　过平面交叉后的确认标志包括公路编号标志与地点距离标志。G326 上地点距离标志指示 A、F 以及最近的 C 层信息 G,S205 地点距离标志指示最近的 B 层信息及 C 层信息。

G.0.4　国(省)道与县道相交指路标志设置示例如图 G.0.4。

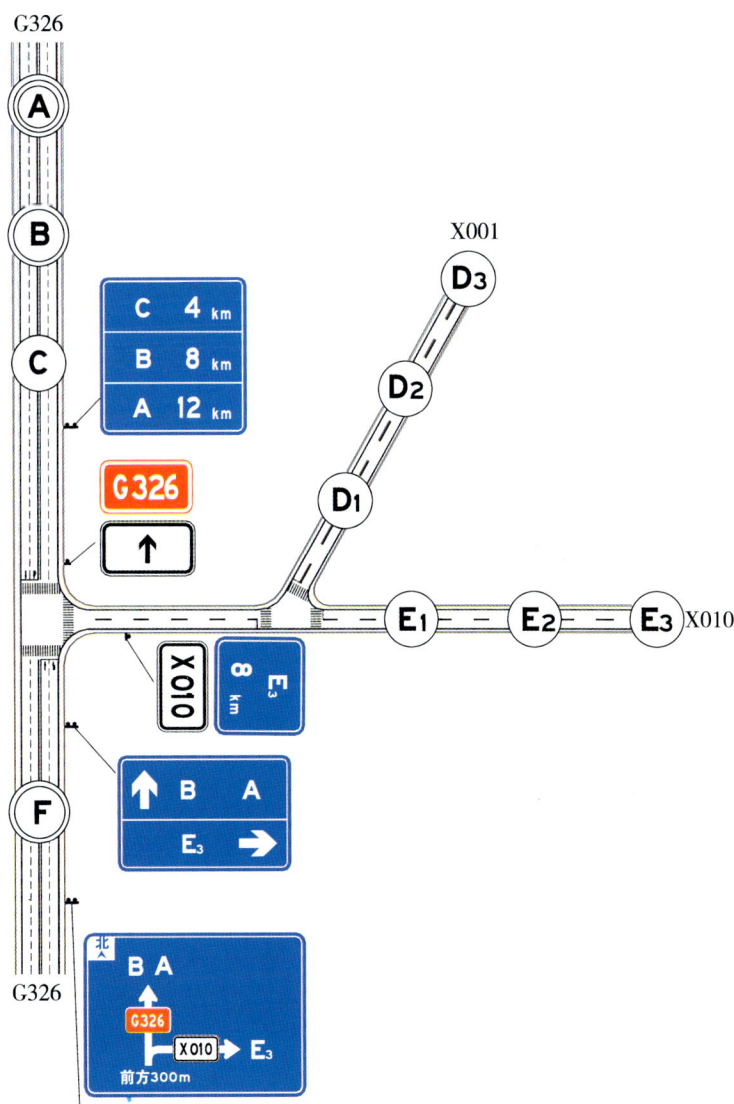

图 G.0.4　国(省)道与县道相交指路标志设置示例

1　平面交叉③为 G326 与 X010 相交,属于国(省)道与县道平面交叉,同时,因

X010 交通量较大,应配置平面交叉预告标志、告知标志以及确认标志。

2 在平面交叉③前首先设置平面交叉预告标志,预告前方为 G326 与 X010 相交,X010 为支线方向。

3 该平面交叉为 T 形交叉,指路标志信息选择参照表 7.2.2 的规定。G326 主线方向指示前方最近的 A 层信息要素 A 和最近的 B 层信息要素 B。X010 方向信息选择应根据前方 C 层信息的重要度进行。通过对沿线三个 C 层信息 E_1、E_2、E_3 的资料收集与调研,发现 E_2、E_3 的机动车保有量、人口、面积等均高过 E_1,而 E_2、E_3 重要度非常相近,此时应选取道路终点 E_3 作为指示信息。

4 过平面交叉后的确认标志包括公路编号标志与地点距离标志。G326 上地点距离标志指示 A、B 以及最近的 C 层信息 C,X010 地点距离标志同理进行设置。

G.0.5 县道与县道相交指路标志设置示例如图 G.0.5。

1 平面交叉④为 X010 与 X001 相交,属于县道与县道平面交叉,同时因该县道交通量较大,应配置平面交叉告知标志以及确认标志。

2 该平面交叉为 Y 形交叉,指路标志信息选择参照表 7.2.2 的规定。X010 指示前方最重要的 C 层信息 E_3,支线 X001 方向指示前方 C 层信息中最重要的 D_2。

3 过平面交叉后的确认标志包括公路编号标志与地点距离标志。地点距离标志分别指示距离 E_3、D_2 的距离。

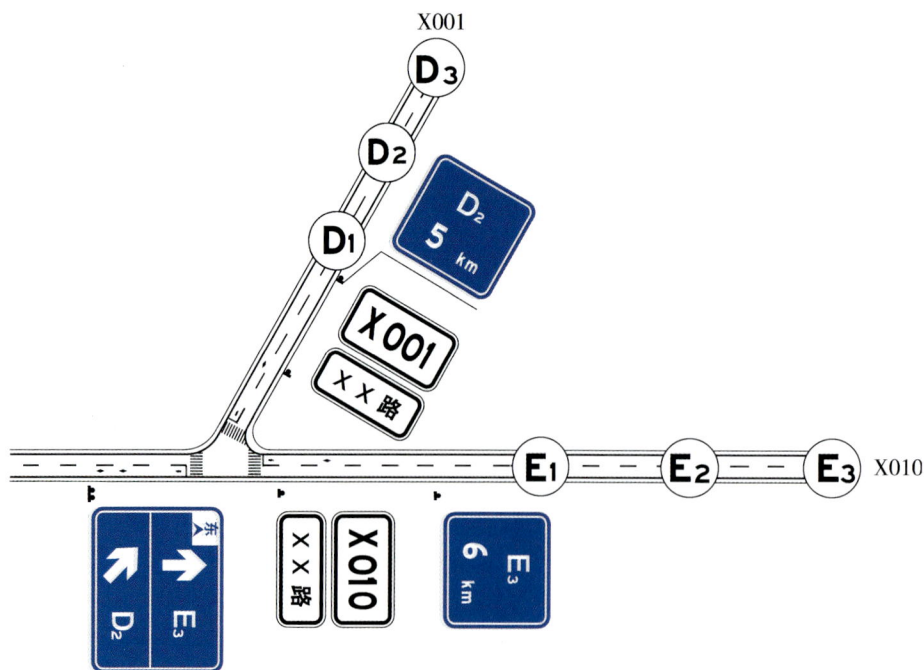

图 G.0.5 县道与县道相交指路标志设置示例

附录 H　对向车行道分界线设置示例

H.0.1 单黄虚线(可跨越对向车行道分界线)设置示例如图 H.0.1。

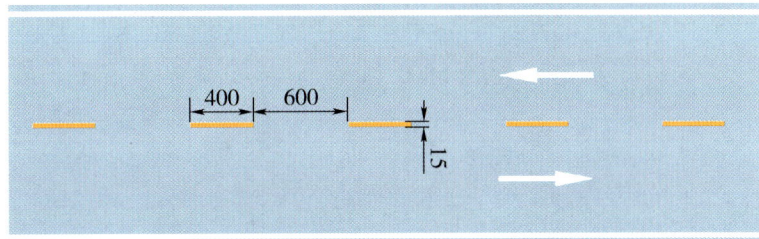

图 H.0.1　单黄虚线设置示例(尺寸单位:cm)

H.0.2 单黄实线(禁止跨越对向车行道分界线)设置示例如图 H.0.2。

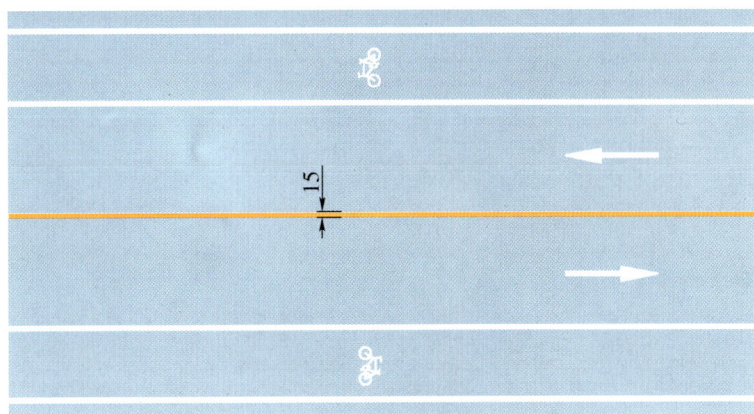

图 H.0.2　单黄实线设置示例(尺寸单位:cm)

H.0.3 双黄实线(禁止跨越对向车行道分界线)设置示例如图 H.0.3。

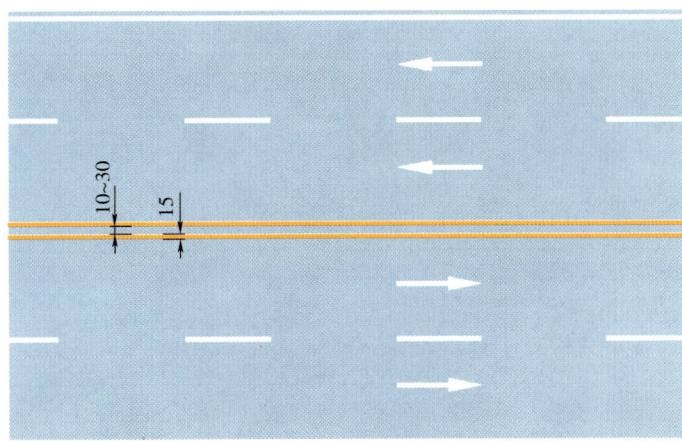

图 H.0.3　双黄实线设置示例(尺寸单位:cm)

H.0.4 黄色虚实线(禁止跨越对向车行道分界线)设置示例如图 H.0.4。

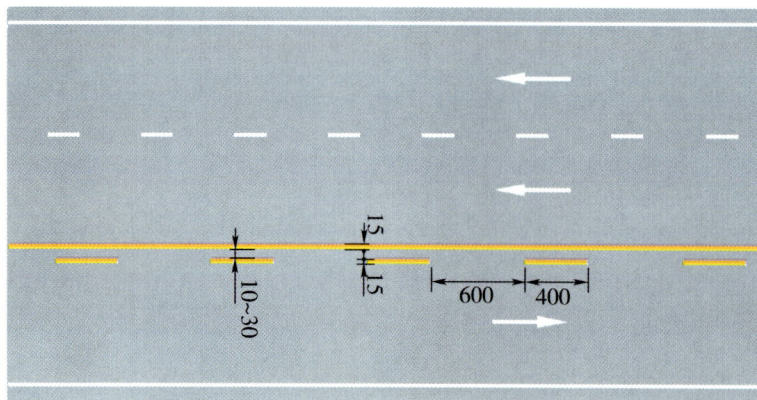

图 H.0.4 黄色虚实线设置示例(尺寸单位:cm)

附录 I 公路曲线路段确定禁止超车区的方法示例

I.0.1 竖曲线路段确定禁止超车区的方法示例如图 I.0.1。

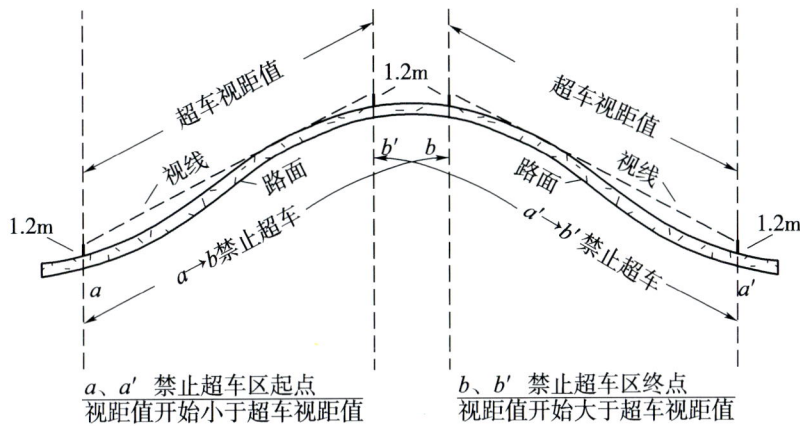

图 I.0.1 竖曲线路段确定禁止超车区的方法示例(立面图)

注:另一方向禁止超车区与此方向不一定重合,主要取决于线形指标。

I.0.2 平曲线路段确定禁止超车区的方法示例如图 I.0.2。

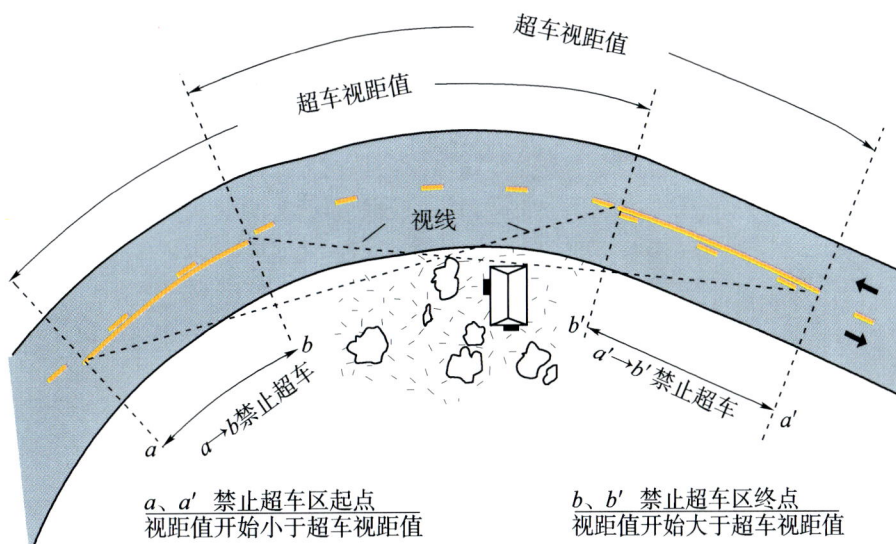

图 I.0.2 平曲线路段确定禁止超车区的方法示例(平面图)

注:①另一方向禁止超车区与此方向不一定重合,主要取决于线形指标。

②➜表示行车方向。

附录 J 同向车行道分界线设置示例

J.0.1 白色虚线设置示例如图 J.0.1。

图 J.0.1 白色虚线设置示例(尺寸单位:cm)

a)二级及二级以上公路;b)其他公路或城市道路

J.0.2 白色实线设置示例如图 J.0.2。

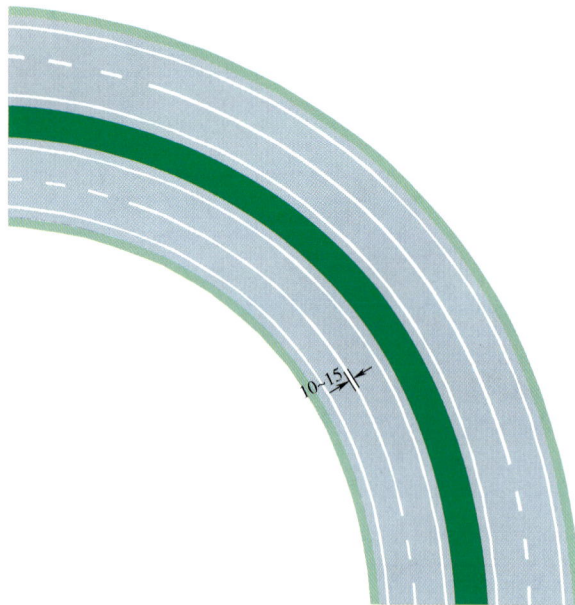

图 J.0.2 白色实线设置示例(尺寸单位:cm)

附录 K 公路车行道宽度渐变段标线设置示例

K.1 车行道数量变化

K.1.1 公路车行道数量由四条减少为三条的渐变段标线设置示例如图 K.1.1。

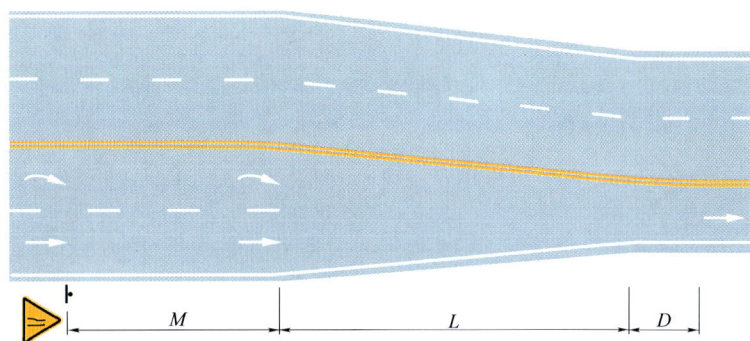

图 K.1.1 公路车行道数量由四条减少为三条的渐变段标线设置示例

K.1.2 公路车行道数量由四条减少为两条的渐变段标线设置示例如图 K.1.2。

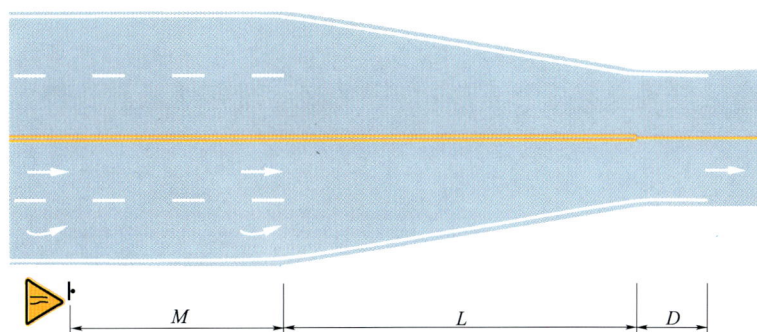

图 K.1.2 公路车行道数量由四条减少为两条的渐变段标线设置示例

K.1.3 公路车行道数量由三条减少为两条的渐变段标线设置示例如图 K.1.3。

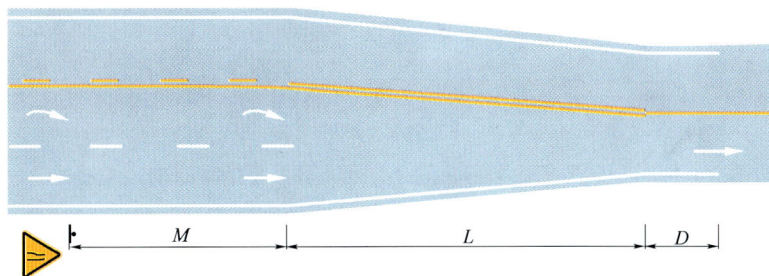

图 K.1.3 公路车行道数量由三条减少为两条的渐变段标线设置示例

K.1.4 三车道斑马线过渡标线设置示例如图 K.1.4。

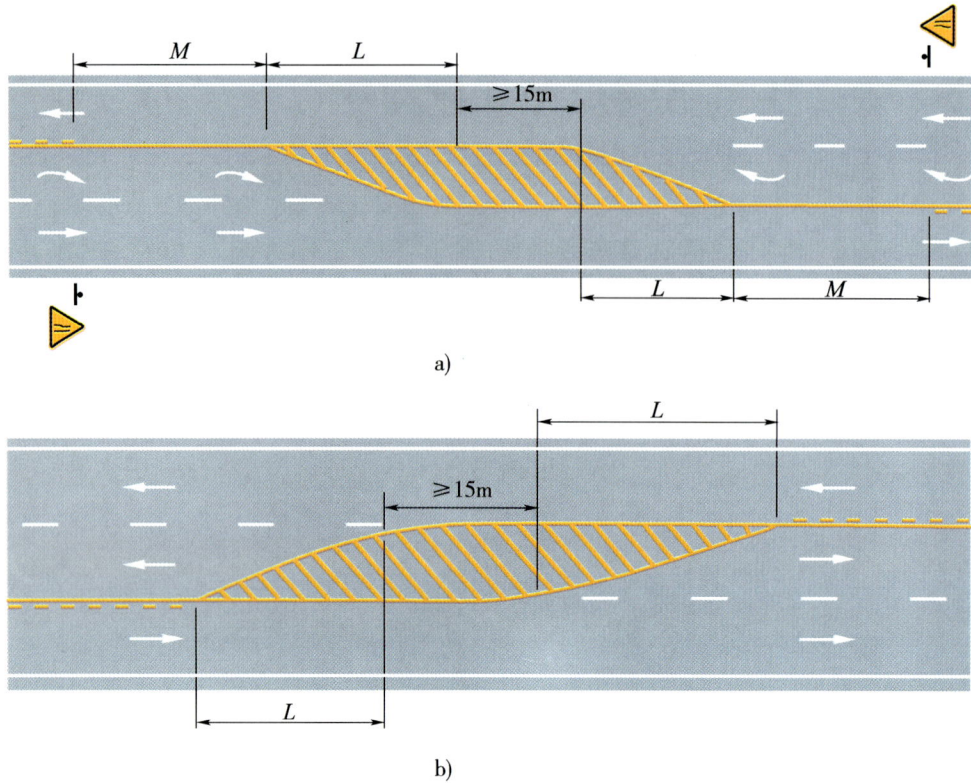

a)

b)

图 K.1.4　三车道斑马线过渡标线设置示例
a)一个方向的车行道数量由两条减少为一条;b)一个方向的车行道数量由一条增加为两条

K.1.5 公路车行道数量由两条增加为四条的渐变段标线设置示例如图 K.1.5。

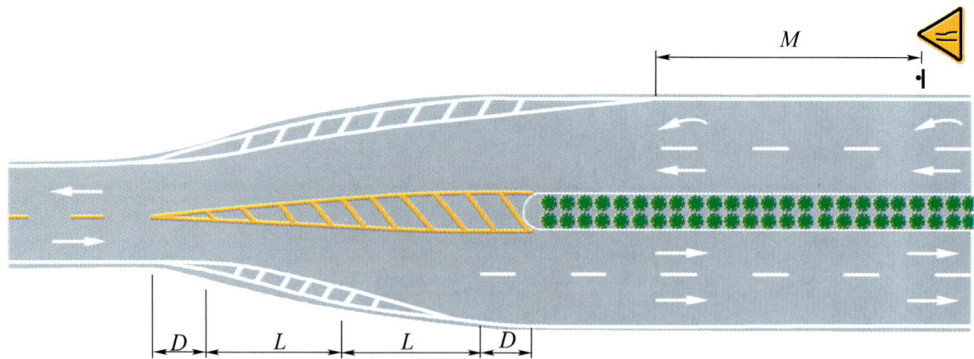

图 K.1.5　公路车行道数量由两条增加为四条的渐变段标线设置示例
注:图 K.1.1~图 K.1.5 中,L 为渐变段长度,按式(8.10.1)的规定取值;M 为警告标志到危险地
　　点的距离,可参考第 3 章的规定确定;D 为车行道宽度渐变段标线的延长距离,设计速度大
　　于或等于 60km/h 的公路取 40m,其他公路取 20m。

K.2　宽度小于路基段的二级及二级以下公路桥梁或下穿公路

K.2.1　二级公路桥梁段标线设置示例如图 K.2.1。

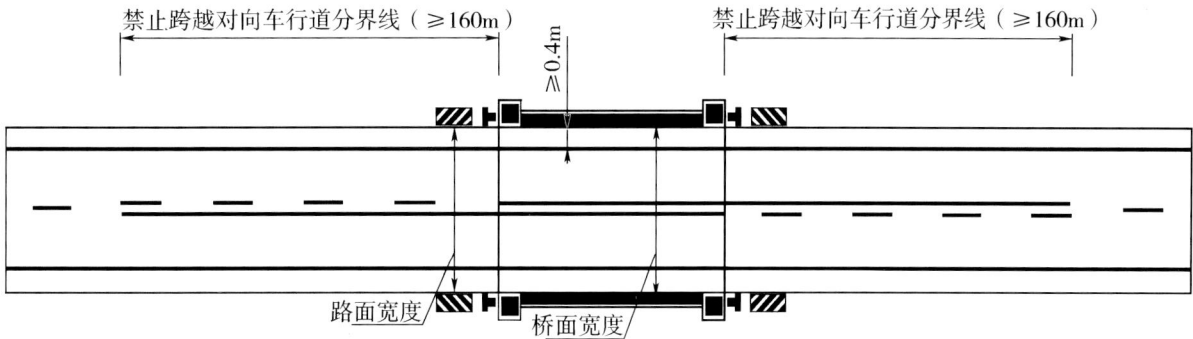

图 K.2.1　二级公路桥梁段标线设置示例

K.2.2　公路窄桥段标线设置示例如图 K.2.2。

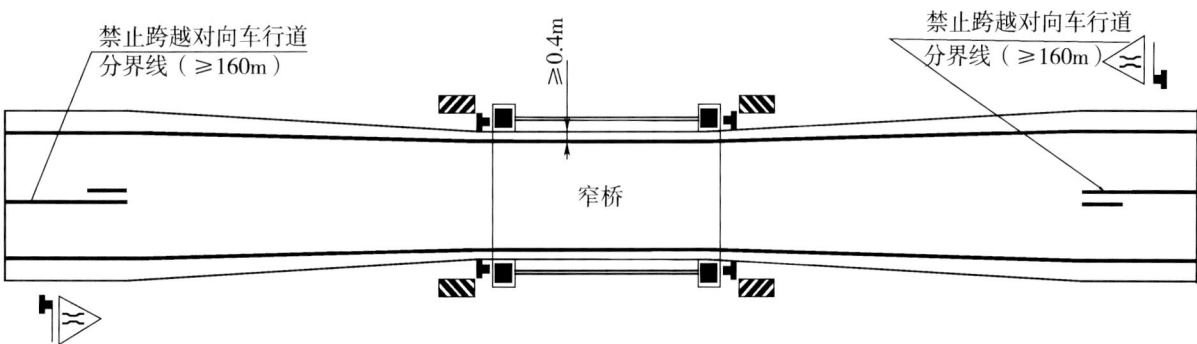

图 K.2.2　公路窄桥段标线设置示例

K.3　宽度窄于路基的隧道路段洞口

宽度窄于路基的隧道路段洞口斑马线设置示例如图 K.3。

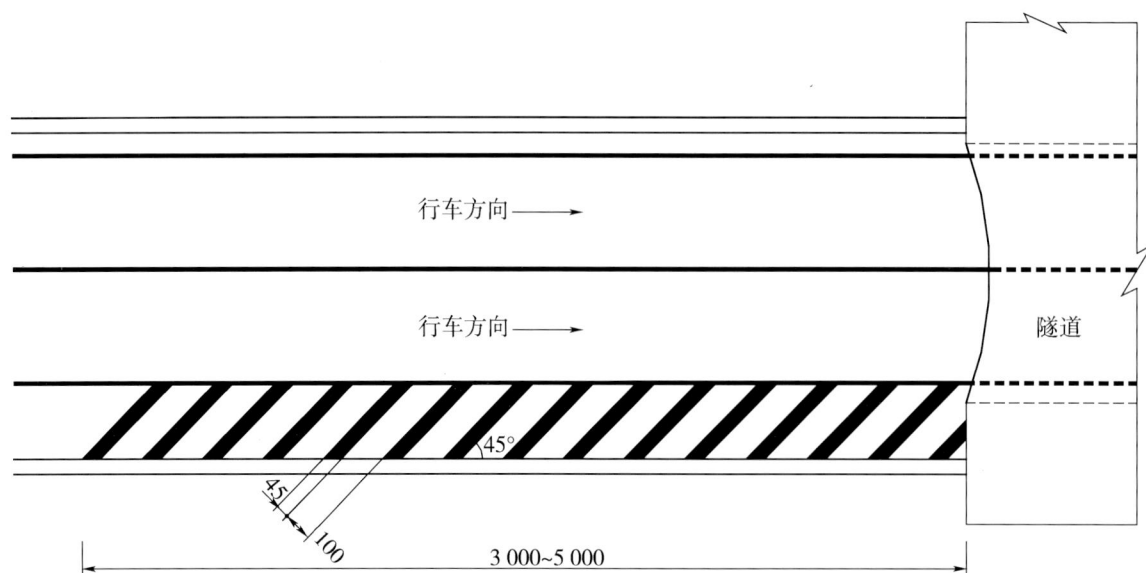

图 K.3　宽度窄于路基的隧道路段洞口斑马线设置示例(尺寸单位:cm)

附录 L 接近障碍物标线设置示例

L.0.1 四车道公路中间有障碍物标线设置示例如图 L.0.1。

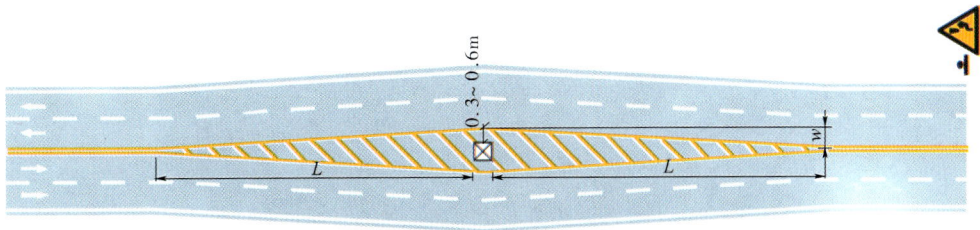

图 L.0.1 四车道公路中间有障碍物标线设置示例

L.0.2 邻近带有中央分隔带的公路路段标线设置示例如图 L.0.2。

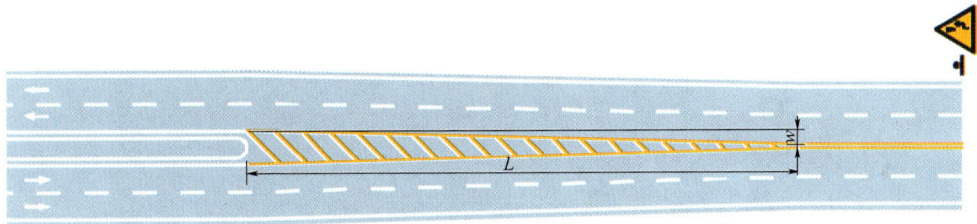

图 L.0.2 邻近带有中央分隔带的公路路段标线设置示例

L.0.3 双车道公路中间有障碍物标线设置示例如图 L.0.3。

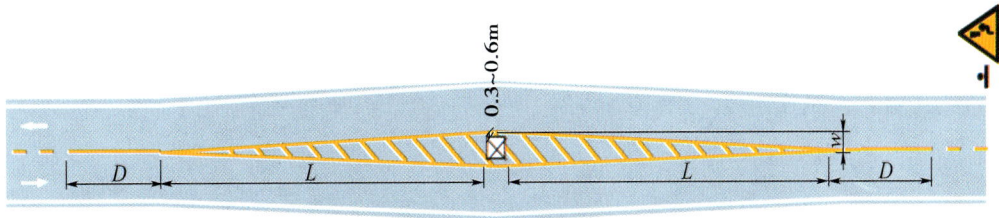

图 L.0.3 双车道公路中间有障碍物标线设置示例

L.0.4 同方向两车道公路中间有障碍物标线设置示例如图 L.0.4。

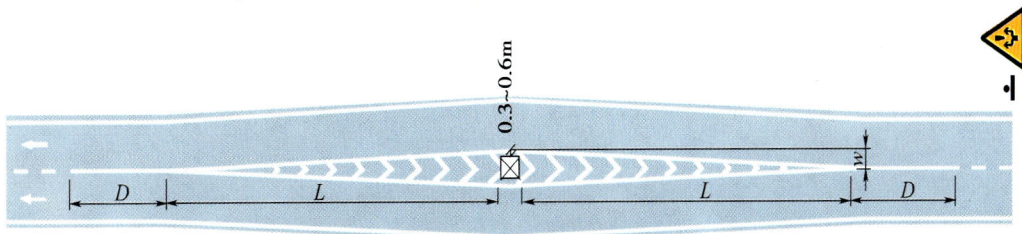

图 L.0.4 同方向两车道公路中间有障碍物标线设置示例

注:图 L.0.1~图 L.0.4 中,L 为渐变段长度,按式(8.10.1)的规定取值;W 为车行道分界线(对向或同向)偏移的宽度;D 为接近障碍物标线的延长距离,设计速度大于或等于 60km/h 的公路取 40m,其他公路取 20m。

附录 M 平面交叉标线设置示例

M.1 十字交叉标线设置示例

M.1.1 主路和支路左转弯交通量均较大时(如一级公路、二级公路),可在主线和支线均设置鱼肚皮形左转弯车道,以合理分离左转交通流。对平面交叉进行合理的路权分配,支线采用停车让行和减速让行标志来控制。人行横道线尽量前移,以减少行人通过平面交叉的时间,如图 M.1.1。

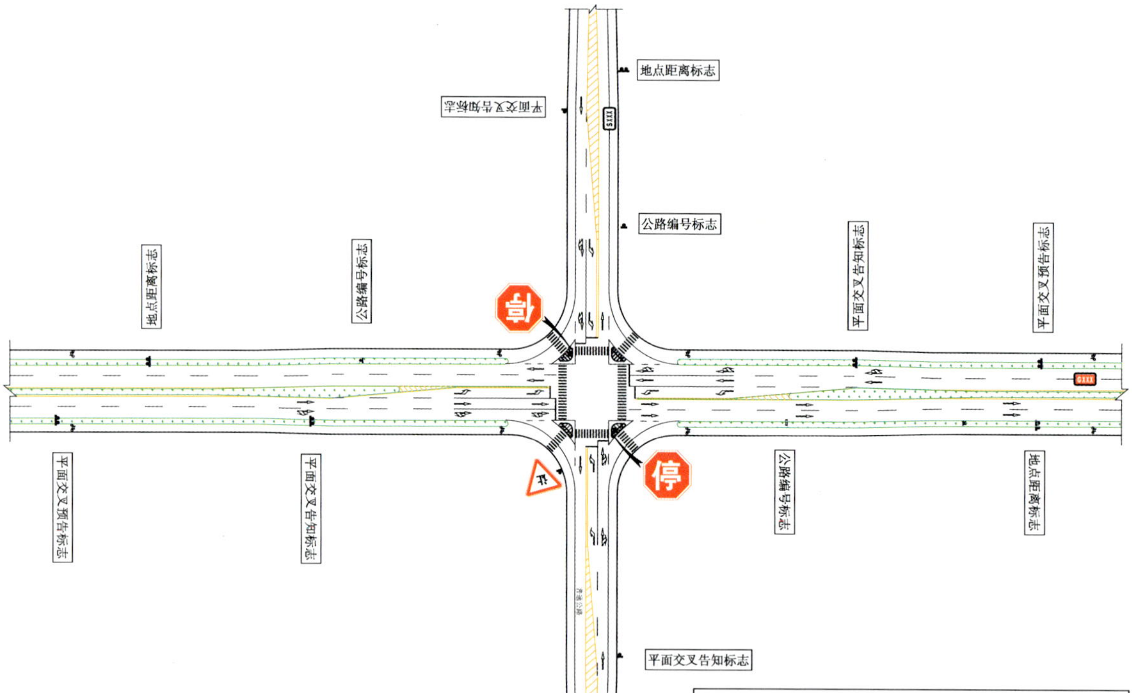

平面交叉标志设置位置(建议值)				
设置位置\\设计速度	平面交叉前		平面交叉后(确认标志)	
	平面交叉预告标志	平面交叉告知标志	公路编号标志	地点距离标志
≥80km/h	400m	50m	50m	400m
<80km/h	250m	40m	40m	350m

图 M.1.1 一级公路与二级公路相交构成的十字交叉标线设置示例

M.1.2 主路交通量较大(如一级或二级公路),支路交通量较小(如三级或四级公路),主路左转弯交通量也较小时,为避免干扰主路交通流,可在支路上设置停车让行标志和标线。人行横道线尽量前移,以缩短行人通过平面交叉的距离,如图 M.1.2。

M.1.3 二级公路之间构成的十字交叉标线设置示例。

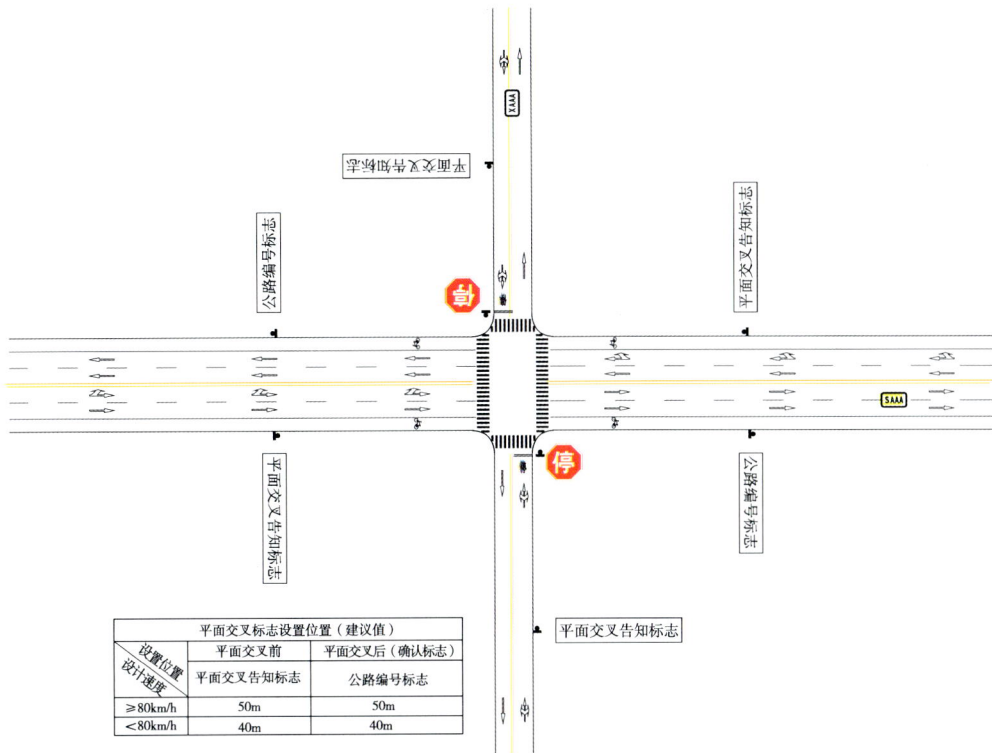

平面交叉标志设置位置（建议值）		
设置位置	平面交叉前	平面交叉后（确认标志）
设计速度	平面交叉告知标志	公路编号标志
≥80km/h	50m	50m
<80km/h	40m	40m

图 M.1.2　一级公路与三级公路相交构成的十字交叉标线设置示例

两条公路左转交通量均较大时，主线与支线均可设置鱼肚皮形左转车道，以合理分离左转交通流。路权分配标志和标线应合理设置，对支线可设置停车让行标志和标线，在右转车流与直行车流汇合处设置减速让行标志和标线。当现场条件受限制时，可采用简易鱼肚皮形左转车道的设置方式，如图 M.1.3。

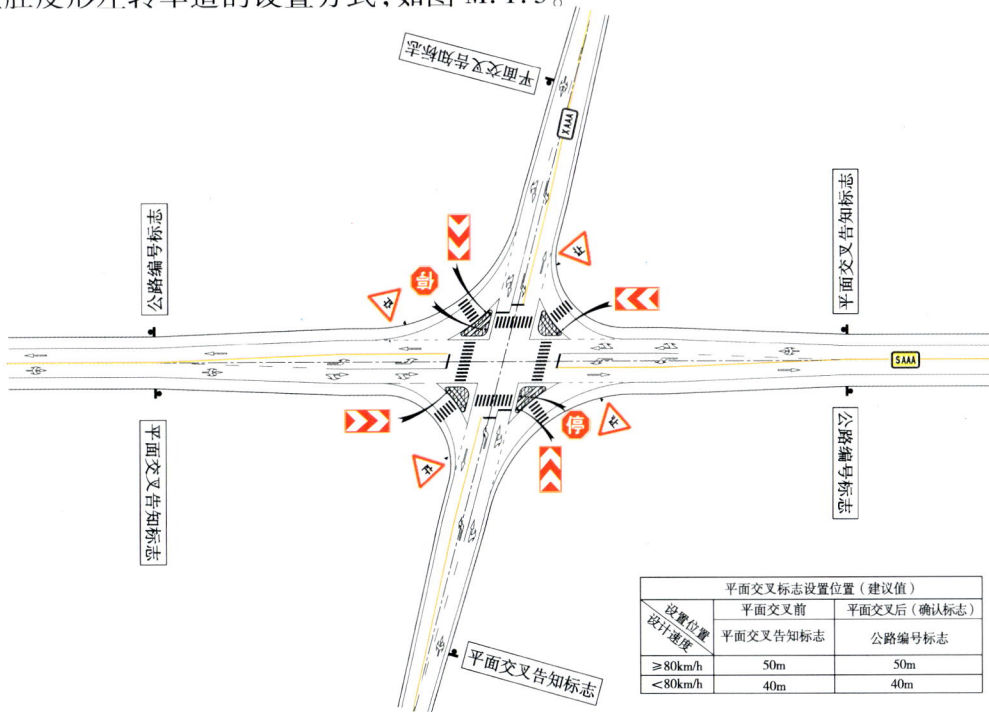

平面交叉标志设置位置（建议值）		
设置位置	平面交叉前	平面交叉后（确认标志）
设计速度	平面交叉告知标志	公路编号标志
≥80km/h	50m	50m
<80km/h	40m	40m

图 M.1.3　二级公路之间构成的十字交叉标线设置示例

M.2　T形交叉标线设置示例

M.2.1　T形交叉一般横向公路为主线，具有优先通行权，相交公路为支线。设计时应尽量采用标准的T形，如条件允许，可设计两个凸台式三角形导流岛，以便于交通标志的安装。应避免设计成Y形，人为增加行车冲突点。

M.2.2　支线交通必须停车让行、减速让行主线交通：左转交通"先停后左转通过"；当主线有较多左转车辆进入支线时，可设置鱼肚皮形凸台或导流线，当支线有较多左转车辆进入主线时，在主线上宜设置"保护型"鱼肚皮形左转加速车道；支线右转车辆在与主线合流处减速让行主线车辆，如图 M.2.2。

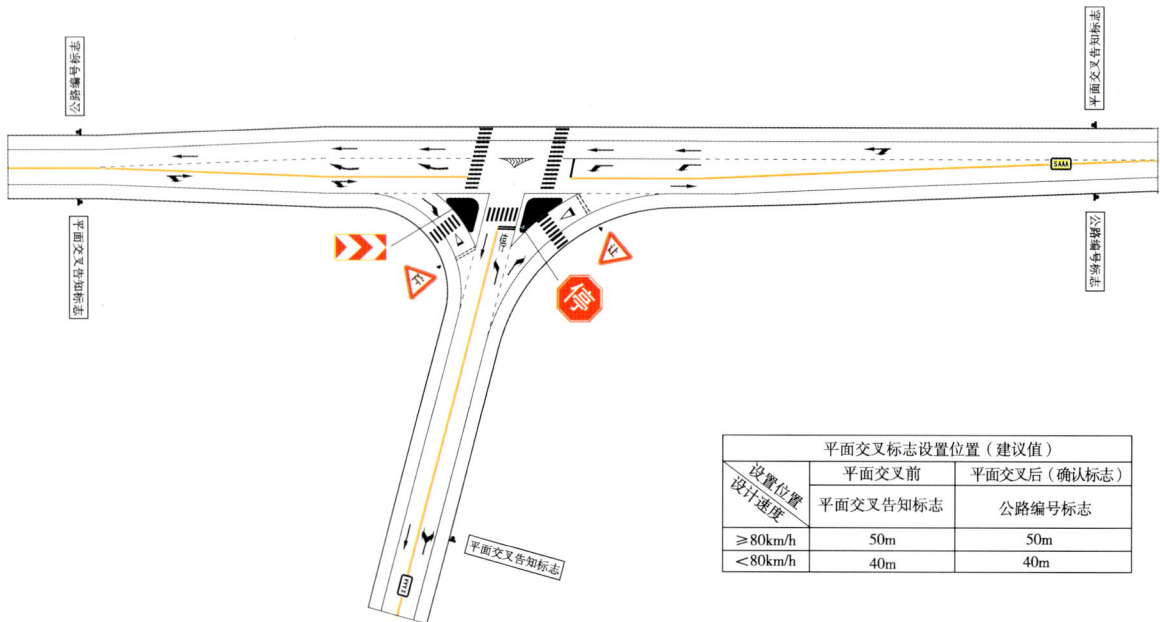

平面交叉标志设置位置（建议值）		
设置位置 设计速度	平面交叉前 平面交叉告知标志	平面交叉后（确认标志） 公路编号标志
≥80km/h	50m	50m
<80km/h	40m	40m

图 M.2.2　T形交叉渠化标线设置示例

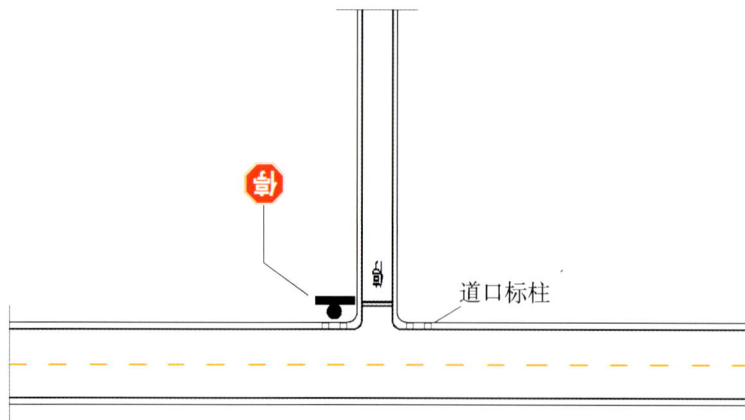

道口标柱

图 M.2.3　双向两车道公路与乡村公路平面交叉标线设置示例

M.2.3 当相交公路为双向两车道公路与单车道农村公路时，农村公路采用停车让行标志控制，并在两侧分别设置两根道口标柱。该方案适用于双向两车道公路与单车道农村公路正交的 T 形交叉口，农村公路的车流量和行人数量都很小，如图 M.2.3。

M.3 环行交叉标线设置示例

当平面交叉的车道数不大于 2 条、交通量较小且车速较慢时，可设置环行交叉，适合于乡村、郊区或交通量小的居民区处设置的交叉口。如交通量较大、车速较快，则容易引起拥堵。

图 M.3-1 所示为由同等重要的两条双向四车道公路构成的平面交叉，尚未达到安全信号灯的设置条件，转弯交通事故较多，因此采用了环行交叉的方式。在渠化车道时，应注意有合适的出入口，环岛的进出口车道数量应保持两个，避免入口车道和环岛内车道数不一致的情况发生。进出环形交叉处设置了与相交公路肢数相等的三角形导流岛，供行人和自行车通行。当导流岛较大时，可采用凸台式或绿化岛；当导流岛较小时，可用路面标线来代替。此外，进入环形交叉的车辆应让行环形交叉内正在绕行的车辆。

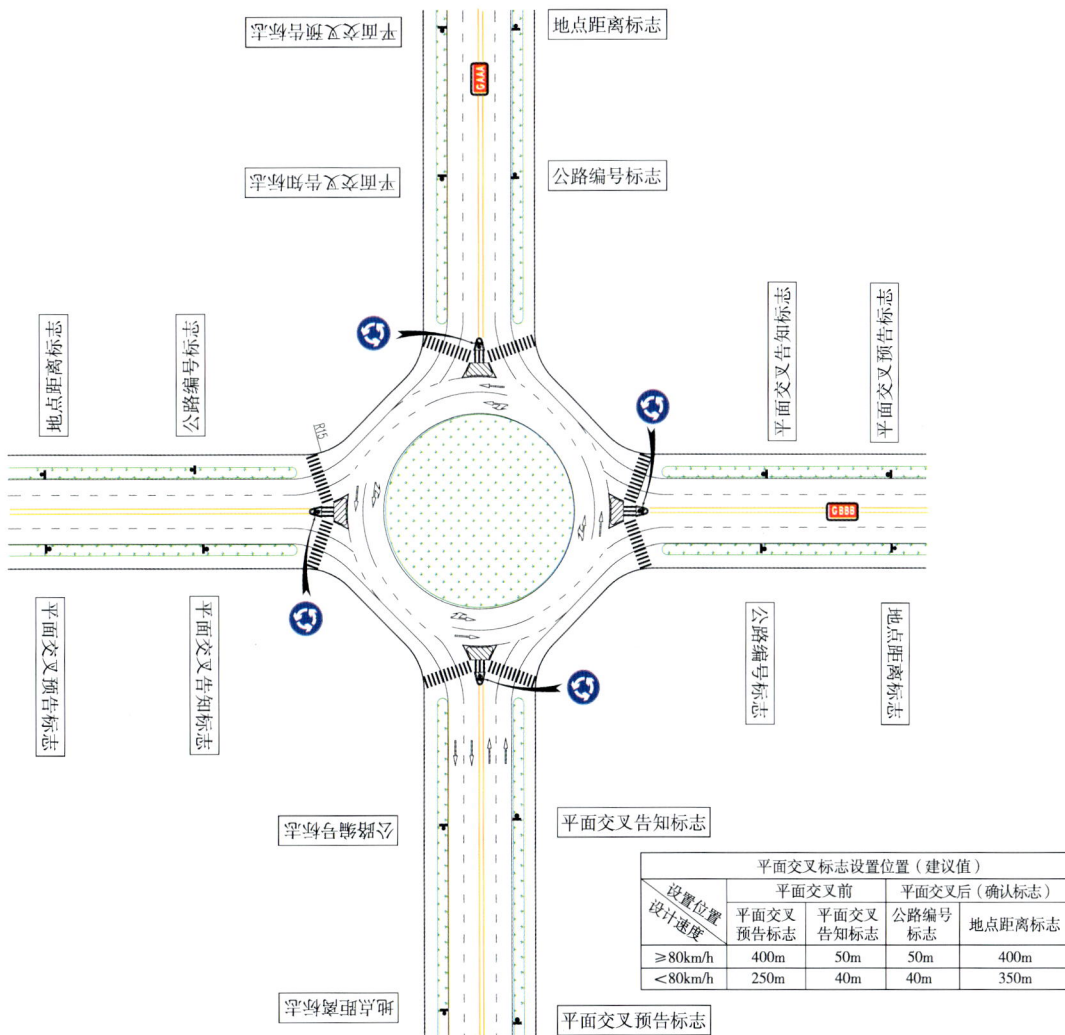

平面交叉标志设置位置（建议值）			
设置位置 设计速度	平面交叉前		平面交叉后（确认标志）
	平面交叉预告标志	平面交叉告知标志	公路编号标志 地点距离标志
≥80km/h	400m	50m	50m / 400m
<80km/h	250m	40m	40m / 350m

图 M.3-1 双向四车道公路和双向四车道公路构成的环行交叉标线设置示例

  图 M.3-2 为双向四车道公路和双向两车道公路相交的平面交叉。在渠化时,一个(或两个)车道进入环行交叉的,在导流岛处保留一个(或两个)车道的进入,以避免入口车道和交叉内车道连接不顺畅的现象。环行交叉处的人行横道线适当前移,并与导流岛相连接,以减少行人干扰交通流的时间。

  图 M.3-3 为双向两车道公路和双向两车道公路相交的环形交叉。在渠化时,一个车道进入环行交叉的,在导流岛处保留一个车道进入环行交叉,环行交叉内的车道数也应该为一个。环形交叉处增加了导流岛,人行横道线与导流岛相接,以减少行人对交通流的干扰。

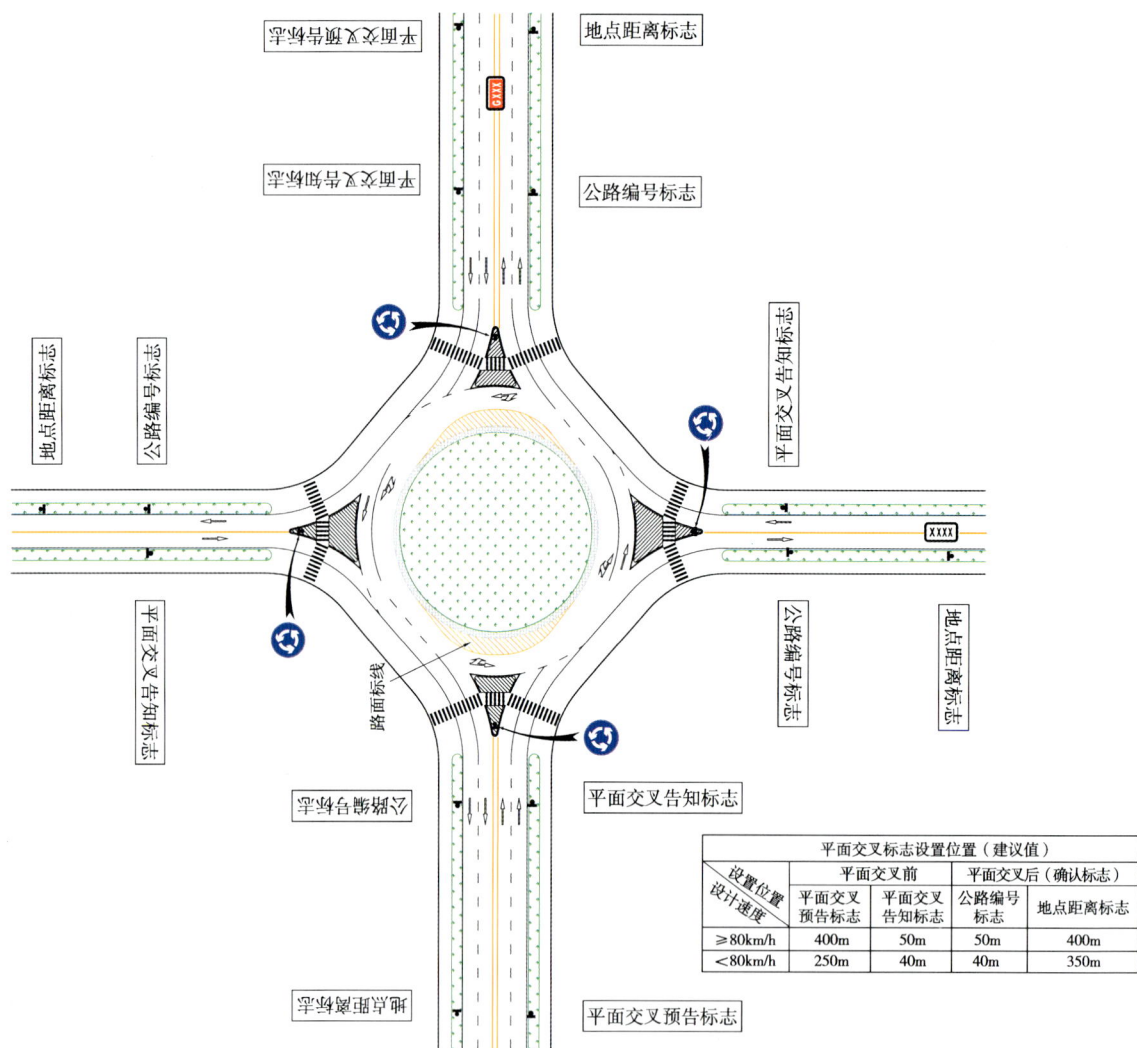

平面交叉标志设置位置(建议值)				
设置位置 设计速度	平面交叉前		平面交叉后(确认标志)	
	平面交叉 预告标志	平面交叉 告知标志	公路编号 标志	地点距离标志
≥80km/h	400m	50m	50m	400m
<80km/h	250m	40m	40m	350m

图 M.3-2 双向四车道公路和双向两车道公路构成的环行交叉标线设置示例

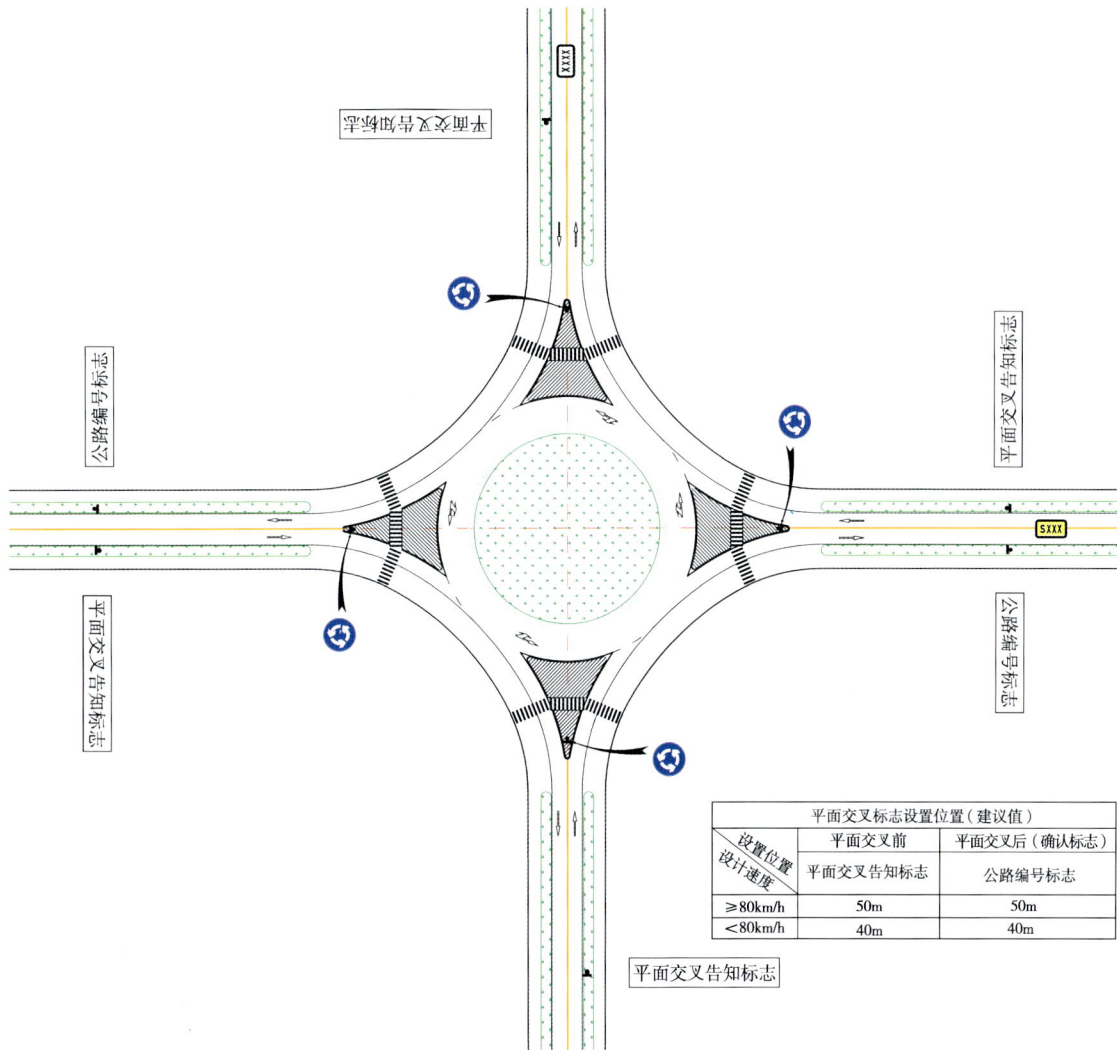

图 M.3-3　双向两车道公路和双向两车道公路构成的环行交叉标线设置示例

附录 N   互通式立体交叉标线设置示例

N.1   匝道出入口端部

N.1.1   出口匝道端部

1   当变速车道为直接式时,单车道出口端部交通标线设置示例如图 N.1.1-1,双车道出口端部交通标线设置示例如图 N.1.1-2。

图 N.1.1-1   直接式单车道出口道匝道标线设置示例(尺寸单位:cm)

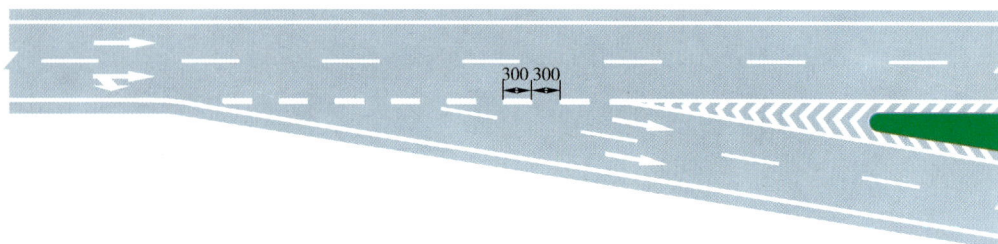

图 N.1.1-2   直接式双车道出口匝道标线设置示例(尺寸单位:cm)

2   当变速车道为平行式时,单车道出口端部交通标线设置示例如图 N.1.1-3。

图 N.1.1-3   平行式单车道出口匝道标线设置示例(尺寸单位:cm)

N.1.2   入口匝道端部

1   当变速车道为直接式时,单车道入口端部交通标线设置示例如图 N.1.2-1。

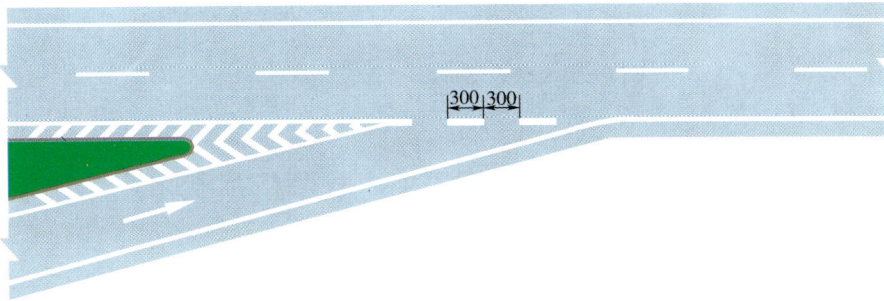

图 N.1.2-1　直接式单车道入口匝道标线设置示例(尺寸单位:cm)

　　2　当变速车道为平行式时,单车道入口端部交通标线设置示例如图 N.1.2-2,双车道入口端部交通标线设置示例如图 N.1.2-3。

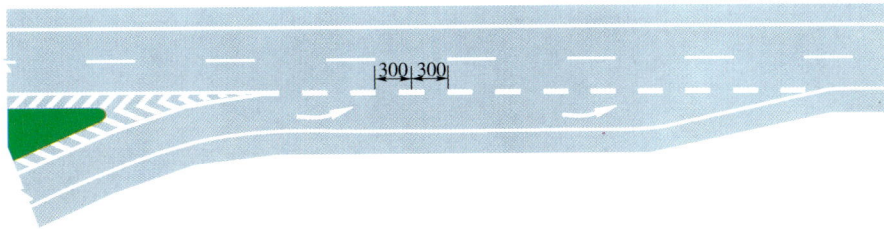

图 N.1.2-2　平行式单车道入口匝道标线设置示例(尺寸单位:cm)

图 N.1.2-3　平行式双车道入口匝道标线设置示例(尺寸单位:cm)

N.1.3　分流、合流部

　　分流部交通标线设置示例如图 N.1.3,合流部可参照设置。

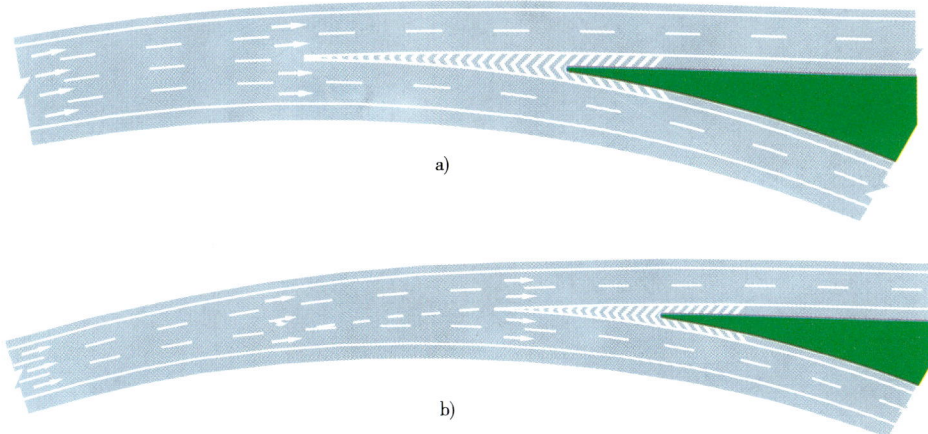

a)

b)

图 N.1.3　分流部交通标线设置示例(尺寸单位:cm)

a)四车道分流为两个双车道;b)三车道分流为两个双车道

N.1.4 交织区

交织区标线设置示例如图 N.1.4。

图 N.1.4 交织区标线设置示例(尺寸单位:cm)

N.2 收费站

N.2.1 收费岛头

收费岛头标线设置示例如图 N.2.1。对于中心收费岛,岛头标线均宜向行车方向一侧倾斜。

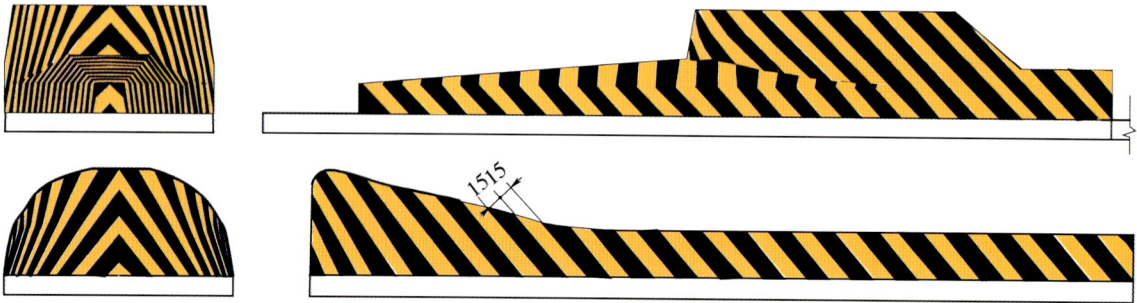

图 N.2.1 收费岛头标线设置示例(尺寸单位:cm)

N.2.2 收费岛路面

由正常路段驶入收费广场的渐变路段,应设置减速标线。收费岛两侧应根据行车方向设置导流标线。其中驶离收费岛一侧的广场应根据与正常路段的过渡线形设置车行道分界线。如图 N.2.2-1。如设置 ETC 车道,收费岛路面标线可参照图 N.2.2-2 设置。

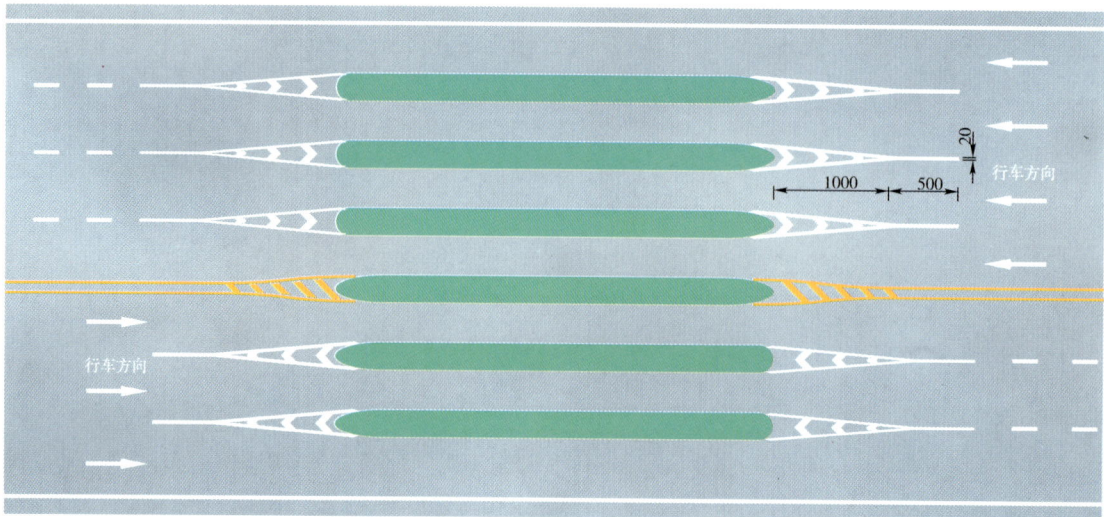

图 N.2.2-1 收费岛路面标线(人工收费)(尺寸单位:cm)

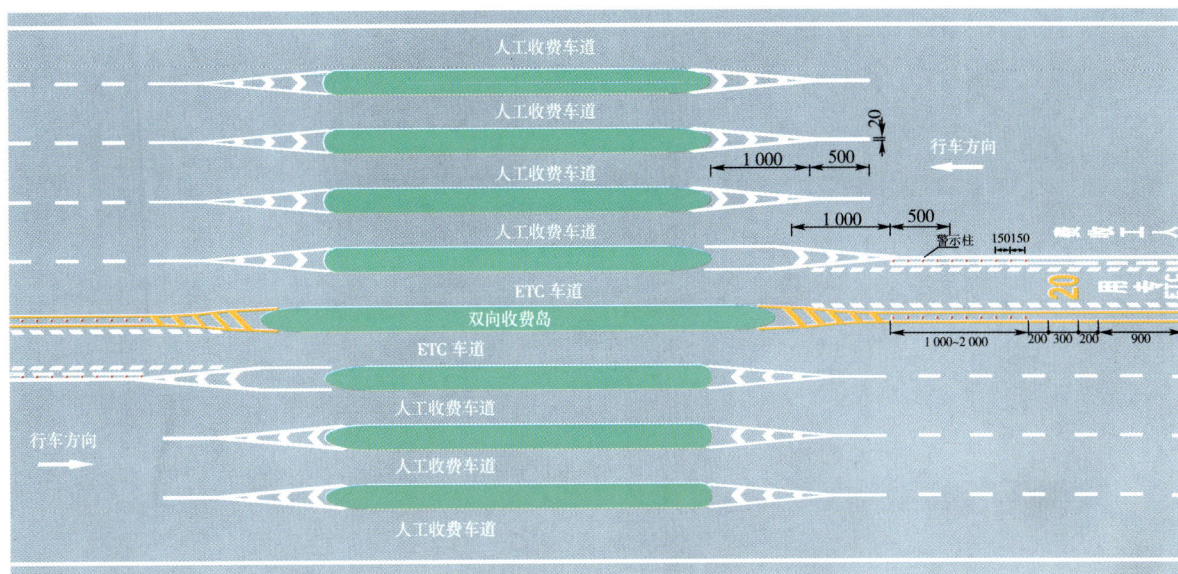

图 N.2.2-2　收费岛路面标线(人工收费 + ETC 收费)(尺寸单位:cm)

本规范用词说明

　　本规范按执行的严格程度,对各项技术指标的规定,在条文用词上采用了以下写法,请使用者充分考虑工程项目所处自然条件、交通特点和工程特性等具体情况,灵活运用。

　　规范条文用词:

　　1　表示很严格,非这样做不可的用词:

　　正面词采用"必须";反面词采用"严禁"。

　　2　表示严格,在正常情况下应这样做的用词:

　　正面词采用"应";反面词采用"不应"或"不得"。

　　3　表示允许有选择,有条件时首先应这样做的用词:

　　正面词采用"宜";反面词采用"不宜"。

　　4　表示允许有选择的用词:

　　正面词采用"可"。

《公路交通标志和标线设置规范》

（JTG D82—2009）

条 文 说 明

1 总 则

1.0.1 道路交通标志和标线是引导道路使用者有秩序地使用道路,以促进道路交通安全、提高道路运行效率的基础设施,用于告知道路使用者道路通行权力,明示道路交通禁止、限制、遵行状况,告示道路状况和交通状况等信息。

设置于公路上的交通标志通过颜色、形状、字符、图形等向公路使用者传递信息,交通标线由施画或安装于公路上的各种线条、箭头、文字、图案及立面标记、实体标记、突起路标等所构成。

随着公路网络的形成和不断扩大,以及汽车进入家庭引起的公路使用者群体素质和信息需求的不断变化,原本以路段为基础设置的公路标志在咨询、服务功能上的不足就逐步显现出来,容易使公路使用者对路网交通标志体系感到困惑,如地名、路名或路线编号指示不清,层级不明,甚至指示中断;标志指示缺乏统一性、连贯性;在公路上行驶发现行驶方向错误找不到回转道路的指示;著名观光地没有旅游风景区的指示;在平面交叉前没有指路标志的预告,以致不知道事先变换车道;一般公路的标志规格低,数量少,缺损严重,经常使公路使用者迷失方向;标志的警告、禁令、指示混乱等。交通标线也存在设置不足、设置不合理、路权不明晰等缺陷。更严重的是,因交通标志和标线指示不清或相互矛盾,往往会诱发严重的交通事故,造成难以挽回的损失。此外,近年来我国的社会人文环境变化较大,包括公路使用者在内的社会公众法律意识日渐增强,在交通标志和标线的设置上也需要调整方法和理念。

由于上述原因,急需按照现行《道路交通标志和标线》(GB 5768)的规定,根据公路使用者、公路网络和公路运行环境的特点,并结合我国的经济发展水平,编制《公路交通标志和标线设置规范》,以解决当前普遍存在的问题,促进公路运输的安全和畅通。

1.0.2 为充分满足公路使用者的需求,保障公路运营的安全和畅通,新建和改扩建公路应按照本规范的规定设置相关的交通标志和标线。对于本规范施行前已投入使用的各等级公路,除特殊规定外,已按老标准设置的交通标志和标线应在其使用期限内逐步更换。

1.0.3 限于经济发展水平和交通需求不平衡等因素的制约,很多公路尤其是长距离的国省干线公路和国家高速公路的建设多为分期、分段实施,导致交通标志的设置对象往往以路段为主,路段之间的信息缺乏协调,容易出现信息缺失、中断甚至是矛盾的情况,此外标志版面规格、支撑方式也不统一,容易引起误解。为使交通标志和标线的设置与驾驶人的心理期望相吻合,减少其信息处理的时间,因此做出了本条的规定。

1.0.4 公路交通标志和标线传递的信息不应矛盾,功能应相辅相成,互相补充。在设置时,应结合周边路网、交通、社会和自然环境条件来进行设置。

在很多条件下,交通标志和标线应配合使用,如停车让行标志和停车让行标线、减速让行标志和减速让行标线、人行横道标志和人行横道线、车距确认标志和车距确认标线等。

但并不是说有相关交通标志的地方一定设置交通标线,如一些低等级公路;也并不是说有相关交通标线的地方一定设置交通标志,如视距良好、无降雪的路段,可仅设置交通标线来指导驾驶人的行驶。对于等级较高的公路、危险事件偶尔发生一次的情况,原则上交通标志和交通标线应配合使用,但其含义不得相互矛盾,设置位置应利于公路使用者的观察与决策。表1-1为交通标志和标线配合使用的建议。

表1-1　交通标志和标线配合使用的建议

设置功能或位置		交通标志	交通标线	备　　注
禁止掉头		必设	可选	
禁止超车		可选	必设	如果需要,在起点、终点设置标志
禁止车辆停放		原则上必设	可选	要考虑积雪影响;需要对对向车辆及时间进行限制时,设置标志;支路宜考虑标线设置
最高限速		必设	可选	
分车型分车道行驶		原则上必设	原则上必设	
专用车道		原则上必设	原则上必设	
导向车道		原则上必设	原则上必设	对于可变导向车道,标志为可变标志
环岛		原则上必设	可选	标志指环岛环行车辆优先的指示标志
停车位		可选	原则上必设	有时段、时长要求时,以标志表示。车种要求可以标线表示
人行横道	设有信号灯的场所		只设标线	由于未铺装路、积雪等原因,标线的设置及管理困难时,只设标志
	没有设信号灯的场所	必设	必设	标志指人行横道的指示标志;是否设置"人行横道"警告标志根据实际情况确定
平面交叉处停、让控制	停车让行	必设	原则上必设	由于未铺装路、积雪等原因,标线的设置及管理困难时,只设标志
	减速让行	必设	原则上必设	由于未铺装路、积雪等原因,标线的设置及管理困难时,只设标志
铁路道口	有人看守	必设	可选	如果需要,设警告标志
	无人看守	原则上必设	原则上必设	如果需要,设警告标志;对于路面未铺装、积雪等路段,要设斜杠标志

注:必设、原则上必设均指符合设置条件情况下。

此外,动态交通标志和静态交通标志的设置位置也应相互协调,避免互相影响。动态交通标志的功能主要是监控中心在公路上发生交通拥堵、交通事故、特殊气象等事件时,发布用于指导驾驶人安全行驶的实时信息。大多数情况下,公路上设置的静态交通标志将持续发生作用,动态交通标志的设置非常重要,但它的设置不应影响静态交通标志的使用功能。

1.0.5 近年来,国内外公路交通标志和标线的新技术、新材料、新工艺、新产品不断出现,在设置时首先要考虑其是否满足安全和使用功能的要求,其次还要考虑耐久性、建设成本、防盗性等因素。对其进行安全和使用功能的充分论证后[可根据现行《道路交通标志和标线 第1部分:总则》(GB 5768.1)的规定]才可以采用。

1.0.6 公路交通标志和标线的设置应配合使用现行《道路交通标志和标线 第1~3部分》(GB 5768.1~GB 5768.3)和本规范的规定。除此之外,公路交通标志和标线的设置还应符合国家和交通运输部、公安部现行的其他有关标准、规范的规定,主要包括:
  (1)《公路工程技术标准》(JTG B01)
  (2)《高速公路交通工程及沿线设施设计通用规范》(JTG D80)
  (3)《公路交通安全设施设计规范》(JTG D81)
  除交通标志和标线外,公路养护、施工路段的安全管理还涉及养护维修作业控制区的确定,以及施工隔离墩、防撞桶、路栏、移动式标志车等设置的内容。这些内容在现行行业标准《公路养护安全作业规程》(JTG H30)中均有具体规定,可遵照执行。本规范不再对施工、养护路段交通标志和标线的设置另行规定。
  推荐性行业标准《公路隧道交通工程设计规范》(JTG/T D71)中规定了一些隧道标志,如消防设备指示标志、行人横洞标志、行车横洞标志、疏散指示标志,在设置时可参照执行,本规范不再另行规定。

2　总体要求

2.1　一般规定

2.1.1　各类公路交通标志和标线的分类、颜色、形状、线条、字符、图形、尺寸应符合现行《道路交通标志和标线》（GB 5768）相应部分的规定。

1.公路交通标志的分类

（1）按其作用分类，分为主标志和辅助标志两大类：

①主标志：

　　a.警告标志：警告车辆、行人注意道路交通的标志；

　　b.禁令标志：禁止或限制车辆、行人交通行为的标志；

　　c.指示标志：指示车辆、行人应遵循的标志；

　　d.指路标志：传递道路方向、地点距离信息的标志；

　　e.旅游区标志：提供旅游景点方向、距离的标志；

　　f.道路作业区标志：告知道路作业区通行的标志；

　　g.告示标志：告知路外设施、安全行驶信息以及其他信息的标志。

②辅助标志：附设在主标志下，对其进行辅助说明的标志。

（2）按显示位置分类，分为路侧和车行道上方两种，对应的支撑结构形式为柱式、路侧附着式、悬臂式、门架式、车行道上方附着式。

（3）按光学特性分类，分为逆反射式、照明式和发光式三种，其中照明式又分为内部照明式和外部照明式。

（4）按版面内容显示方式分类，分为静态标志和可变信息标志。

（5）按设置的时效分类，分为永久性标志和临时性标志。

（6）按标志传递信息的强制性程度分类，分为必须遵守标志和非必须遵守标志。禁令标志和指示标志为道路使用者必须遵守标志，其他标志仅提供信息，如指路标志、旅游区标志等；禁令、指示标志套用于无边框的白色底板上，为必须遵守标志；禁令、指示标志套用于指路标志上，仅表示提供相关禁止、限制和遵行信息，只能作为补充说明或预告方式，不应取代相应的禁令、指示标志。

本规范根据公路交通标志设置的特点，按照警告标志、禁令标志、指示标志、高速公路指路标志和其他标志（包括旅游区标志、告示标志）、一般公路指路标志和其他标志（包括旅游区标志、告示标志）的顺序进行编排。

2.公路交通标线的分类

（1）按功能可分为以下三类：

①指示标线：指示车行道、行车方向、路面边缘、人行道、停车位、停靠站及减速丘等的标线；

②禁止标线：告示公路交通的遵行、禁止、限制等特殊规定的标线；

③警告标线：促使公路使用者了解公路上的特殊情况，提高警觉准备应变防范措施的标线。

（2）按设置方式可分为以下三类：

①纵向标线：沿公路行车方向设置的标线；

②横向标线：与公路行车方向交叉设置的标线；

③其他标线：字符标记或其他形式标线。

（3）按形态可分为以下三类：

①线条：施画于路面、缘石或立面上的实线或虚线；

②字符：施画于路面上的文字、数字及各种图形、符号；

③突起路标：安装于路面上用于标示车道分界、边缘、分合流、弯道、危险路段、路宽变化、路面障碍物位置等的反光体或不反光体。

本规范根据公路交通标线设置的特点，按照纵向标线、横向标线、其他标线和标线综合应用（包括平面交叉和互通式立体交叉等）的顺序进行编排。

2.1.2 交通标志和标线的设置应能体现公路在路网中的地位，清晰地反映路网之间的关系，以不熟悉周围路网体系的公路使用者为设计对象，为其以正常速度行驶时提供容易识别与理解的信息。本条"不熟悉周围路网体系的公路使用者"并不是说公路使用者对周围环境一无所知，而是指通过地图或其他查询手段，对前往的目的地和途经路线有所了解，然后通过交通标志和标线的正确指引能够顺利抵达目的地。

2.1.3 公路交通标志和标线的设置应综合考虑下列因素：

（1）公路网的布局、作为设置对象的公路（简称"对象公路"，下同）在路网中的地位和作用决定了交通标志和标线的设置层次和引导方向。

我国公路按行政等级可分为：国家公路、省公路、县公路和乡公路（简称为国、省、县、乡道）以及专用公路五个等级。一般把国道和省道称为干线，县道和乡道称为支线。

国道是指具有全国性政治、经济意义的主要干线公路，包括重要的国际公路，国防公路，连接首都与各省会、自治区首府、直辖市的公路，连接各大经济中心、港站枢纽、商品生产基地和战略要地的公路。省道是指具有全省（自治区、直辖市）政治、经济意义，并由省（自治区、直辖市）级公路主管部门负责修建、养护和管理的公路干线。县道是指具有全县（县级市）政治、经济意义，连接县城和县内主要乡（镇）、主要商品生产和集散地的公路，以及不属于国道、省道的县际间公路。乡道是指主要为乡（镇）村经济、文化、行政服务的公路，以及不属于县道以上公路的乡与乡之间及乡与外部联络的公路。专用公路是指专供或主要供厂矿、林区、农场、油田、旅游区、军事要地等与外部联系的公路。

公路的行政等级在某种程度上决定了公路交通标志的设置对象是长途、中途还是短途公路使用者,以及与其他公路或城市道路相交时,该公路上的使用者是否具有优先通行的权利。

(2)公路交通标志和标线是为了维护公路结构、保持公路安全和畅通不可缺少的公路交通管理和安全设施,对公路使用者来说具有指路、警告、禁止或者传达指示情报的功能。在设置交通标志和标线时,应根据对象公路的特点加以合理选择。

(3)交通标志和标线的设置应考虑人的行为特征。人的行为在交通工程和公路安全中的作用主要表现在视觉信息、信息需求、信息处理等三个方面。

①视觉信息:据估计,驾驶人在驾驶车辆行驶时所需要的信息中,占90%的为视觉信息。人的视觉特征如视野的深度和宽度、眼睛的移动、色彩的识别、亮度和眩光的影响、速度的判断等,是交通标志和标线设置的基本考虑要素。

②信息需求:对公路使用者来说,几乎所有的信息都是通过视觉的传递接收的,因此设置交通标志和标线时,应注意其显著性、易理解性、可信性和定位性。

③信息处理:驾驶人的驾驶任务包括获取信息、处理信息、选择行动方案、实施行动方案,并通过重复这一过程来观察决策的结果。

由于人的行为的局限性和驾驶人、车辆和公路环境之间的关系,使得上述过程非常复杂。设置交通标志和标线时,还应考虑驾驶人的心理预期、反应时间和短期记忆等特征。只有充分考虑了公路使用者的行为特征,交通标志和标线的设置才具有有效性。

2.1.4 途经城镇的公路,设置交通标志所提供的指路信息应与城镇道路上设置的交通标志信息相呼应,否则驾驶人感到信息突然中断,影响交通安全。

2.1.5 交通标志和标线的设置目的主要是通过为公路使用者提供安全、统一、高效的行车指引来促进公路的安全水平和运输效率。交通标志和标线的设置应完全从交通管理和服务的角度出发,除为旅游者提供服务的指路标志和服务区标志外,不应带有任何商业色彩。

2.1.6 当路网、互通式立体交叉、平面交叉、公路线形或路面等发生变化,或交通法律、法规发生改变时,应及时对原有交通标志和标线进行更换或去除。

2.1.7 驾驶人行驶在不熟悉的公路上,当需要指示的信息不存在或信息突然中断时,会使驾驶人陷入困境,甚至迷失方向。公路标志信息应保持系统性、连贯性,使驾驶人能获得完整的信息。尤其在一条公路上不同时期先后设置的标志,更应注意其连贯性。公路沿途的地名指示应层次分明,目的地名称、路线名称、路线编号互相呼应,不应出现标志指示不清,找不到回转道路指示,找不到观光地点的指示,得不到提前变换车道的指示等。

由于公路使用者前往的目的地不同,因此在选择交通标志内容时,应在为某个驾驶人提供尽可能详细的信息和为所有驾驶人提供简明扼要的信息之间寻求折中,这些必要的信息不得超出一定范围。交通标志的信息内容和规模、形式受版面规格和驾驶人接受能力的限制,因此应避免信息过载,另外也应防止信息不足,以免使驾驶人感到迷惑。

对高速公路来说,其标志设置更应注意均衡性。互通式立体交叉上的标志应精心布设,把一些不是非常必需的标志,尽可能移出立交区,以免信息过于集中。在高速公路的其他路段,标志相对较少,驾驶人的视觉刺激不足,可根据需要适当设置一些行车安全提醒的告示标志。标志布设类型、顺序、间距宜尽可能统一。

2.1.8 路面标线尽管厚度较薄,但仍有一定的阻水作用,尤其是南方雨水较多的地区,处理不当容易导致交通事故,因此应按设计图纸的要求对超高路段的内侧或外侧车行道边缘线留出排水缝,如图 2-1。

2.1.9 公路开放交通时,必须按国家标准和本规范的规定设置必要的交通标志和标线,以保证良好的交通秩序。施工或养护期间,如正常开放交通,应设置临时交通标志和标线,如图 2-2。交通条件发生变化、原有交通标线不能发挥作用时,应立刻清除,以免使驾驶人感到迷惑。

图 2-1　路面标线排水缝

注:排水缝宽度 3~5cm,间距 10~15m。

图 2-2　临时交通标线的设置

2.2　标志版面布置

2.2.1 交通标志版面由颜色、文字、箭头符号、编号、图形符号、边框等要素组成,标志板面的规格(宽度和高度)取决于上述要素的组合。

版面美观得体、简洁明了是交通标志获得良好的可辨性和易读性的前提。通过在交通标志版面中正确合理地布置这些要素,才可以保证:

(1)简单的易读性;

(2)按照公路的等级和功能提供相关信息;

(3)明确的交通导向关系。

2.2.2 指路标志是否采用中、英文或中文、少数民族文字对照，应考虑下列因素：

（1）公路的服务对象：如果绝大多数公路使用者（包括驾驶人和乘客等）为中国人，则指路标志应以中文为主，否则可考虑中英文对照。但国家高速公路上的指路标志建议采用中、英文两种文字，以解决越来越多的来华旅游、商贸洽谈的国外人员的标志认读问题。与我国相邻的日本、韩国等干线公路也大都采用当地文字与英文对照的方式。

（2）公路的使用功能：为使旅游观光地区的指路标志或其他公路上的旅游区标志体现国际化与多样化，营造友好的旅游环境，可采用中英文对照的方式。国际公路通道可根据需要采用中英文或中文与相邻国家文字相对照的方式。

（3）公路所在的位置：少数民族自治区的交通标志，为突出民族特色，可采用中文与少数民族文字相对照的方式。如所在公路符合本条第1、2款中采用中英文对照版面的条件，为减小版面规格、降低造价，宜采用中英文对照的方式。

（4）全线规划：公路是否采用中文与英文或少数民族文字相对照的方式，还应结合所在路线的设置标准，以体现标志设置的标准化、系统化。

（5）主管部门批准：公路是否采用中、英文或少数民族文字，由设计单位与建设单位协商确定，但应报请省级主管部门批准后实施。

2.2.3 交通标志上的箭头能起到交通管理的作用，它建立了目的地指示或编号与行驶方向及车道之间的联系，应根据功能合理选用。

2.2.4 涉及距离的指路标志包括地点距离标志、入口预告标志、出口预告标志等，该条主要以地点距离标志的规定为主。对于桥梁、隧道的长度，在确定其长度信息时，可四舍五入精确到百米。

2.2.5 除现行《道路交通标志和标线　第2部分：道路交通标志》（GB 5768.2）和本规范的另行规定外，专用符号的选用宜符合我国现行《标志用公共信息图形符号　第1部分：通用符号》（GB/T 10001.1）和《标志用公共信息图形符号　第2部分：旅游休闲符号》（GB/T 10001.2）的规定。图形符号中所表示的车辆类型应根据显示的箭头方向调整，即根据行驶方向确定其指向。"机场"符号中飞机机头的指向也应与箭头符号方向一致，如向左、向上或向右，如图2-3。

图2-3　飞机机头设置的方向

2.2.6 一些公路建设和管理部门把指路标志的板面尺寸固定为几种规格,标志上文字多(地名长)时,就把文字缩小,结果影响了标志的视认效果。本条规定了确定各类交通标志板面规格和文字大小需要考虑的因素。一般情况下,除应根据该路的设计速度确定汉字高度外,还应根据版面字数、是否与其他文字(少数民族文字、英文)并用、版面美化等因素,确定最终的标志板面尺寸。当然在决定标志板面尺寸时,要适当归类,以方便备料和制作。

条文中"极其重要的原因"是指必须设置在隧道或特大型桥梁上的交通标志,因建筑限界或桥梁结构承载能力的限制而不得不减小标志板面尺寸的场合。

运行速度是指当交通处于自由流状态,且天气良好时,在路段特征点上测定的第85个百分位上的车速。当同一路段的设计速度与运行速度之差值大于20km/h时,宜按运行速度对交通标志的版面规格及视认性加以检验。对新建公路,可按现行《公路项目安全性评价指南》(JTG/T B05)的规定对运行速度加以预测。

2.2.7 代表景点特征的图案可采用抽象式的图形,也可采用照片形式,以简洁、明了、清晰为基本原则。对具体图案及形式,建议征求景点管理机构的意见。

2.3 标志设置位置

2.3.1 在选择交通标志的设置地点时,首先应保证交通标志的信息具有足够的可辨性、可识别性和易读性,以便顺利和完整地向公路使用者传递信息。在设置交通标志时,应尽可能达到高度的醒目性。

本条中"特殊情况",指靠右侧道路行驶标志不得设置在公路右侧等。

2.3.2 交通标志的设置位置应考虑下列因素:

(1)驾驶人在读取标志信息时要经过发现、认读、理解和行动等过程,在判读标志并采取相应行动的过程中需要花费一定时间,行驶一定的距离,如图2-4。因此,在确定标志的设置位置时,一般要考虑驾驶人的行动特性。

图2-4中,S 为路侧安装的交通标志。一般情况下,驾驶人在行驶过程中,在视认点 A 处已发现标志 S,在 B 点开始读取标志的信息,到 C 点可以把标志内容完全读完,这段距离称为阅读距离(BC)。读完标志后,应做出采取行动的决策,这时车辆已行驶到点 D,这段距离称为决策距离(CD)。然后,开始行动。从行动点 D 到行动完成点 F(该点一般在互通式立体交叉的出口匝道的分流点、平面交叉路口或其他危险点等)的距离称为行动距离(DF)。驾驶人在这段距离内必须安全顺畅地完成必要动作,如变换车道、改变方向、减速或停车等。

从 B 点至标志 S 的距离,称为视认距离(BS);从 C 点到标志 S 的距离称为阅读后距离(CS);从 E 点至标志 S 的距离,称为消失距离(ES)。如果阅读后距离(CS)比消失距离(ES)短,则驾驶人不能从容读完标志。上述条件可用式(2-1)、式(2-2)表示。

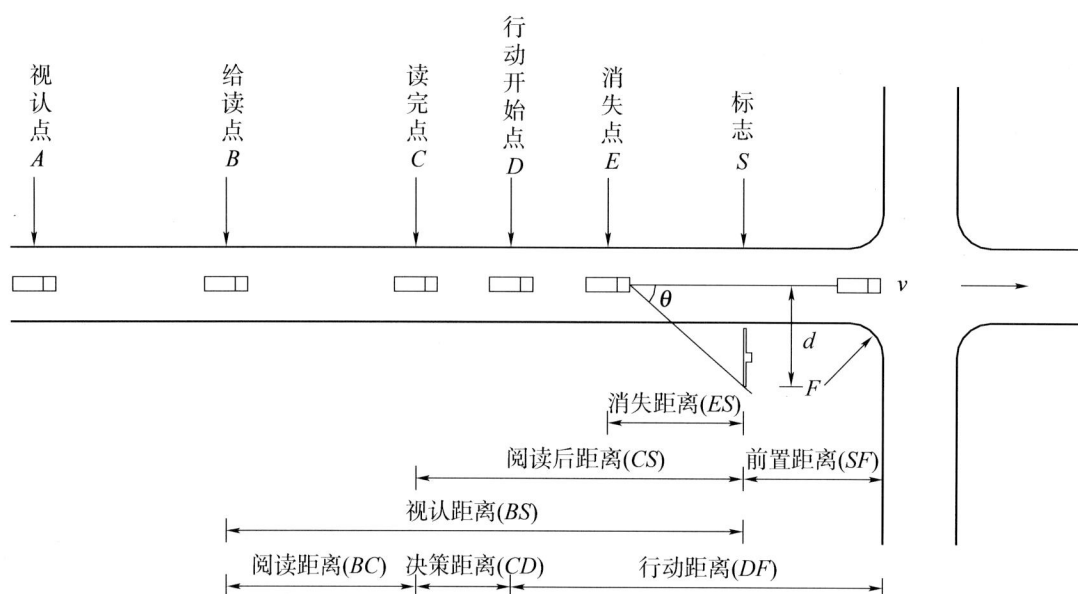

图 2-4　标志的认读过程

$$DF = CS + SF - CD \geqslant (n-1)L + \frac{1}{2\alpha}(v_1^2 - v_2^2) \tag{2-1}$$

$$CS \geqslant ES = d/\tan\theta \tag{2-2}$$

式中: n——车道数;

　　L——改变一次车道所需距离(采用85%位车速值时约为120m);

　　α——减速度(约为0.75 ~ 1.5m/s², 采用85%位车速值时为1.0m/s²);

　　v_1——接近速度(采用85%位车速值或限速值);

　　v_2——出口匝道的分流点、平面交叉路口或其他危险点等处的速度;

　　d——驾驶人的视高(1.2m)到路侧安装标志的侧向距离, 或到悬空标志上方的距离;

　　θ——在消失点行车方向与路侧标志或与悬空标志的夹角(一般路侧标志的 θ 角为15°; 悬空标志从消失点与标志顶边的仰角 θ 为7°)。

整理式(2-1)、式(2-2)后, 可以得到确定标志设置位置的变量——前置距离(SF)和驾驶人的视高至标志的侧向距离或高度(d)。

$$SF \geqslant (n-1)L + \frac{1}{2\alpha}(v_1^2 - v_2^2) + CD - CS \tag{2-3}$$

$$d \leqslant CS \cdot \tan\theta \tag{2-4}$$

式中: CD——决策距离, $CD = t \cdot v_1$;

　　t——决策时间, 2 ~ 2.5s;

$$CS = f(h') \tag{2-5}$$

$$h' = k_1 \cdot k_2 \cdot k_3 \cdot h \tag{2-6}$$

　　h'——有效文字高度;

　　k_1——文种修正系数, 如表2-1;

　　k_2——汉字复杂性修正系数, 以标志中最复杂的文字为对象; 根据日本土木研究所试验结果:汉字的笔画数少于 10 时,$k_2 = 1$;10 ～ 15 画时,$k_2 = 0.9$;超过 15 画时,$k_2 = 0.85$;

k_3——运行速度(85% 位车速)修正系数,如表 2-2;

h——实际文字高度。

表 2-1 文种修正系数(k_1,日本土木研究所试验结果)

文字种类	汉字(9画)	平假名	片假名	拉丁字母
修正系数(k_1)	0.6	0.9	1	1.2

表 2-2 运行速度修正系数(k_3,日本土木研究所试验结果)

速度(km/h)	徒步	20	30	40	50	60	70	80	90	100
修正系数(k_3)	1	0.96	0.94	0.91	0.89	0.87	0.85	0.82	0.79	0.77

关于函数 f,可用下式确定:

$$f(h') = 5.67h' \tag{2-7}$$

式中:5.67——系数,是根据日本土木研究所的试验结果求得的,该距离对外国人和老年人均能适应。

综上所述,根据驾驶人信息处理的过程,确定交通标志的设置位置需要如下步骤:

①根据运行速度和文字高度等计算出阅读后距离 CS;

②根据运行速度和决策时间计算决策距离 CD;

③计算用于改变车道、减速等所需的行动距离 DF;

④根据 $SF = CD + DF - CS$ 计算出前置距离 SF;

⑤阅读后距离 CS 与消失距离 ES 比较,应满足 $CS \geqslant ES$ 的要求;

⑥对计算确定的标志位置进行视认性检查,如有无遮挡标志的障碍物,是否具备实施条件。如标志所在位置视认距离不足,而标志的重要性又高,应通过设置预告标志来加以改善。

根据上述原理,现行《道路交通标志和标线 第 2 部分:道路交通标志》(GB 5768.2)中已对大多数标志的设置位置做出了规定,因而不必对每个标志的设置位置都进行计算。如因现场条件的限制,可根据本条文说明进行计算。

(2)读取信息后不要求采取相应行动的标志,可直接把标志设置在需要告示地点的附近,不必预留采取相应行动的前置距离。

禁令标志和指示标志是禁止、限制或指示车辆、行人交通行为的标志,大多设置在交叉路口或公路的入口处。由于该类标志要求驾驶人严格遵照执行,看到标志后驾驶人知道应该怎么做,因此应把该类标志设置在路口或路段附近醒目的位置。若离路口过远,驾驶人将不清楚该标志禁止、限制或指示的是哪个路口,会造成驾驶人迷惑。

（3）标志设置的间隔距离不能太密，标志间不能相互遮挡。标志的最小间隔距离应不影响第二个标志的视认距离(*BS*)，如图 2-5、图 2-6 中位于阴影区的交通标志将影响第二个标志的视认距离。

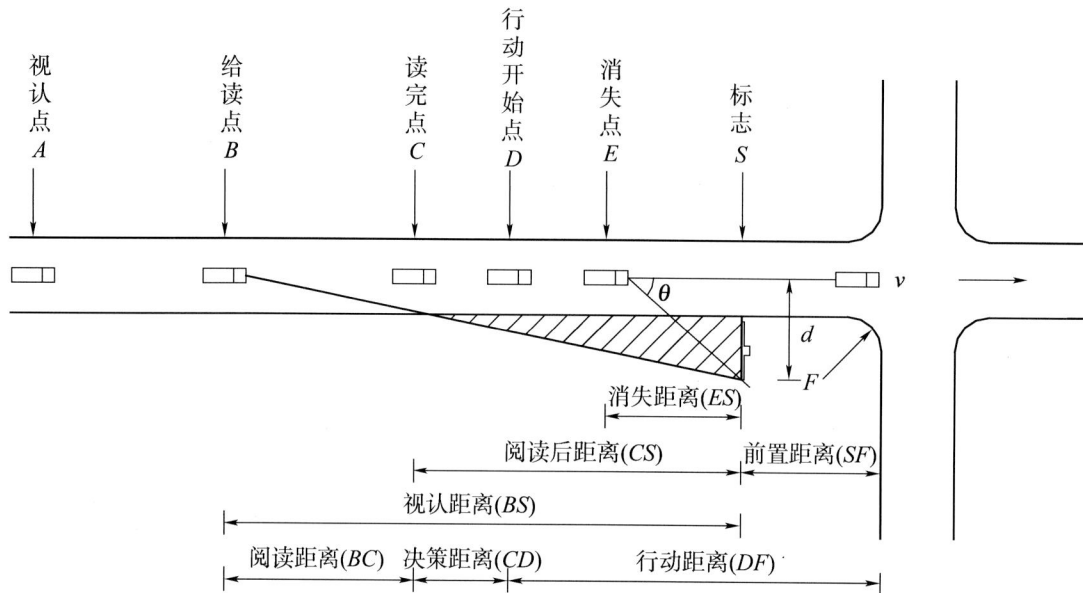

图 2-5　路侧柱式标志

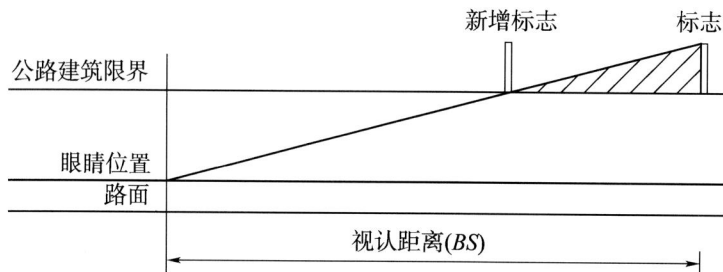

图 2-6　悬空标志

2.3.3　驾驶人需要在动态行驶时短时间内对公路交通标志加以判读并做出决策。交通标志的并设会增加驾驶人的负担，如接受的信息量过大有可能降低交通标志的有效性。因此，标志宜单独设置在立柱上。但因设置位置的特殊性，需要在同一地点设置两块以上标志时，应符合本条的规定：

1　交通标志在一根立柱上并设时，应按对行车安全影响的严重程度来区分。一般情况下，禁令标志和指示标志对行车安全有重要影响，应优先保留。

2　因受标志瞬间视认性的限制，交通标志并设时最多不应超过 4 个。根据公路使用者的认读习惯，标志的重要性应按先上后下、先左后右的顺序来体现，如图 2-7。

3　解除限制速度标志和解除禁止超车标志，是对前面正在执行的禁令标志的一种否定，要结束前方标志的禁令。传递这种信息，应单独设置标志。优先道路标志、停车让

图 2-7　交通标志并列设置示例
a)禁令与指示标志并设(上下设置);b)禁令与警告标志并设(左右设置)

行标志、减速让行标志属于平面交叉通行权分配的标志。对这一类标志,应设置在路口处非常醒目的位置,让在路口的驾驶人知道自己应该怎么做,并与平面交叉路径指引标志分开设置。会车先行标志、会车让行标志,一般出现在公路通行比较困难的路段。这一对标志,可以使处于困难路段的车辆有序地通行。驾驶人看到标志后,知道自己应该让行还是先行。所以,这类标志也应单独设置。但受条件限制无法单独设置时,一根标志柱上最多不应超过两种。

2.3.4　公路交通标志的设置空间应考虑下列因素:

(1)各类交通标志在横向上,任何部分均不应侵入公路建筑限界以内,其中柱式标志板的内边缘、悬臂式标志和门架式标志的立柱内边缘距土路肩边缘线的距离,不宜小于25cm。设置于高速公路、一级公路中央分隔带上的交通标志板或立柱,与中央分隔带边缘线的间距每侧均应大于现行《公路工程技术标准》(JTG B01)中 C 值的规定。设置于桥梁上的交通标志,如受空间条件的限制,其立柱可以落在混凝土护栏上,但应进行必要的防护。

(2)悬臂或门架式安装的标志,其设置高度应满足公路建筑限界的规定。考虑到标志构件施工误差、标志门架和横梁变形下垂、路面面层加厚等因素,标志净空高度需留20~50cm 的余量。

(3)在积雪地区,标志净空高度应考虑历年积雪深度及除雪方法。一般情况下,净空高度应留有压实雪层厚度的余量。

2.3.5　交通标志的安装角度:

1、3　路侧安装时,为避免标志面对驾驶人的眩光,标志板面的法线应与公路中心线平行或成一定角度。禁令标志和指示标志为 0°~45°,如图 2-8 a)。指路标志和警告标志为 0°~10°,如图 2-8 b)。

4　采用悬臂、门架或附着式支撑结构时,标志的安装角度应与公路中心线垂直,并且板面宜前倾 0°~15°,如图 2-8 c)。

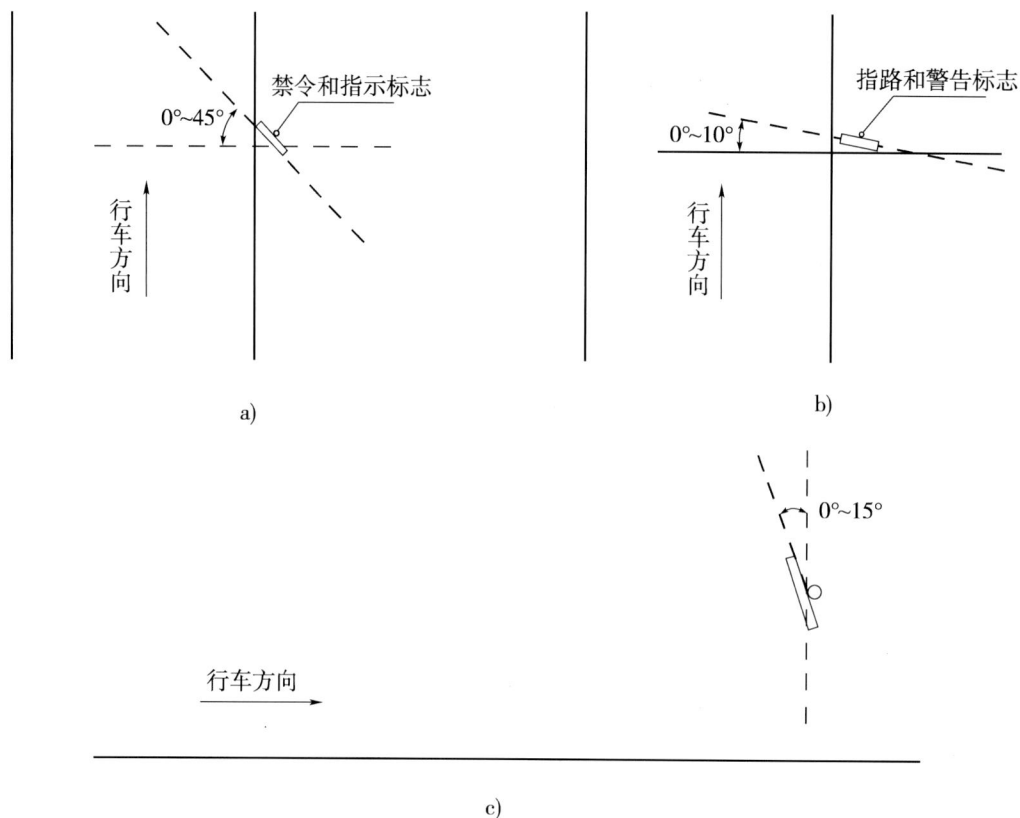

图2-8　标志安装角度示意

a)路侧禁令和指示标志；b)路侧指路和警告标志；c)门架、悬臂、车行道上方附着式标志

2.4　标志支撑方式

2.4.2　合理选择交通标志的支撑结构,是保证交通标志视认性、有效性的基础。将交通标志设置在车行道一侧,或车行道上方,应视所在位置的道路、交通条件等而定。一般情况下,可将交通标志设置在路侧,采用单柱、双柱或多柱式支撑方式,既简单又经济。还可通过改善路侧安装条件(如修剪路侧种植物、清除或移开路侧障碍物等),将交通标志安装在路侧较高位置处等方法,尽量采用柱式结构。但当符合条文第2款的条件时,经过工程研究可以采用悬臂式或门架式等悬空支撑方式,其中悬臂式相对经济一些,版面内容少时宜尽量使用。

如公路沿线设置有上跨天桥等构造物,路侧设置有高挡土墙、照明灯杆等,则交通标志在满足建筑限界要求的前提下,可以采用附着式支撑方式。

2.4.3　为保持交通标志结构的醒目性,符合驾驶人的心理预期,同一类内容的交通标志宜采用同一支撑方式,如同样等级的各平面交叉告知标志或互通式立体交叉减速车道起点处的出口预告标志。

2.5 标志结构设计

2.5.1 交通标志支撑方式确定后,应对同一结构类型的标志进行合理分组,使材料规格尽量减少以尽量降低总造价。一般情况下,结构的分组数以 3 ~ 5 组为宜;同时还应尽量减少不同支撑结构的材料规格类型。

2.5.2 本条依据现行《公路工程结构可靠度设计统一标准》(GB/T 50283—1999)和《公路桥涵设计通用规范》(JTG D60—2004)制定,设计基本风速的重现期为 50 年一遇。当无风速记录时,可通过查阅《公路桥涵设计通用规范》(JTG D60—2004)得到全国各地的基本风速值。从安全和美观的角度考虑,设计基本风速不得小于 22m/s。

2.5.3 交通标志结构设计理论

(1)承载能力极限状态:对应于交通标志结构或其构件达到最大承载能力或出现不适于继续承载的变形或变位的状态,计算时采用荷载设计值。

(2)正常使用极限状态:对应于交通标志结构或其构件达到正常使用或耐久性的某项限值的状态,验算时采用相应的荷载标准值。

2.5.4 本条参照《公路工程结构可靠度设计统一标准》(GB/T 50283—1999)和《公路桥涵设计通用规范》(JTG D60—2004)制定。上述标准和规范将公路工程按照结构破坏可能产生的后果的严重程度划分为三个等级,如表 2-3。

表 2-3 公路工程结构的设计安全等级

安 全 等 级	路 面 结 构	桥 涵 结 构
一级	高速公路路面	特大桥、重要大桥
二级	一级公路路面	大桥、中桥、重要小桥
三级	二级公路路面	小桥、涵洞

根据交通标志结构破坏可能产生的后果,本条将交通标志结构的安全等级分为二级和三级两个等级,并确定了相应的结构重要性系数。

2.6 材料要求

2.6.1 标志材料

1 反光材料

根据有关单位的试验结果,门架、悬臂型悬空标志如采用与路侧同样等级的反光膜材料,则其反光效果只能达到路侧的14%~17%(图2-9)。如提高反光膜等级仍达不到反光效果,则可根据现行《道路交通标志和标线　第2部分:道路交通标志》(GB 5768.2)的规定采用外部照明或内部照明的方式。

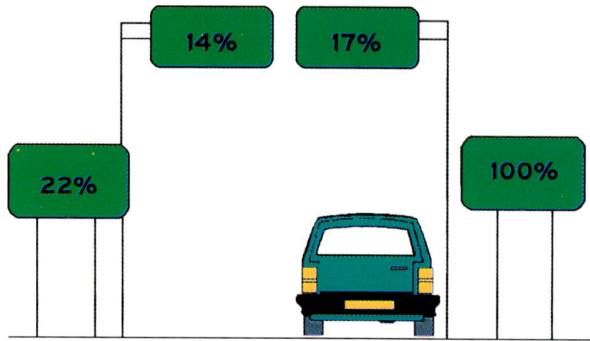

图2-9　各种支撑结构标志反光膜的反光效果

如果采用发光二极管作为字符或图案,则其颜色应与标志字符、边框或背景相一致;如果需要闪烁,则所有单元应同时以每分钟大于50次、小于60次的频率闪烁。采用照明或发光二极管的方式,应保持标志设计的均匀性,不得降低其昼夜的能见性、易读性,要便于驾驶人的理解。

2　标志板

选用交通标志板板材时,应根据公路等级、所在位置的气象条件、腐蚀程度、经济条件等因素综合确定。有些地区为防止标志板被盗,采用了铝塑板材料。铝塑板与铝合金板相比,强度要低很多,而且必须对芯材外露部分采取有效处理措施。对面积在15m² 以上的大型标志的板面结构,为便于运输、安装及养护,宜采用挤压成型的铝合金板拼接而成,其断面如图2-10。

3　支撑结构

钢管、H型钢、槽钢等型钢作为标志的立柱、横梁,具有强度高、加工性能好的优点,但易腐蚀,应进行防腐处理。钢管混凝土兼具钢管和混凝土的优点,强度高、变形小,在标志立柱高度大于10m以上时具有较大优势。

交通标志一般采用钢筋混凝土扩大基础;位于软基路段的落地式交通标志可采用桩基础;位于桥梁段的单柱式交通标志可采用钢支撑结构作为基础,附着在桥梁上。

钢构件必须经防腐处理才能使用,可采用热浸镀锌的工艺,立柱、横梁、法兰盘的镀锌量为550g/m²,紧固件为350g/m²。

2.6.2　标线材料

交通标线应在白天和晚上均能正常发挥作用。在降雨时,交通标线应能保证一定的抗滑系数,以避免车辆在标线处发生滑移、诱发交通事故。

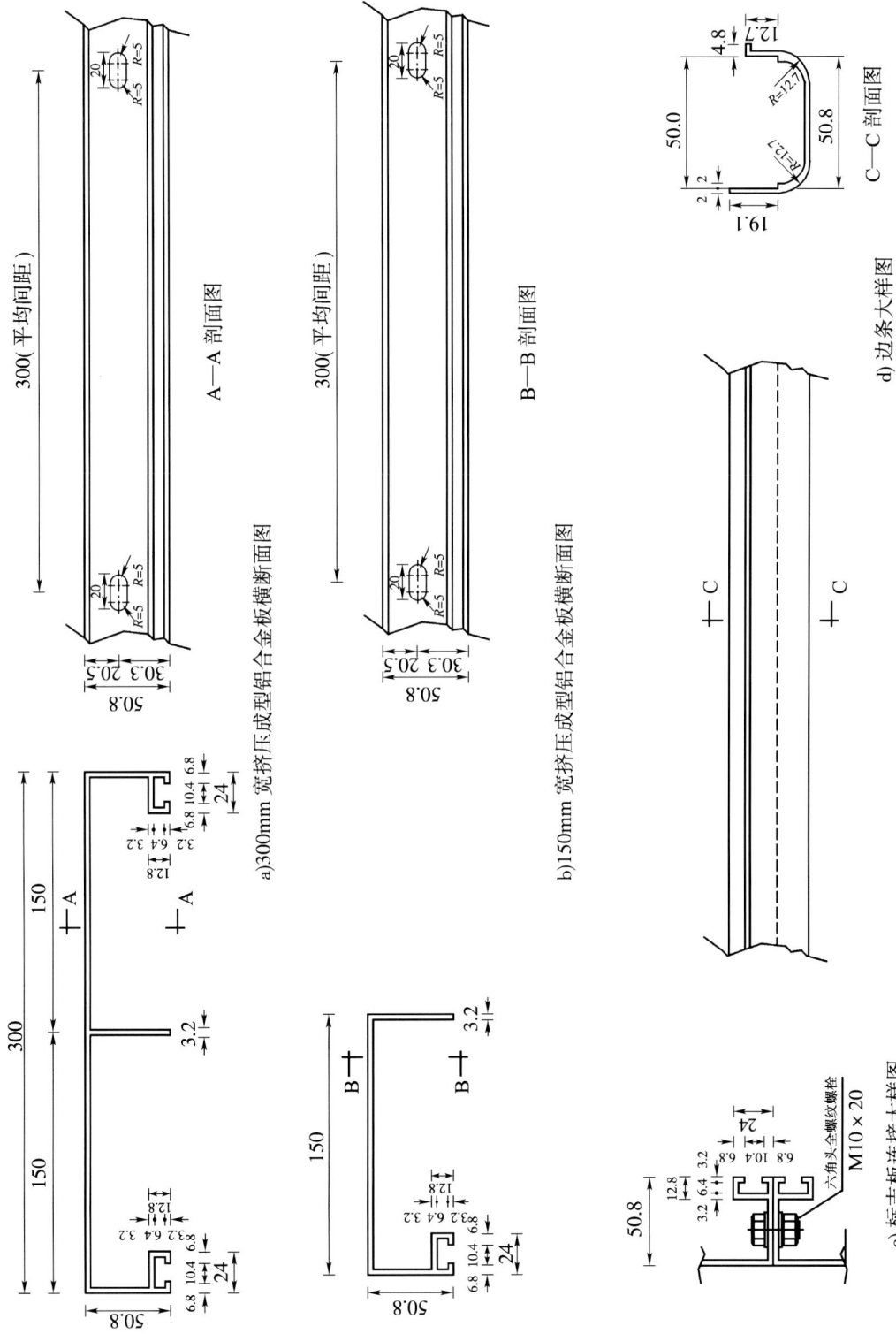

图 2-10 挤压成型标志底板断面图（尺寸单位：mm）

a）300mm 宽挤压成型铝合金板横断面图

b）150mm 宽挤压成型铝合金板横断面图

c）标志板连接大样图

d）边条大样图

A—A 剖面图

B—B 剖面图

C—C 剖面图

3 警告标志

3.1 一般规定

3.1.1 警告标志可以使公路使用者注意到公路本身及沿线环境中不能预期或不易被及时发现的一些情况。需要警告驾驶人引起注意的情况大致可分为六类[关于各个警告标志的含义及版面详见现行《道路交通标志和标线 第 2 部分:道路交通标志》(GB 5768.2),本章主要对设置中容易产生的问题进行规定]:

(1)公路几何线形有可能存在安全隐患的路段,如指标较低的平面线形、纵断面线形、公路宽度等;

(2)存在不易识别的交叉路口;

(3)因路面有可能存在安全隐患的路段,如路面不平、过水路面、路面低洼等;

(4)因一些公路设施有可能存在安全隐患的路段,如隧道、铁路道口等;

(5)沿线存在危险环境的路段,如村庄、行人、横风等;

(6)其他需要引起驾驶人注意的情况,如事故易发路段等。

上述路段经综合考虑交通量、车辆构成、运行速度、路线交叉、气象环境及路侧条件、事故构成、沿线村镇和学校分布等因素,在充分论证的基础上可设置警告标志。

关于公路是否存在影响行车安全的危险地点,可借鉴《公路项目安全性评价指南》(JTG/T B05—2004)的做法。该指南提供了一种定量化的研究思路,即可通过对相邻路段运行速度差的计算或测量来确定是否设置警告标志:当相邻路段的运行速度差大于 20km/h 时,则认为相邻路段运行速度协调性不良,应进行公路的改造设计,条件不具备时,应设置警告标志;当相邻路段的运行速度差为 10~20km/h 时,则认为相邻路段运行速度协调性较好,条件允许时宜适当调整相邻路段的技术指标;当相邻路段的运行速度差小于 10km/h 时,运行速度协调性好,不必设置警告标志。

3.1.2 警告标志的设置数量应越少越好,因为设置不必要的警告标志会降低驾驶人对所有标志的遵从程度,从而使所有标志的有效性大为降低。

1 本条的规定主要是考虑到我国驾驶人的认读习惯,危险主因的警告标志设置在上部或左部更便于驾驶人理解标志内容、迅速采取行动。

2 相对于警告标志来说,告示标志图文并茂,并可通过文字明确告知驾驶人前方的行车条件或指导其应采取的必要措施。视线诱导标志可通过连续设置来提醒驾驶人前方的公路线形。此外,二级及二级以上公路相对来说运行车速较快,需要交通标志足够醒目。综上所述,本条建议"二级及二级以上公路可根据需要设置有关告示标志或线形诱导标以减少有关的警告标志"。有关的告示标志、线形诱导标的颜色、规格应符合国家标准和本规范的规定。

3　一些内容受季节影响或者为临时性内容的警告标志,当设置条件发生变化时,应及时取消或覆盖版面,或设置为折叠式的形式,如图3-1。

图3-1　国外公路季节性警告标志（菱形）设置示例

3.1.3　本规范第2.3.2条的条文说明已对交通标志的认读过程作了较全面的论述,与此类似,美国2003年版《均一交通控制设施手册》(MUTCD)中,将驾驶人对交通标志从识别到完成整个动作的时间划分为发现交通标志(Perception)、判读理解(Identification)、决策(Emotion)到采取行动(Volition)等四个步骤,称为PIEV时间。一般的警告标志PIEV时间只有几秒,复杂的警告标志PIEV时间可达6s或以上。

设置警告标志时,应为驾驶人提供适当的PIEV时间。表3.1.3引用了美国MUTCD的方法。该表中所提供的距离具有指导行车的目的,在实际使用时,应根据各标志所传达的内容并结合现场条件选用。使用该表时应注意下列事项:

(1)速度通常采用设计速度,也可考虑所处路段的最高限制速度或运行速度。

(2)警告标志距危险地点的间距中已考虑了标志的判读距离,即设置标志处应为车辆开始制动操作的起始点(美国情况A采用50m,情况B采用75m)。

(3)符合情况A的典型示例包括如车道变窄标志、注意障碍物标志和注意合流标志等。当交通量较大、驾驶环境比较复杂时,公路使用者必须使用额外时间来调整速度、变换车道。整个PIEV时间参照美国2001年版《A Policy on Geometric Design of Highways and Streets》表3-3中D类操作的规定值,按12.1~12.9s计(美国MUTCD按E类操作的14.0~14.5s计,路况为城市道路),实际取值12.1s。在此时间内,车辆的行驶距离再减掉标志的判读距离(50m),即为警告标志到危险地点的设置距离。

(4)符合情况B的典型示例包括两种:

①需要驾驶人采取停车措施的警告标志(表中速度降为0km/h的情况),如交叉路口标志、注意信号灯标志、停车让行标志、减速让行标志等。表中的距离值以停车视距为基础,并扣除了驾驶人的反应距离(美国PIEV时间按2.5s、减速度按3.4m/s^2,并减掉标志的判读距离50m来计算)。

②需要驾驶人采取减速措施的警告标志(表中速度降为0km/h以外的情况),如急弯路标志、反向弯路标志、连续弯路标志、陡坡标志等。表中的距离值已扣除了驾驶人的反应距离(美国以PIEV时间按2.5s、减速度按3m/s^2,并减掉标志的判读距离75m来计算)。

(5)警告标志设置的位置也不宜过远,否则因周边环境的影响,驾驶人很容易忘掉警告标志的内容。

(6)不同内容的警告标志之间的距离,应通过对驾驶人PIEV时间进行估计来确定。

(7)对警告标志位置的有效性,应周期性地进行评估,包括白天和夜晚。

(8)有些并不针对特定位置的警告标志,如注意牲畜标志,应通过工程判断选择适当的位置。

3.1.4 个别警告标志的颜色和形状有所特殊:

(1)注意信号灯标志用到了红色和绿色,如图3-2a)。

(2)事故易发路段标志用到了白色,如图3-2b)。

(3)铁路道口叉形符号为白底红边,形状为多股铁道与道路交叉状,设在铁路道口标志的上端,如图3-2c)。

(4)铁路道口斜杠符号为白底红边,形状为平行四边形,设在铁路道口标志的下端,如图3-2d)。

(5)避险车道系列标志为长方形。

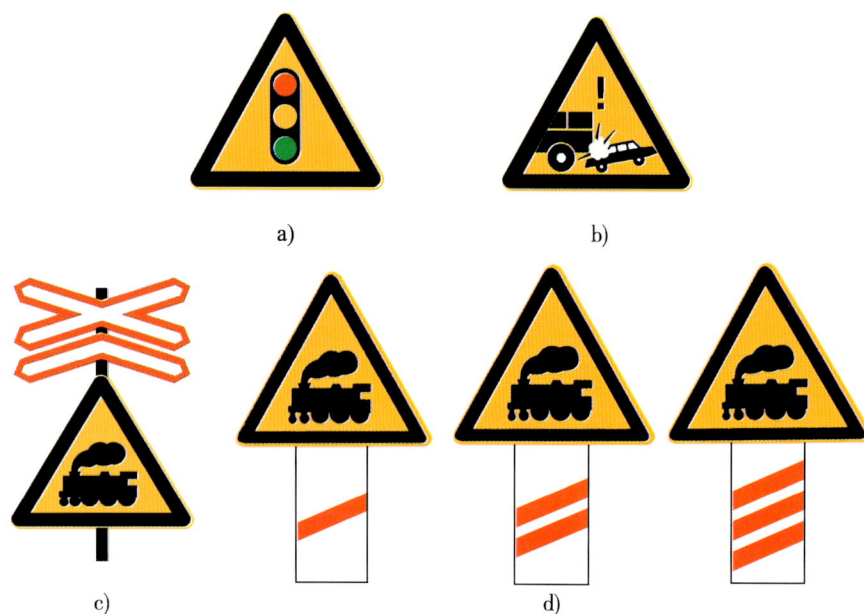

图3-2 颜色特殊的警告标志

a)注意信号灯标志;b)事故易发路段标志;c)铁路道口叉形符号(设置在铁路道口标志上端);d)斜杠符号(共三块,设置在铁路道口标志下端)

3.2 与公路几何线形有关的警告标志

3.2.1 公路平面线形警告标志

1 急弯路标志

所设置急弯路标志的图案应与路线实际情况一致。

1)、2)设置急弯路标志时,不应将设计速度对应的半径值作为唯一判定标准,还应考虑公路的转角及曲线的通视距离。在长直线末端、连续下坡等车辆实际速度较高路段,宜根据运行速度确定急弯路标志的设置标准。

3）标志到曲线起点的距离 D 按表3.1.3 选取,但不得进入相邻的圆曲线内。

4）急弯路标志可以和限制速度标志或建议速度标志联合使用,如图3-3a)、图3-3b)。急弯路段路侧有高路堤、河流湖泊、悬崖等危险情况时,宜配合急弯路标志设置线形诱导标。

急弯路标志设置示例如图3-3c)。

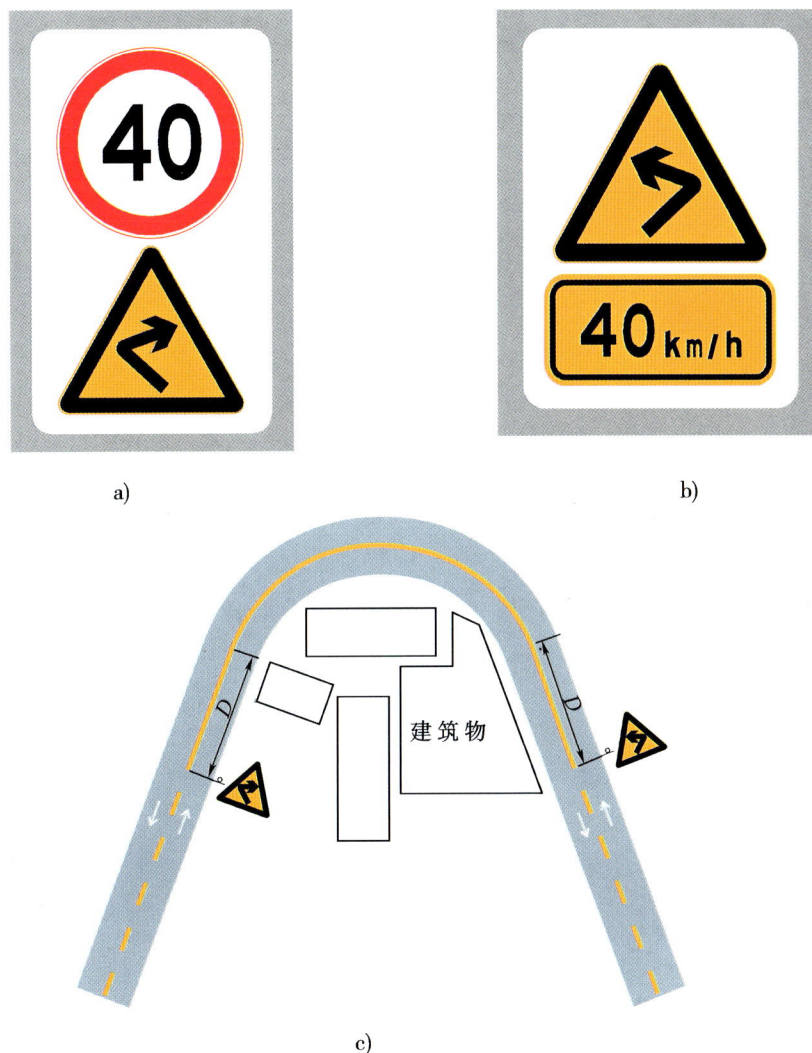

a)

b)

c)

图 3-3　急弯路标志设置示例

a)与限制速度标志联合使用;b)与建议速度标志联合使用;c)设置示例

2　反向弯路标志

所设置反向弯路标志的图案应与路线实际情况一致。

1）两个方向相反的曲线连在一起时,如通视距离小于最小停车视距时,即使曲线半径大于表3.2.1-1 的规定值,也应置反向弯路标志。

2）反向弯路标志到曲线起点的距离 D 按表3.1.3 选取。设置示例如图3-4。

3）反向弯路标志可根据需要与限制速度标志或建议速度标志联合使用,并与标线相配合。

3　连续弯路标志

1）对于不满足表3.2.1-1、表3.2.1-2 要求,但通视距离小于有关规定的连续弯路路

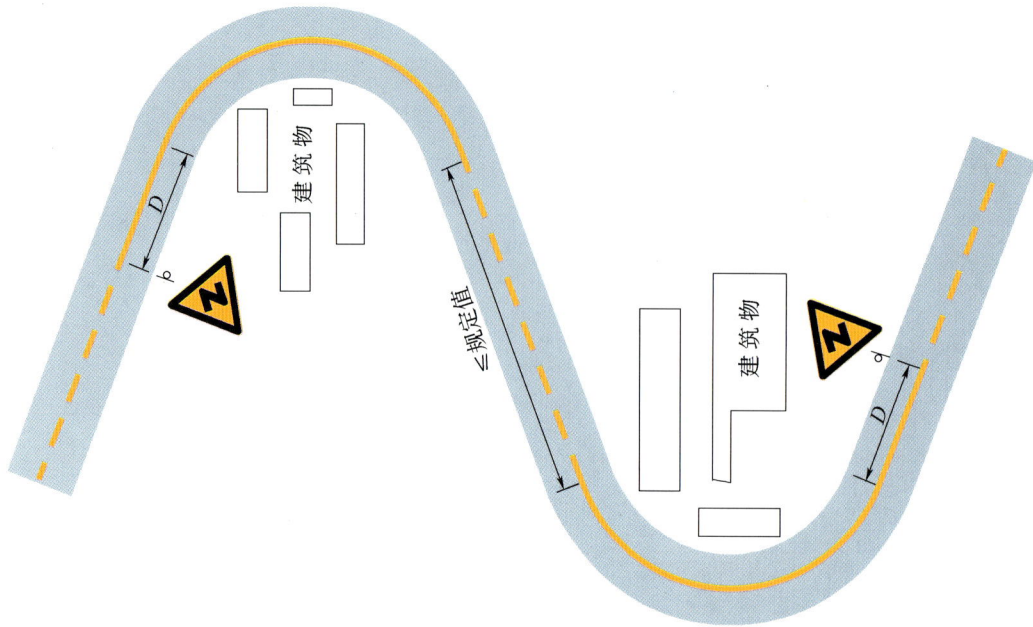

图 3-4　反向弯路标志设置示例

段,宜设置连续弯路标志。

　　2)当连续弯路的总长度超过 500m 时,为强化驾驶人对前方路况的了解,标志应重复设置。连续弯路标志到曲线起点的距离 D 按表 3.1.3 选取。设置示例见图 3-5。

　　3)连续弯路标志可根据需要与限制速度标志或建议速度标志联合使用,并与标线相配合。

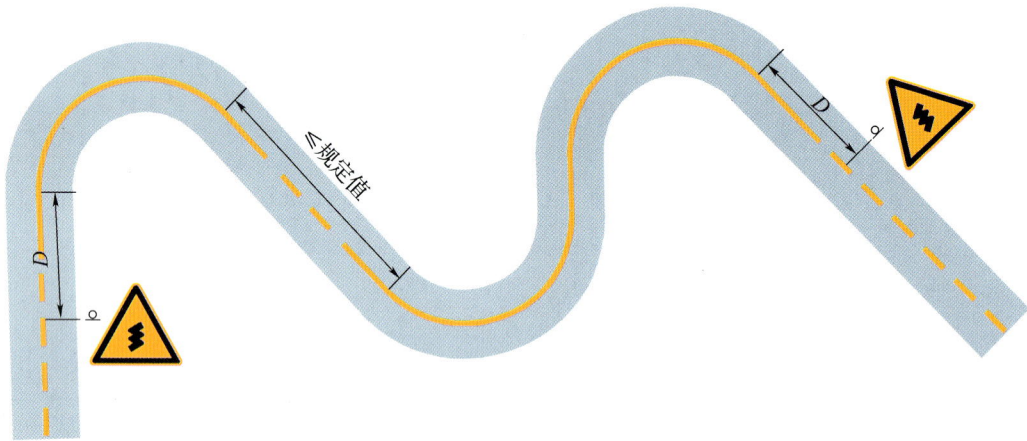

图 3-5　连续弯路标志设置示例

3.2.2　公路纵断面线形警告标志

　　车辆在上坡路段行驶时,由于重力的缘故,将不同程度地影响车辆的行驶性能。不同汽车构造、功率、载重等情况不同,爬坡能力也不一样,纵坡坡度对载货汽车的影响比小汽车显著得多。载货汽车在陡坡上行驶,将不同程度地出现水箱沸腾、汽阻、行车吃力等现象,甚至导致发动机熄灭,机件磨损增大,驾驶条件恶化,同时其速度普遍降低,增大了与其他车辆的速度差。这些都可能酿成交通事故的根源。

　　对于连续下坡路段,车辆由于连续制动,使得制动器温度常在 400℃ 以上,有时甚至高达600～700℃。此外,即使制动并不频繁,但连续几次的高速制动也将会使重货车辆的制动器温度迅速升高。高温导致制动器热衰退,制动效能减弱,增加交通事故的发生概率。

因此,在适当位置设置陡坡标志,提醒驾驶人前方路况,促使其采取减速等措施谨慎驾驶,有利于保障交通安全。

在纵坡值不能满足表3.2.2规定的要求,但经常发生制动失效事故的下坡路段,或存在其他不利的地形(如易产生错觉的坡道变化处、坡道与急弯、窄桥、高路堤等相连接)、环境气候条件等因素,可能危及行车安全的路段,也应设置陡坡标志。

对于连续下坡路段,宜设置辅助标志,标明连续下坡路段长度。

标志到坡脚或坡顶的距离 D 按表3.1.3选取。

上陡坡和下陡坡标志设置示例如图3-6。

图3-6　陡坡标志设置示例
a)上陡坡标志;b)下陡坡标志

3.2.3　公路横断面变化的警告标志

由于公路形状变化、交通管理或公路施工等方面的原因,使公路某路段的通行条件发生变化时,应设置窄路、窄桥、双向交通、注意障碍物、施工等警告标志。

1　窄路标志

由于路面宽度变化或车道数减少而造成公路通行条件恶化的路段,应设窄路标志。

1)两侧变窄标志。公路车道数两侧同时减少,公路路面宽度两侧同时缩窄,车道内交通流剧增,通行条件明显恶化,在此处易产生瓶颈,应在路面宽度缩窄过渡段前设置两侧变窄标志。

2)右(左)侧变窄。公路右侧(或左侧)车道数减少,或路面宽度单侧缩窄,而造成交通流汇合,而发生瓶颈,应在右(左)侧车道数减少过渡段前设置该标志。

窄路标志应设置在 C 点。标志(C)到缩窄过渡段起点(B)的距离 D 按表3.1.3选取,如图3-7。

2　窄桥标志

部分桥梁与路基段相比,车道数及车道宽度虽未减少,但将硬路肩的宽度缩窄,桥两侧增加了人行道,并高出路面。由于高出路面的人行道伸入到硬路肩内,在桥梁两端对行车有一定的危险,也应按窄桥对待。窄桥标志到缩窄过渡段起点的距离按表3.1.3选取。窄桥标志的设置示例如图3-8。在条件许可情况下,窄桥迎车流一侧宜设置导流标线。

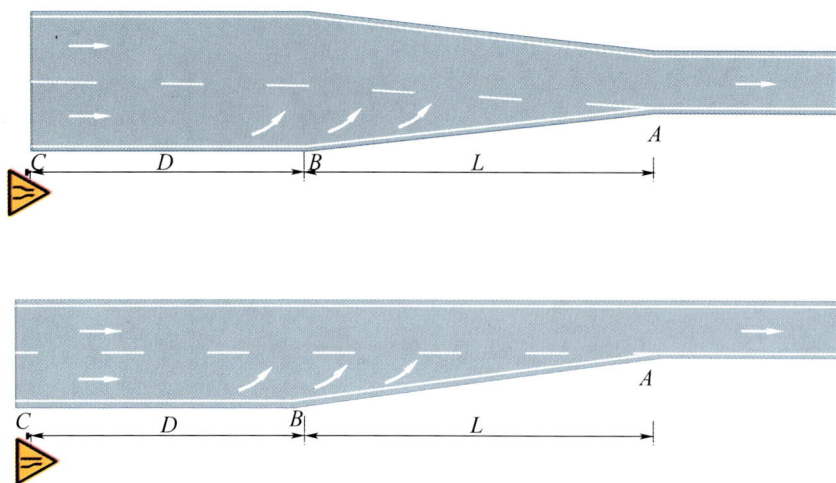

图 3-7　窄路标志设置示例

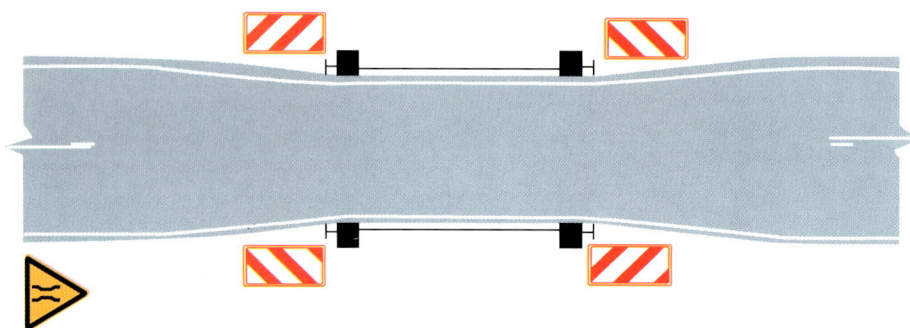

图 3-8　窄桥标志设置示例

3　双向交通标志

　　双向行驶的公路上,若采用天然的或人工的隔离措施,将上下行的交通分离,发生迎面车流相撞的事故会大大减少。但是,由于某种原因(如长桥、隧道、地形限制或临时施工等)上下行交通之间的隔离措施不存在时,双向交通只能在不分离的车行道上行进。为促使车辆驾驶人注意会车,应在双向行驶路段前设置双向交通标志。标志到双向行驶路段过渡段起点的距离按表 3.1.3 选取。

　　双向交通标志设置示例如图 3-9。

图 3-9　双向交通标志设置示例(单向行驶变为双向行驶)

5　注意合流标志

　　高速公路、一级公路交通流同向合流处,应设置注意合流标志,其他公路可根据需要设置。按照表 3.1.3 选定的位置不具备设置条件时,注意合流标志可设置在距合流点50~200m 处。

应根据合流的方向选择左侧合流或右侧合流图案。当合流点在主线右侧时,可仅在主线右侧设置注意合流标志;当合流点在主线左侧时,考虑到驾驶人的视认习惯和警示的有效性,应在主线两侧同时设置注意合流标志。

在互通式立体交叉匝道上,当需要预告流入主线的交通流时,应设置注意合流标志。此时,设置交叉口预告标志是错误的。

6 注意障碍物标志

公路车行道上的障碍物一般是指不能移走的古树、古迹、墩柱等建筑,以及渠化的交通岛等。为了引导车辆顺利绕过障碍物,应根据公路上障碍物的位置、车辆绕行情况,设置左侧(右侧)绕行、左右绕行标志。

当公路车行道中间有障碍物,行驶车辆必须向左右绕行时,可设注意障碍物(左右绕行)标志。左右绕行标志设置示例如图 3-10a)。

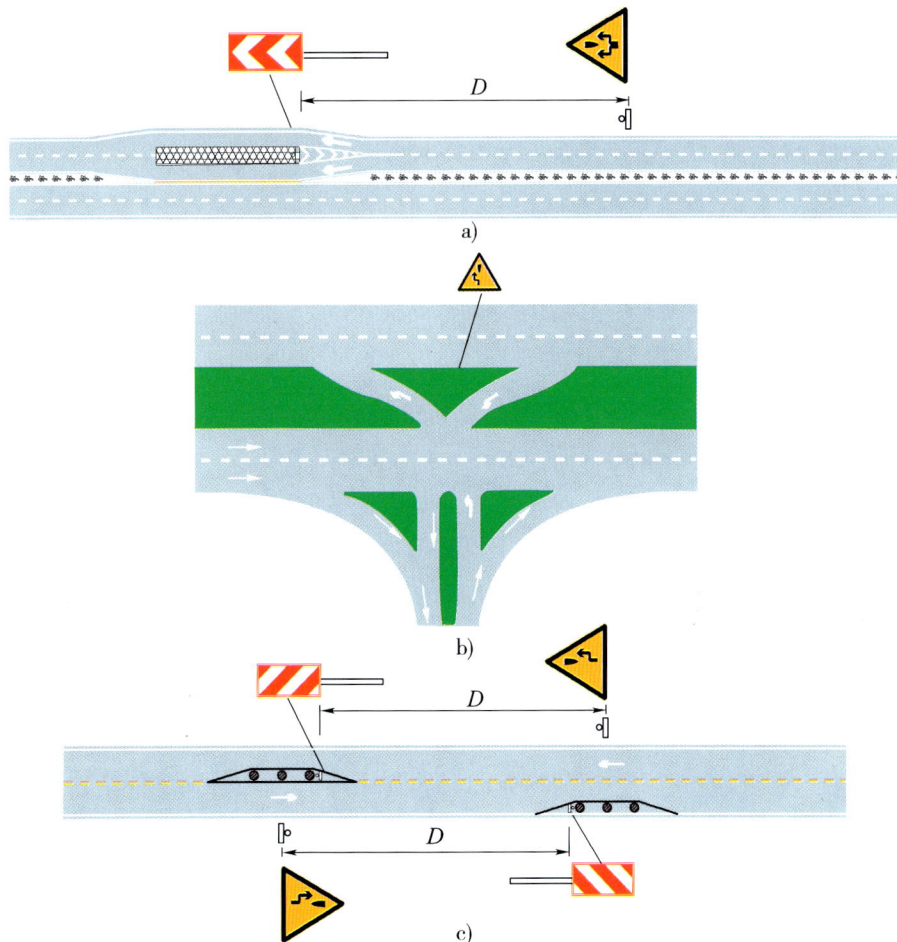

图 3-10 注意障碍物标志设置示例

a)左右绕行标志设置示例;b)左侧绕行标志设置示例;c)右侧、左侧绕行标志设置示例

注:图中 D 的数值按表 3.1.3 选取。

从支路左转弯的车辆,当需绕交通岛左侧进入对向车道时,可设注意障碍物(左侧绕行)标志;或由于右侧公路维修,当需绕左侧公路行驶时,也应设注意障碍物(左侧绕行)标志。该标志设在距交通岛端部一定距离处,或在交通岛端部醒目位置。左侧绕行标志设置示例如图 3-10b)。

在进入有中央分隔带公路的端部、重要交叉口的交通安全岛、下穿通路等入口处,或在车行道左侧或右侧有障碍物,规定车辆必须向右侧或左侧绕行时,应在距入口一定距离(前置距离)处设置注意障碍物(右侧、左侧绕行)标志。右侧或左侧绕行标志设置示例见图 3-10c)。

7 施工标志

施工标志主要用于通告前方道路施工,提醒车辆减速慢行或绕道行驶。施工标志是保护养护维修作业人员和设备的安全,使养护作业人员进行正常维修作业,保证交通有序通过作业区的设施。该标志属临时性应急措施,只在公路施工作业时设置,公路施工作业完成后,施工警告标志应随之取消。当设置有完善的道路施工标志及诱导设施时,可不再额外设置施工标志。

3.3 与交叉路口有关的警告标志

3.3.1 交叉路口标志

1 表示公路交叉口基本形状的标志共有 10 种,其中十字形交叉 2 种、Y 形交叉 4 种、T 形交叉 3 种、环形交叉 1 种,基本包括了各种交叉口类型。标志符号主要起到预告的作用,提醒前方有交叉口,应谨慎驾驶,注意安全。由于公路交叉口的形状非常多,标志图案不可能把所有的交叉形状都表示出来。当实际交叉口的形状与基本形状不一致时,应仔细考虑交叉公路等级、功能、交叉口的类型、交叉角度、交叉口范围等因素,选择驾驶人易于理解的象征性符号。

(1)十字交叉路口标志。

十字交叉口是公路上最常见的交叉形式,两条公路正交,称为基本形,如图 3-11。当一般公路十字交叉口的通视距离小于规定的最小停车视距或存在其他辨识困难时,应设置公路交叉路口标志。标志到交叉口的距离按表 3.1.3 选取。

凡通视条件良好,交通组织简单、明晰的变异交叉口,可按十字交叉口处理。如两条公路斜交,从驾驶角度会按十字交叉口对待,在标志设置上可以按十字交叉口处理,如图 3-12。当错位型交叉口错位两肢相距较近时,可按十字交叉口设置交叉口警告标志。如错位两肢相距较远,相当于该错位交叉由两个交叉口组成,当作为整体用一个交叉口标志表示,可能会使驾驶者产生困惑时,则可按两个 T 形交叉口设置标志。

(2)Y 形交叉路口标志。

根据相交公路与行进方向的夹角不同,Y 形交叉有四种基本型。当公路 Y 形交叉路口的通视距离小于规定的最小停车视距时,应设置 Y 形交叉路口标志。标志到交叉口的距离按表 3.1.3 选取。

Y 形交叉口各方向均应根据交叉角度选择相应的标志图案。

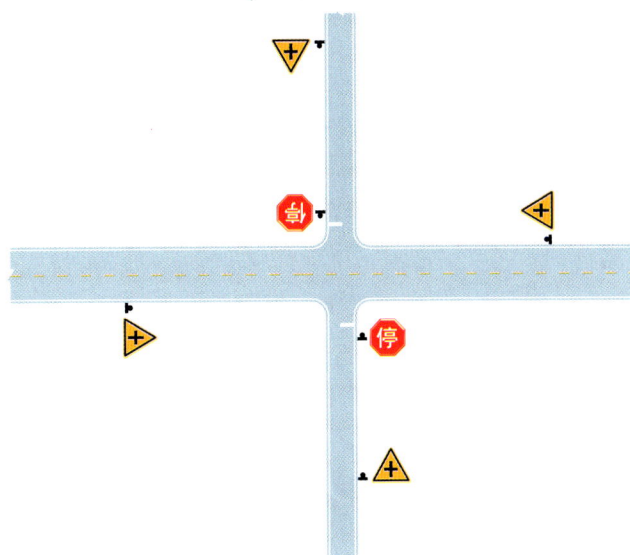

图 3-11　十字交叉路口(基本型)标志设置示例

图 3-12　十字交叉路口(斜交型)标志设置示例

（3）T形交叉路口标志。

T形交叉路口有三种基本型,即:相交公路在行进方向的右侧(┝),相交公路在行进方向的左侧(┥),相交公路在行进方向的正面(丅),如图 3-13。应根据 T 形交叉各方向的形状选择适合的符号设置在相应的交叉口。标志到交叉口的距离按表 3.1.3 选取。

图 3-13　T 形交叉路口标志设置示例

实际公路交叉口，情况千差万别，应根据不同情况灵活进行处理。

（4）环形交叉路口标志。

当公路环形交叉路口的通视距离小于规定的最小停车视距时，应设置环形交叉路口标志。标志到交叉口的距离按表3.1.3选取。

（5）如果两相邻平面交叉路口中心点的距离小于该道路的限速值对应的安全停车视距，则两平面交叉路口合并为一个图形，并根据道路的实际情况可以将标志的尺寸适当放大。

2 当两相交公路间由各自停车视距所组成的三角区（图3.3.1）内存在有碍通视的物体时，应设置交叉口标志。在其他存在辨识困难的平面交叉口之前，也应设置交叉口标志。当一条主要公路在平曲线路段与另一条次要公路相交，且次要公路位于平曲线外侧时，主要公路上的超高可能会遮蔽路面使次要公路上的驾驶人难于发现交叉口。

3 如已在交叉口设置指路标志或交通信号灯、停车让行或减速让行标志，则可不设置交叉路口标志。如被交路为等外路，则可只设置道口标柱。

3.3.2 注意分离式道路标志

注意分离式道路标志主要用以警告车辆驾驶人注意前方平面交叉的被交道路是分离式道路。在被交道路是分离式路基且分离距离较宽、车辆驶入平面交叉易发生错向行驶的平面交叉前适当位置，应设置注意分离式道路标志。

3.4 与路面状况有关的警告标志

3.4.1 路面不平、路面高突、路面低洼标志

在车辆低速行驶情况下，路面平整度不好，行驶时产生颠簸，仅影响舒适性，不危及行驶安全。但在高速行驶情况下，路面平整度不好，可能对行驶安全性产生较大影响，应设置路面不平标志，并采取速度控制等配套措施。该标志属临时性应急措施，在设置标志的同时，公路管理养护机构不得延缓路面修复工程和其他处理措施的实施。

路面高突标志用以提醒车辆驾驶人减速慢行，设在路面突然凸起以前或设置减速丘处前适当位置。路面低洼标志通常设在路面突然低凹以前适当位置。必要时可附加辅助标志说明。

3.4.2 过水路面（或漫水桥）标志

过水路面（或漫水桥）标志设置示例如图3-14。

过水路面（或漫水桥）允许通车水深与桥（路）面平整度、水流速度及水面宽度有关。一般情况下，当路（桥）水深小于0.3m时，可允许大型车辆通行。在洪水上涨过程中，或当路（桥）面水深超过一定值时，必须中断交通，设置禁止通行标志。

3.4.3 易滑标志

在公路线形不良，视距受限制，路面摩擦系数不能满足要求，路面易于积水等路段，

图 3-14　过水路面标志设置示例

应设置易滑标志。但是影响路滑的因素很多,如路面种类、结构种类、路面磨损程度、路面干湿程度、车辆性能、行驶速度等。因此,应在综合考虑上述因素后,当确认易滑是造成该路段事故隐患的主因时,可在弯道、下坡等地点前设置易滑标志。标志到路面易滑点的距离按表 3.1.3 选取。易滑标志属临时性应急措施,在设置标志的同时,不得延缓路面修复工程和其他处理措施的实施。

3.5　与沿线设施有关的警告标志

3.5.1　注意信号灯标志

信号灯在公路上较一般标志更易为驾驶者所发现,但在以下情况下,应考虑设置注意信号灯标志:

1　由于平曲线、竖曲线或其他路上设施造成的视距不良,驾驶人难以发现信号灯而继续以较高速度行驶时。

2　由高速公路驶入一般公路的第一个信号灯控制交叉口前,宜设置注意信号灯标志,提醒驾驶人注意行车规则的改变。

3　因临时交通管制或其他特殊状况设置活动信号灯的路口,宜设置注意信号灯标志作为临时性标志。

注意信号灯标志设置示例如图 3-15。

3.5.2　隧道标志及隧道开车灯标志

车辆在隧道内行驶与在路段上行驶,从视觉上会有很大的不同。驾驶人由洞外进入隧道内,由于明暗反差过大,眼睛不能适应,发生 10s 左右的视觉危害,从而可能发生交通事故。如果行车速度为 100km/h,10s 左右的

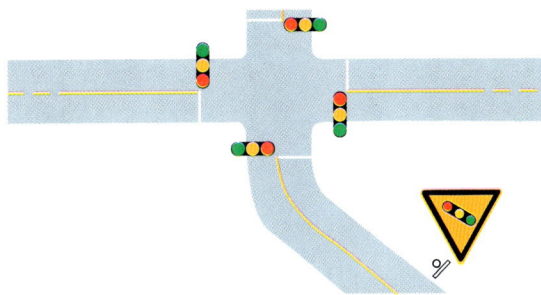

图 3-15　注意信号灯标志设置示例

视觉危害,相当于在 260m 的距离内驾驶人的眼睛不能适应,在这种情况下,车辆是极易发生危险的。除了在照明、通风、视野等方面的变化外,隧道内的硬路肩、路缘带宽度一般与路基段不一致,隧道内还设有检修道,高出路面 30cm 以上,也可能对行车安全产生影响。

因此,无论隧道入口接线段线形、视距是否良好,均应设置隧道标志,提前提醒驾驶人从心理上做好准备,以适应行驶条件的变化。当驶入隧道前为曲线路段时,除设置隧道标志外,还应设置相应的视线诱导设施。隧道标志设置示例如图3-16。

图3-16　隧道标志设置示例

当隧道入口前设置了隧道名称标志,对驾驶人已起到相应的警示作用时,可不设隧道标志。

在无照明或照明不足的隧道洞口前适当位置处,应设置隧道开车灯标志。隧道标志和隧道开车灯标志只需设置一个。

3.5.3　驼峰桥标志

公路上有一些拱桥,拱圈高,拱度大,桥面窄,驾驶人在桥头视距受很大限制,当通视距离小于规定的最小停车视距不能看见对向来车时,应设驼峰桥标志。驼峰桥标志应设置在双向两车道公路上拱度较大的驼峰桥前适当位置处。在驼峰桥上应严格要求按标线行驶,不准越线超车。驼峰桥标志设置示例如图3-17。

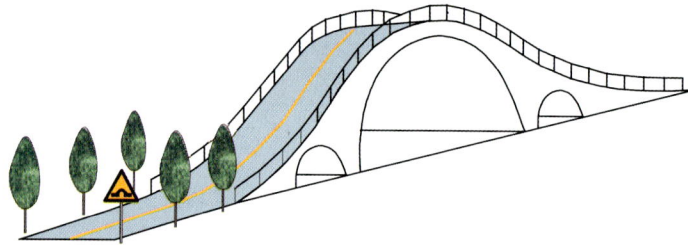

图3-17　驼峰桥标志设置示例

3.5.4　渡口标志

应根据公路渡口的地形、交通量、渡船等情况判定渡口标志的设置。目前,公路车辆渡口已经大量减少,但为了车辆渡口的安全,维持渡口秩序,控制车辆上渡船速度,设置渡口标志仍是非常必要的措施。车辆到渡口公路等级低,线形差,从引道到渡船跳板的距离短,坡度大,车辆上渡船速度慢的路段,应设渡口标志。渡口标志应设在上述路段通往渡口前醒目位置处,标志到渡口的距离按表3.1.3选取。渡口标志设置示例如图3-18。

3.5.5　铁路道口标志

铁路道口标志分为有人看守铁道路口标志和无人看守铁道路口标志。

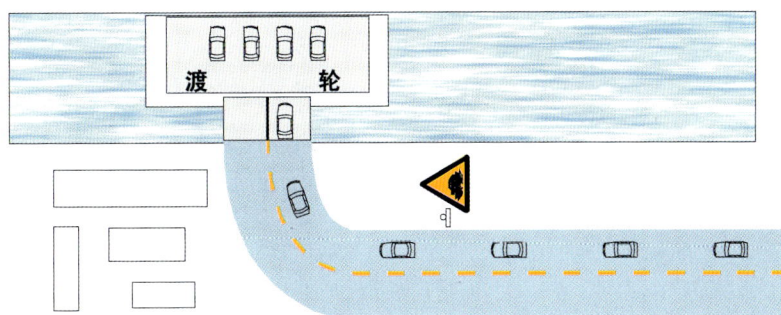

图 3-18　渡口标志设置示例

1　有人看守铁路道口标志

有人看守的铁路道口相对于无人看守道口要安全一些,看守人能适当掌握时机开放栏木,疏导公路交通,对道口的管理具有一定的权威性。但有一些铁路道口处于公路的曲线段,或与铁路交角过小,又处于公路的纵坡地段,会影响道口的瞭望条件。因此,应根据铁路道口的线形、公路旁的建筑物、驾驶人的通视距离等情况,在一些不易被车辆驾驶人发现的有人看守铁路道口以前适当位置,设置有人看守铁路道口标志。

有人看守铁路道口标志设置示例如图 3-19a)。

2　无人看守铁路道口标志

此类道口由于无人值守,其视距三角形应保证汽车在公路上距离交叉点不小于 50m 的地方,能看到左右两侧各 270~400m[根据列车设计行车速度确定,详见《公路路线设计规范》(JTG D20—2006)]铁路上有无火车。无人看守铁路道口,标志标线的设置一定要齐全。除必须设置无人看守铁路道口标志外,还应在道口设停车让行标志及与之相配套的近铁路道口标线、停车让行标线。车辆必须在停止线以外停车瞭望,确认安全后,才准许通过。无人看守铁路道口标志设置示例如图 3-19b)。

3　叉形符号

叉形符号表示多股铁道与公路平面交叉,只能附加在无人看守铁路道口标志上方使用,不能单独设置。叉形符号标志设置示例如图 3-19c)。

4　斜杠符号

斜杠符号表示标志距无人看守铁路道口的距离,用以警告驾驶人前方为无人看守的铁路道口,应逐级减速、谨慎驾驶。在很多无人看守的铁路道口,相交公路等级较低,采用中级或低级路面,大多不能在路面上标画铁路平交道口标线。在这种情况下,应在无人看守铁路道口标志下设置斜杠符号。斜杠符号共有三块,给予驾驶人三次提醒。第一块为有一道斜杠的标志,设置在距停车让行标志 50m 的位置;第二块为有两道斜杠的标志,设置在距停车让行标志 100m 的位置;第三块为有三道斜杠的标志,设置在距停车让行标志 150m 的位置。斜杠符号应附设在无人看守铁路道口标志的下面,不能单独设置。斜杠符号标志的设置示例如图 3-19d)。

3.5.6　避险车道标志

避险车道是设置在连续下坡路段路侧,主要利用制动床材料的滚动阻力逐渐降低失

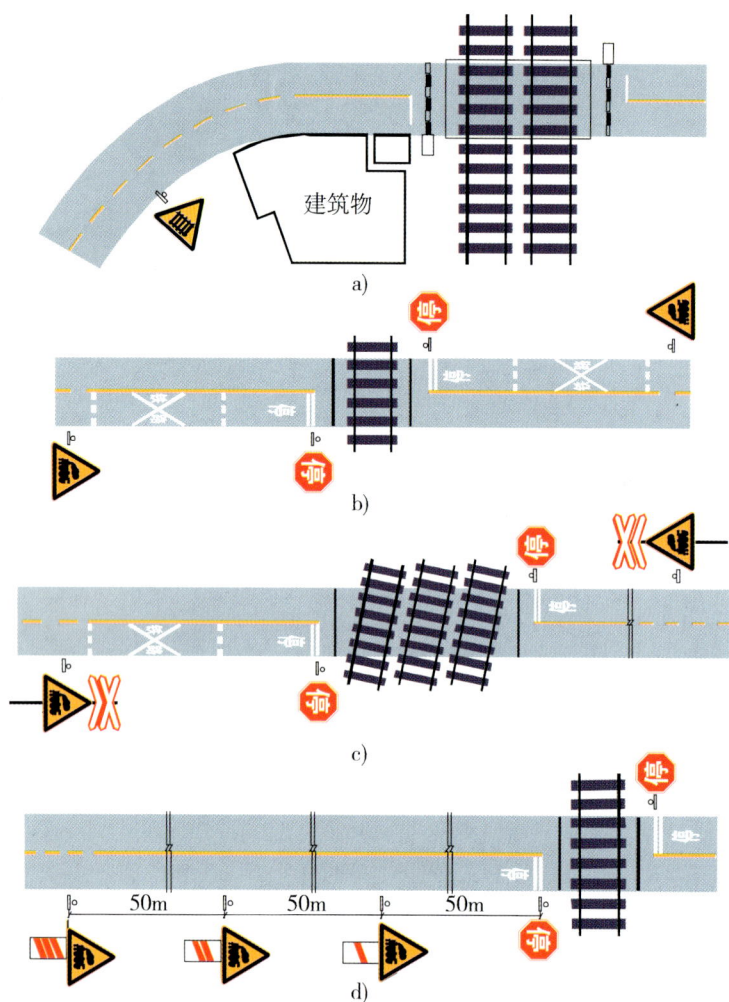

图 3-19　铁路道口标志设置示例

a)有人看守铁路道口;b)无人看守铁路道口;c)叉形符号;d)斜杠符号

控车辆动能的原理或者利用动能转化成势能的原理,为制动失效货车提供消能并降低事故严重程度的设施。

3.6　与沿线环境有关的警告标志

3.6.1　村庄标志

(1)村庄标志的设置应根据公路线形、沿线村庄分布、建筑物离公路远近、驾驶人视距等情况综合判定。

(2)在公路前方有隐蔽而不易发现的村庄,或公路旁经常有村民活动,而线路弯曲,视线不良情况下,都极容易发生交通事故,应在进入村庄前设置村庄标志。

(3)当公路沿线城镇化的趋向非常严重,有的公路已变成街道,商店林立,集市兴隆的情况下,只宜在街道化公路的两端设村庄标志,以提醒驾驶人谨慎慢行,而不宜设置过多的村庄标志。

(4)当公路两侧村庄集镇居民较密集、公路交通量较大时,村庄标志应与限速标志配合使用。

村庄标志设置示例如图3-20。

图 3-20　村庄标志设置示例

3.6.2　注意行人标志

注意行人标志应设置在公路经过村镇街道化路段,行人密集,路面交通比较复杂,驾驶人又不易发现人行横道线的位置,用以提前警告驾驶人注意行人过街安全。当人行横道处已设信号灯时,可不再设置注意行人标志。注意行人标志设置示例如图3-21。

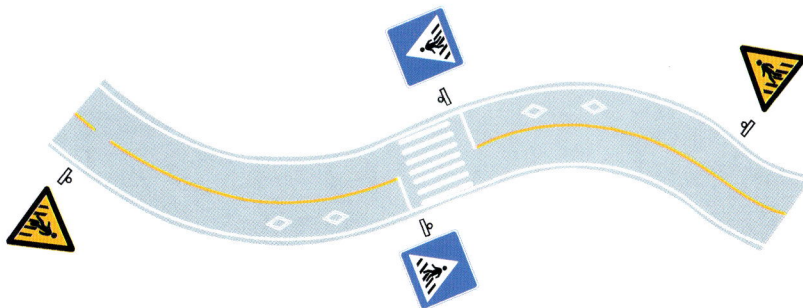

图 3-21　注意行人标志设置示例

3.6.3　注意儿童标志

注意儿童标志应设在公路沿线经常有儿童活动、出入场所路段两端适当位置,主要关注乡镇村庄街道化路段的小学、幼儿园、少年宫等儿童活动场所,用以促使驾驶人减速慢行,注意儿童的出行安全。注意儿童标志设置示例如图3-22。

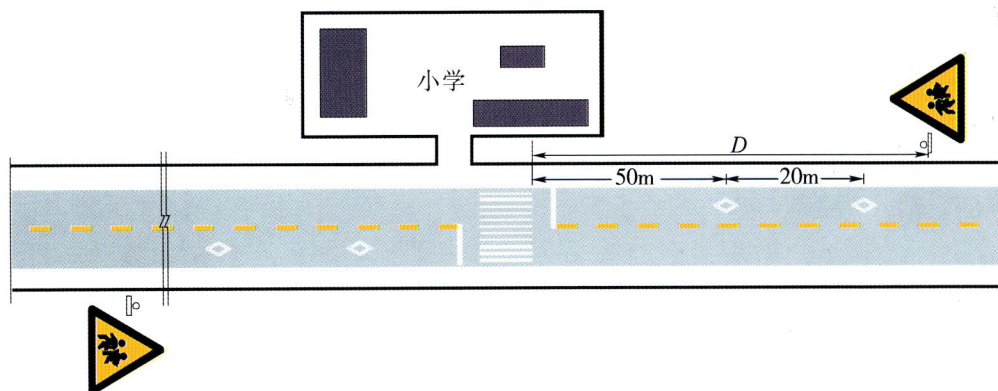

图 3-22　注意儿童标志设置示例

距上述设施出入口 1km 以内宜设置预告标志,采用辅助标志预告到前方危险地点的距离。在经过村、镇处,如果一般步行者的人数比儿童或者幼儿还要多,或者机动车道与人行道相互分离并连续设置防护设施的场合,则可不设置这类标志。

3.6.5 注意非机动车标志

(1)本条文指的非机动车包括自行车、人力三轮车、架子车等。

(2)注意非机动车标志的设置应根据公路线形、公路沿线非机动车活动情况、是否有小的支路与公路相交等情况判定,主要用于公路沿线受非机动车干扰较集中的一些小交叉口、村镇人口较密集的场所,非机动车在路边活动,或横穿公路,干扰公路车辆正常通行等情况。

3.6.6 注意落石标志

有落石危险的傍山路段,一般指山区公路,因自然风化滚落石头的路段,或由于开山炸石造成上边坡不稳而造成局部塌方、落石的路段。应根据公路线形、地质地貌、岩石风化程度、防护设施等情况判定注意落石标志的设置位置。注意落石标志设置示例如图 3-23。

当落石路段已采取安装防护网等防落石措施时,可不再设置注意落石标志。

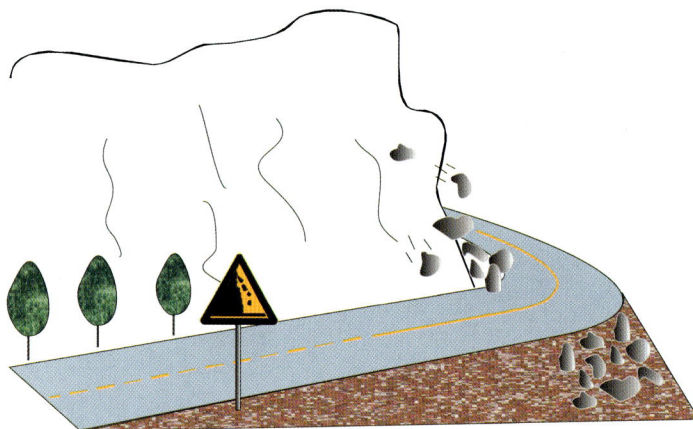

图 3-23 注意落石标志设置示例

3.6.7 傍山险路标志

(1)傍山险路主要指公路外侧存在陡峭悬崖、深沟、高边坡、高挡墙等危险情况的路段。傍山险路标志设置与否,应根据公路线形、路侧危险程度以及安全设施的设置等情况综合判定。当傍山路段已设置较为完善的防护、诱导等设施时,可不再设置傍山险路标志。

(2)设置傍山险路标志时,应根据傍山险路的不同朝向选择警告标志图案。

傍山险路标志设置示例如图 3-24。

3.6.8 堤坝路标志

为提醒车辆驾驶人注意前方为堤坝路,谨慎驾驶,应设堤坝标志。堤坝路标志在使用时,应根据水库、湖泊等位于堤坝路的不同位置(左侧或右侧)选择标志图案。堤坝路标志设置示例如图 3-25。

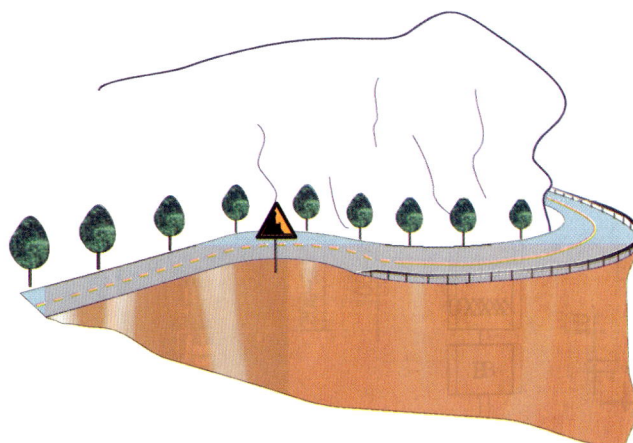

图 3-24　傍山险路标志设置示例

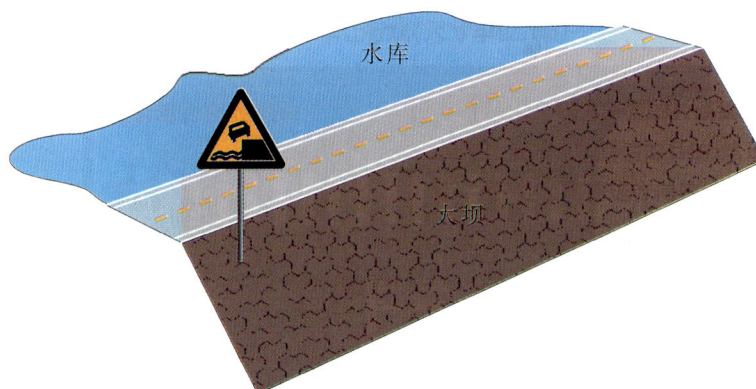

图 3-25　堤坝路标志设置示例

3.6.9　注意牲畜标志

根据公路线形、通视距离、公路沿线居民点分布、牲畜活动等情况判定注意牲畜标志设置与否。当公路前方路段交通复杂,路弯坡陡,通视不良,沿线村镇经常有牲畜横穿,或公路旁有大型畜牧养殖场、放牧场,经常有牲畜进出,影响公路车辆正常行驶时,应设注意牲畜标志。标志到牲畜活动干扰点的距离可参考表 3.1.3 并经现场调研确定。

3.6.10　注意野生动物标志

注意野生动物标志主要用于提醒驾驶人谨慎驾驶,注意避免撞伤动物及发生交通事故。除鹿图案以外,还可以采用当地具有代表性的动物图案,如羚羊、猴等,向驾驶人传递更为直观的信息。为使驾驶人了解得更清楚,可设置"注意动物"辅助标志或标示动物活动区域的辅助标志,如"前方 10km"。

3.6.11　注意横风标志

注意横风标志的设置位置应根据公路所处的地理位置、环境条件及公路走向与季风等情况判定。当公路前方的高架桥、垭口经常有很强劲的侧向风,或由于公路特殊的地理位置和环境条件有的路段经常出现强烈的侧向风,或由于季风的影响有的路段出现季节性的侧向风,对车辆行驶的稳定性有影响时,应设注意横风标志,并可在标志下方增设"注意横风"辅助标志。

注意横风标志设置示例如图3-26。

图3-26   注意横风标志设置示例

3.7   其他警告标志

3.7.1   事故易发路段标志

事故易发路段标志的设置应根据事故记录判定,用以告示驾驶人前方公路为事故易发路段,应谨慎驾驶,避免事故的发生。标志到事故易发点的距离按表3.1.3选取。事故易发路段标志属临时性应急措施,在设置标志的同时,不得延缓安全改善措施的实施。一旦该路段的事故易发问题获得解决,事故易发路段标志即可拆除。

3.7.2   注意保持车距标志

注意保持车距标志用以警告车辆驾驶人注意和前车保持安全距离,设在经常发生车辆追尾事故路段(如视距不良、车辆间速度差过大的长陡坡等路段)前适当位置。

3.7.3   慢行标志

当公路前方由于突发性事件,如坍塌、滑坡造成少量坍方时,在维持单车道通行情况下,需要车辆慢行通过;路基翻浆行驶困难路段,当路面出现龟裂、鼓包、车辙、路基发软、颠簸等现象时,需要车辆慢行通过;维修、加固路肩、边坡,维护、修理各种防护构造物时,需要车辆慢行通过;局部加宽、加高路基,改善急弯、陡坡和视距时,需要车辆减速慢行。凡遇上述情况之一者,即应设慢行标志。

该标志属临时性应急措施,一旦上述路段的突发性事件获得解决,慢行标志即应拆除。在条件允许时,应尽量避免采用慢行标志,而宜将前方道路存在着的危险用标志图案告诉驾驶人。

3.7.4   建议速度标志

建议速度和限制速度不同,仅表示警告和建议。

该标志一般不单独使用,宜与其他警告标志联合使用或附加辅助标志,以说明建议速度的原因或路段位置、长度。当与警告标志联合使用时,警告标志警告、提示驾驶人前方公路行车条件受到的限制,如存在窄路、急弯、陡坡、隧道等,而建议限速标志推荐该警告条件下相应的安全和舒适行驶车速。

3.7.5 注意危险标志

当公路前方有上述标志不能包括的其他危险情况时,可设注意危险标志,以促使车辆驾驶人注意前方有危险,谨慎驾驶。这是个万能标志,所有其他标志不能包含的危险,都可以用该标志表示。标志下可设辅助标志,说明危险原因:如公路局部塌陷、水毁、路面结冰、风沙危害、路边临时停车等。注意危险标志属临时性应急措施,在设置标志的同时,不得延缓路面修复工程和其他处理措施的实施。一旦上述路段的危险状况获得解决,注意危险标志即可拆除。注意危险标志设置示例如图3-27。

图 3-27　注意危险标志设置示例

4 禁令标志

4.1 一般规定

4.1.1 为保护公路结构、防止发生交通事故,《中华人民共和国道路交通安全法》、《中华人民共和国公路法》等国家和地方法律法规对由于公路局部损坏或其他原因被认为对交通运行有潜在危险的路段以及为进行公路施工不得不中断交通的场合做出了禁止或限制车辆、行人某些交通行为的规定。那么,在这些路段应通过设置相关禁令标志来及时通知公路使用者采取必要的措施,如公路管理者为维护长大隧道,或为防止在隧道中出现危险、禁止装载危险物等的车辆通行或限制其通行的路段。

危桥或承载能力不足的桥梁,应设置有关总重量、轴重及轮胎荷载的禁令标志。公路通行高度或宽度受限的路段,应设置限高、限宽标志。

在高速公路或其他限制出入对象的路段,应在该公路的入口或其他必要的场所设置标志,并明确指出禁止或者限制的对象。

4.1.2 禁令标志是禁止、限制车辆、行人交通行为的标志,要求严格遵照执行,因此应把该类标志设置在交叉口或路段附近醒目的位置。部分禁令标志可在开始路段的交叉口前适当位置设置有关指路标志提示,使被限制车辆能够提前绕道行驶。当禁令标志的视距得不到满足时,应设置相关的警告、指示标志。

4.1.4 禁令标志应与相应类型的交通标线配合使用,如禁止超车标志必须配合设置禁止跨越车行道分界线,禁止掉头标志应与禁止掉头标记配合使用等。其他情况可参照第1.0.4条的规定及条文说明。

4.1.5 个别颜色特殊的禁令标志包括:
(1)禁止驶入标志,为红底、白边框、白图案,如图4-1a)。
(2)解除禁止超车标志,为白底、黑圈、黑细斜杠、黑图案,图案压杠,如图4-1b)。
(3)禁止车辆停放标志,为蓝底、红圈、红杠,杠压图案,如图4-1c)、d)。
(4)解除限制速度标志,为白底、黑圈、黑细斜杠、黑字,字压杠,如图4-1e)。
(5)区域禁止标志,为白底、黑边框,并组合相关禁令禁志。
(6)区域禁止解除标志为白底、黑边框、黑细斜杠、字压杠。
(7)停车让行标志,为红底、白字、白边框,如图4-1f)。

（8）减速让行标志,为白底、红边、黑字,如图4-1g)。

（9）会车让行标志,为白底、红圈、红黑两种箭头,如图4-1h)。

图 4-1　颜色特殊的禁令标志

a)禁止驶入标志;b)解除禁止超车标志;c)禁止停车标志;d)禁止长时停车标志;e)解除限制速度标志;f)停车让行标志;g)减速让行标志;h)会车让行标志

停车让行标志形状为八角形,减速让行标志形状为顶角向下的等边三角形,区域禁止、区域禁止解除标志为矩形,其他禁令标志的形状均为圆形。

4.2　与交通管理有关的禁令标志

4.2.1　从公路交通流组织方式、交通安全、交通管理的角度出发,有些路段需要禁止一切车辆或某些专用车辆(含装载危险物品的车辆)或行人通行,在通往上述路段前的适当位置应设置禁令标志。如高速公路禁止非机动车、拖拉机和行人进入,禁令标志就应设置在高速公路收费站以外的平面交叉口处。该类禁令标志的设置位置应使驾驶人能从容变换方向。

4.2.2　从交通畅通与安全的角度出发,车辆的某些行驶方向受到禁止,则应设置相应的禁令标志。

4.2.3　禁止超车和解除禁止超车标志、禁止车辆停放标志

1　在公路的视距不足、侧向风严重或隧道内光照不足的路段,为减少交通事故的发生,应设置禁止超车标志。在禁止超车结束路段应设置解除禁止超车标志。禁止超车标志应与禁止跨越对向或同向车行道分界线配合使用。

2　经论证,禁止车辆停放标志可设在各级公路桥梁、高架桥、隧道、互通式立体交叉匝道、交通繁杂路段和路侧险要路段等的限定范围起点。

— 171 —

4.2.4 当公路通过医院、学校、科研机构和野生动物保护区等需要保持安静的地区时,应设置禁止鸣喇叭标志。该标志设在禁鸣区的起点位置,禁止鸣喇叭的时间、范围用辅助标志说明。当禁鸣区的范围超过 800m 时,该标志可重复设置。

4.2.5 限制速度是为了减小车辆间的速度差,保证行驶安全,是一种牺牲效率保安全的方法。限速标志表示从该标志至解除限制速度标志的路段内,机动车行驶速度(单位为 km/h)不准超过标志所示数值,以数字表示限速值。当驾驶人行车超过该值时,不管遇到何种情况甚至危险情况,必是违章。超速行车是常见的肇事原因。在一般公路上,限速是安全措施的重要手段。需要限制速度的路段有:急弯路段,视距受限制的路段,路面状况差(包括路面损坏、积水、滑溜等)的路段,长距离陡坡路段,路侧险要路段;非机动车和牲畜等横向干扰较严重的路段;小学、村庄、集市等繁杂路段;受特殊天气影响较大的路段等。据观察,一般路段采用运行速度作为限速值是合理的,特殊路段可选用设计速度值作为限速值。交通法律法规明确规定的应符合其规定,公路、交通条件过于复杂的,或事故频发路段,在交通安全分析的基础上,可选用小于设计速度的限速值。

设置限速标志时,应综合考虑公路的通行能力、车型构成比例、道路条件、路侧环境条件及至少最近 12 个月内的事故统计数据等,根据不同路段的具体情况,分别采用设计速度或运行速度值,分段进行灵活设置。

关于限速标志的设置,应注意如下事项:①对于公路特征或周围环境发生重大变化的路段,应对所设置的限速标志进行再评估。②限速值一般应为 10 的整倍数。

4.2.6 当公路上机动车必须停车接受检查时,应设置停车检查标志。停车检查标志设置在公路上需要机动车停车受检的路侧醒目位置。检查内容包括:超限车辆检查,以及其他需要停车检查的项目。停车检查标志应与检查站的设置位置相匹配。

4.2.8 区域禁止、区域禁止解除标志可用于公路沿线城镇、居民聚居区。

4.3 与公路建筑限界及汽车荷载有关的禁令标志

4.3.1、4.3.2 限宽、限高、限制质量或限制轴重标志位置的选择很重要,如通往受限路段处有一定距离,而该距离内不存在其他绕行路线,则在当前位置附近的交叉路口处就应该设置限宽、限高、限制质量或限制轴重标志,而不应使车辆到受限点处发现标志后不易采取返回措施。限制宽度、高度值宜略小于实际的公路结构构造值。

(1)限制宽度标志

限制宽度标志表示该公路禁止车货总宽度超过标志所示数值的车辆通行,设在公路及其构造物的侧向余宽受限制,其最大公路横向净宽不能满足要求的路段前适当位置。根据原交通部 2000 年第 2 号令《超限运输车辆行驶公路管理规定》的规定,在公路上行驶的车辆,车货总宽度超过 2.5m 的属超限车辆,未经公路管理机构批准,上述车辆不得在公路上行驶。

(2)限制高度标志

限制高度标志表示该公路禁止车货总高度超过标志所示数值的车辆通行,设在公路及其构造物净空高度受限制的入口醒目位置。根据原交通部 2000 年第 2 号令《超限运输车辆行驶公路管理规定》的规定,车货总高度从地面算起 4m 以上(集装箱车货总高度从地面算起 4.2m 以上)属超限车辆。未经公路管理机构批准,上述车辆不得在公路上行驶。

(3)限制质量标志

限制质量标志表示该公路和桥梁禁止总质量超过标志所示数值的车辆通行,设在需要限制车辆总质量的公路入口处和桥梁两端。根据原交通部 2000 年第 2 号令《超限运输车辆行驶公路管理规定》的规定,单车、半挂列车、全挂列车车货总质量 40t 以上;集装箱半挂列车车货总质量 46t 以上为超限车辆。未经公路管理机构批准,上述车辆不得在公路上行驶。

(4)限制轴重标志

限制轴重标志表示该公路和桥梁禁止轴载质量超过标志所示数值的车辆通行,设在需要限制车辆轴载质量的公路入口处和桥梁两端。根据原交通部 2000 年第 2 号令《超限运输车辆行驶公路管理规定》的规定,车辆轴载质量在下列规定值以上时为超限车辆:单轴(每侧单轮胎)载质量 6t;单轴(每侧双轮胎)载质量 10t;双联轴(每侧单轮胎)载质量 10t;双联轴(每侧各一轮胎,双轮胎)载质量 14t;双联轴(每侧双轮胎)载质量 18t;三联轴(每侧单轮胎)载质量 12t;三联轴(每侧双轮胎)载质量 22t。未经公路管理机构批准,上述车辆不得在公路上行驶。

4.4 与路权有关的禁令标志

4.4.1 公路平面交叉口是不同方向的交通流在同一位置进行方向切换的地点,如不采取措施将产生很多冲突点。为避免交叉口处出现交通拥堵,使一个方向的交通流能有效地与其他方向分离开,根据交通量的大小和相交公路的功能、地位,可采取两种措施:一种是在两个相交方向的交通量相对都比较大的情况下,一般采用有信号控制的方法,以达到有效的路权分配下的交通控制;另一种是对于两个相交方向的交通量相对都比较小或其中一个方向的交通量相对比较小的情况下,通过设置非信号控制的交通标志来完成路权的分配,这种情况下交通运行效率可能更高。交通标志主要通过停车让行或减速让行标志来完成。

(1)下列情况下,应在次要道路设置停车让行标志:

①次路与主路垂直相交(或接近垂直相交),用其他路权分配原则和措施无法获得较好遵守;

②相交道路速度差较大、交叉口视距受限或事故记录显示需要进行停车让行控制;

③无人看守铁路平交道口。

(2)下列情况下,宜在次要道路设置停车让行标志:

①需要控制左转弯冲突;

②行人或非机动车流量较大,需要控制机非冲突;

③难以确认交通冲突的地点,需要控制交通冲突。

(3)两条条件相近的公路相交,可按照下述原则确定哪一方向设置停车让行标志:

①与较多行人横穿和学校活动冲突严重的方向上;

②轮廓模糊或已设置减速带的方向上;

③在到达路口前通行条件较好具有最长不受干扰通行条件的方向上;

④在更容易判断路口冲突点的方向上。

(4)下列情况下,宜采用多路同设停车让行标志:

①两条条件相同(或相近)的集散型支路相交形成的交叉口,设停车让行标志可改善交叉口运行安全状况;

②交叉口信号灯处于安装、调整或关闭期,作为临时交通控制措施;

③事故记录分析显示,过去12个月交叉口范围内所有事故中有5件或5件以上可以通过多路同设停车让行标志予以避免;

④在一天中的任何8h之内,从主路双方向进入交叉口的平均车流量超过300辆/h,并且从次路双方向进入交叉口的车辆、行人、非机动车等平均流量,在相同时段内超过200辆(人)/h;或者从主路双方向进入交叉口的平均车流量超过300辆/h,并且一天的高峰时间段内,造成次路车辆平均延误至少30s时;或者虽然交通流量未达到上述两条的要求,但主路车辆进入交叉口的85%位车速大于65km/h,且平均车流量大于200辆/h。

(5)下列条件下,可考虑设置减速让行标志:

①符合停车让行标志设置条件,但公路使用者能看清所有潜在的交通冲突点,并能以法律或标志规定的速度安全地穿过平面交叉口或停车时;

②如果入口处加速车道的长度或视距不足以满足车辆驶入的操作或无加速车道,而需控制车辆的驶入时;

③环行交叉路口所有入口处右侧应设置减速让行标志;当进入环行交叉路口的公路车道数多于1条且入口左侧设置有隔离岛时,则在驶入环行交叉口的左侧和右侧均应设置减速让行标志;

④公路中央分隔带超过9m或为分离式断面时,在横穿第一侧道路前设置停车让行标志,而在横穿第二侧道路前设置减速让行标志;

⑤平面交叉口存在特殊问题,经工程研究、判断采用"减速让行"标志易于改进时。

停车让行和减速让行标志设置示例如图4-2。

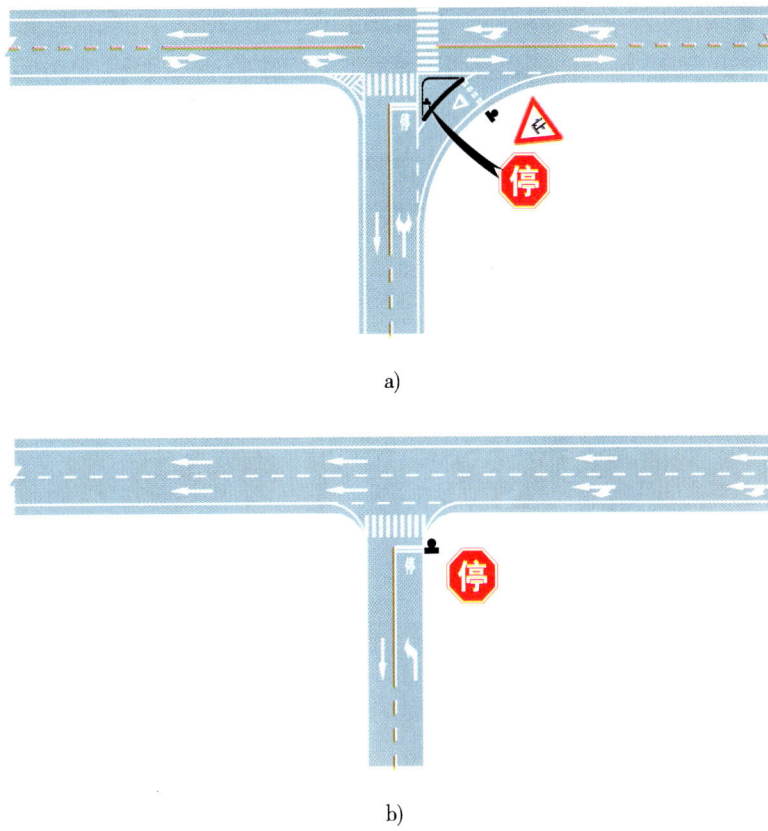

a)

b)

图4-2 停车让行和减速让行标志设置示例

a)辟有专用右转弯车道的平面交叉口;b)单向行驶的平面交叉路口

5 指示标志

5.1 一般规定

5.1.1 为减少交通拥堵和交通事故,需要驾驶人、行人遵守一定的行驶方向。有些交叉口路段,交通流向比较复杂,需要明确通知驾驶人行驶的方向,否则容易发生严重的交通事故。在上述路段的适当位置处,应设置指示标志。

指示标志根据所表达的内容可划分为4类:

1 与行驶方向有关的指示标志,如指示某行驶方向的标志、立体交叉行驶路线标志和环岛行驶标志等;

2 指导驾驶人驾驶行为的指示标志,如最低限速标志、鸣喇叭标志等;

3 与车道使用有关的指示标志,如车道行驶方向标志、专用车道标志等;

4 与路权有关的指示标志,如路口优先通行标志、会车先行标志等。

5.1.2 应根据交通流组织和交通管理的需要,以及现场条件是否容易使驾驶人感到迷惑,来确定指示标志的类型和位置。

5.1.3 在设置有左转弯、直行、右转弯的大型平面交叉口处,如指路标志不能一一指明各车道的行驶方向,则与指路标志相配合,应设置车道行驶方向指示标志,以提醒驾驶人选择正确的行驶方向。路口处如已设置"禁止向右转弯"标志,则可不设置"直行和向左转弯"或"向左转弯"指示标志。

5.1.4 当标志专指某车道的去向或指明为专用车道时,原则上,该标志应设置在对应车道的上方。因为只有当悬空标志向下的箭头对准车道中心时,才是专指该车道的去向或指明该车道为专用车道。

5.1.5 指示标志应与相应的交通标线配合使用,特别是交通量很大、大型车辆较多或容易分散驾驶人的视线处更是如此。如公路平面交叉路口处,指示车道行驶方向的指示标志可与导向箭头配合设置,允许掉头的指示标志可与允许掉头标记配合设置等。

图 5-1　会车先行标志

5.1.6 除会车先行标志外,指示标志的颜色均为蓝底、白图案。形状为圆形、长方形和正方形。会车先行标志如图 5-1,为蓝底,对向来车为红色箭头,优先行进方向为白色箭头。

5.2 与行驶方向有关的指示标志

5.2.1 指示某行驶方向的标志

指示某行驶方向的标志表示该公路交叉口的一切车辆只准按标志指示方向行进,设置在必须按箭头指示方向前进的路口以前适当位置。一般该交叉口由于交通管理的需要或其他原因,除标志箭头指示方向外,其他方向均禁止车辆行驶。指示车辆按某方向行驶的标志有:直行、向左转弯、向右转弯、直行和向左转弯、直行和向右转弯、向左和向右转弯、靠右侧公路行驶、靠左侧公路行驶标志等。

靠右侧公路行驶标志应尽可能设置在突起的中央分隔带、隔离岛、跨线桥中墩及其他车辆应靠右行驶不明显的位置处。靠右侧公路行驶标志不得设置在双向行驶的公路左侧,而且不能使车辆从其左侧通过。

5.2.2 立体交叉行驶路线标志和环岛行驶标志

立体交叉行驶路线标志表示该公路车辆在立交处只准直行和按图示路线左转弯(或直行和右转弯)行驶。当驾驶人对公路立交桥行驶路线感到迷惑,不易看清行驶方向,为防止错向行驶时,应设立体交叉行驶路线标志,用于指示在立体交叉处的行驶方向。此类标志不能代替高速公路立交的出口预告和出口标志,也不能代替地点、方向标志,设在一般公路立交桥左转弯(或右转弯)出口前适当位置。高速公路立交桥上的出口预告、出口标志和地点、方向标志已对出口方向、去往地点指示得非常清楚、明确时,则立体交叉行驶路线标志就可不设。

环岛行驶标志表示公路环岛只准车辆靠右环行,应设在公路环岛面向路口来车方向的环岛上。如在环岛各路口前已设有大型环岛指路标志,对环岛各路口行驶方向和地点有清楚的指示时,则环岛行驶标志也可不设。在环岛上,车辆向右环行,应是最基本的行车规则。

5.2.3 单行路标志

单行路标志用来提示驾驶人前方公路只准一个方向通行。当前方公路或者相交公路为单向行驶公路时,应设置单行路标志。单行路标志通常需要结合其他标志共同设置。

5.3 指导驾驶行为的指示标志

5.3.1 鸣喇叭标志

鸣喇叭标志表示机动车行至该标志处应鸣喇叭,用于提醒对向行驶的驾驶人,有车迎面驶来,应该靠一侧行驶,以防止发生交通事故。

5.3.2 最低限速标志

最低限速标志表示前方公路允许机动车行驶的最低速度限制。当公路上的慢速交通车辆有可能影响正常的行车时,应设置最低限速标志。设置要点:

(1)最低限速标志通常应用在高速公路上或对车速要求较高的其他汽车专用公路、城市高架路上,并且和最高限速标志一起设置。

(2)设置最低限速标志,一方面可以限制那些性能差、噪声大、速度低的车辆进入高速公路;另一方面通过设置不同最低值的限速标志,可以实现对不同车型和车速的交通流进行分流,从而提高多车道高速公路的通行率和安全性。

(3)最低限速标志设在高速公路或其他需限制最低速度路段的起点及各立交入口后的适当位置。最低限速标志应与最高限速标志配合设置在同一标志杆上,而不单独设置。当路侧安装时,最高限速标志居上,最低限速标志居下;当门架式或悬臂式安装时,最高限速标志居左,最低限速标志居右。当最低限速标志与最高限速标志组合于同一版面时,最高限速标志应居左或居上,最低限速标志应居右或居下。

(4)最低限速标志上所示的数值应符合有关法律法规的规定;有关法律法规无明确规定的,应由交通工程师通过研究确定。

5.4 指出车道使用目的的指示标志

5.4.1 车道行驶方向标志

车道行驶方向标志表示公路下游路口驶入段各车行道的行驶方向。当前方公路交叉口为多车道的路口,并在路口驶入段划分了不同的车道行驶方向时,应在导向车道起点设车道行驶方向标志。车道行驶方向标志包括:右(左)转车道标志、直行车道标志、直行和右(左)转合用车道标志、分向行驶车道标志等。该类标志设置要点如下:

(1)车道行驶方向标志主要用于多车道的交叉口,当交通量较大,转弯车辆较多,各车道内的导向箭头不够明显或转弯车道设置不正规时(如左转车道在右侧等),为更好地引导交通流,在公路车道上方设置。

(2)在地面标线清晰,交叉口渠化正确,且交通量不大情况下,可不设置。

(3)设置位置应符合第5.1.2条的规定。通常采用悬臂或者门架式安装在所指车道的上方。标志所指方向与车道行驶方向一致,以便驾驶人尽早调整车道,及时驶入正确的行驶方向。

车道行驶方向标志设置示例如图5-2。

5.4.2 专用道路和车道标志

专用道路和车道标志用以告示前方道路或车道专供指定车辆通行,不准其他车辆及行人进入。

1 机动车行驶标志和机动车车道标志,表示该公路或该车道只供机动车行驶,用于

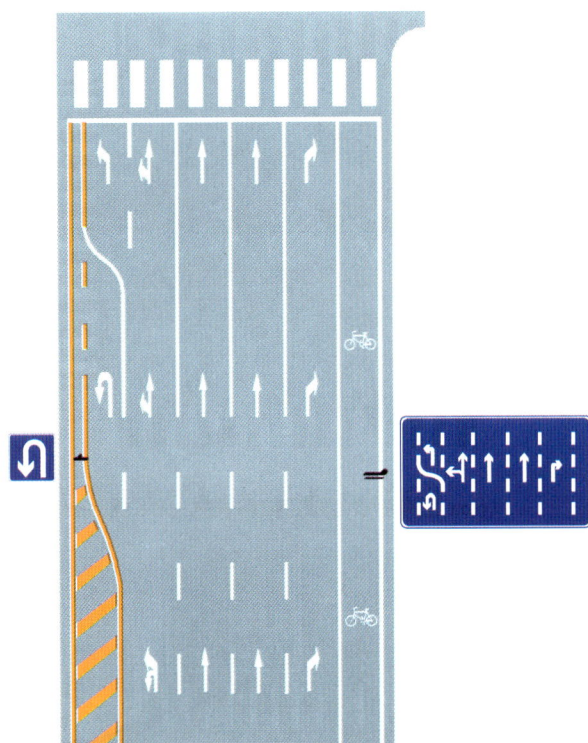

图 5-2　车道行驶方向标志设置示例

区分机动车与非机动车的路权分配。设置要点：

（1）机动车行驶标志可设置在该公路的起点及各交叉路口和入口处前，或设置在机非分隔带起点处。

（2）机动车车道标志可设置在该车道的起点及各交叉路口和入口前，或设置在机非分隔带起点处。

当机动车行驶标志设置于机非分隔带起点时，应与靠右侧（或靠左侧）公路行驶标志配合使用，并同时设置非机动车行驶标志；机动车道标志一般和其他车道标志配合使用，用于多车道公路的车道区分。

2　非机动车行驶和非机动车车道标志，表示该公路或车道只供非机动车行驶，用于区分机动车与非机动车的路权分配。设置要点：

（1）非机动车行驶标志可设置在该公路的起点及各交叉路口和入口处前，或设置在机非分隔带起点处。

（2）非机动车车道标志可设置在该车道的起点及各交叉路口和入口前，或设置在机非分隔带起点处。

当非机动车行驶标志设置于机非分隔带起点时，应与靠右侧（或靠左侧）公路行驶标志配合使用，并同时设置机动车行驶标志；非机动车车道标志一般和其他车道标志配合使用，用于多车道公路的车道区分。

3　多乘员车辆专用车道标志，应与多乘员车辆专用车道标线配合使用。

因公路中很少出现步行街和公交线路专用车道，因此本规范未对相关指示标志提出设置规定。

5.5 与路权有关的指示标志

5.5.1 路口优先通行标志

当以停车让行标志或减速让行标志控制公路交叉口通行权时,可在有优先通行权的干路路口醒目位置设路口优先通行标志。支路车辆应在路口停车等候,让干路车辆先行,确认安全后再通行。路口优先通行标志设置要点:

(1)支路应设置停车让行标志或减速让行标志,并有良好的通视距离。

(2)标志尺寸和前置距离按照交叉口处设计速度确定。

5.5.2 会车先行标志

(1)当公路在狭窄路段会车有困难时,可在一方设置会车先行标志。

(2)当双向两车道公路由于某种原因只能开放一条车道作双向行驶时,可在通行困难路段的上游设会车先行标志。

(3)会车先行标志应与会车让行标志配合使用,设在有会车让行标志路段的另一端。

5.5.3 人行横道标志

(1)人行横道标志应设置于人行横道两端。

(2)在有信号灯控制的交叉口,人行横道标志可不设置,但是当人行横道从公路边缘通向导流道时,为了提示右转车辆驾驶人的注意,有必要在人行横道处设置此标志。

5.5.4 允许掉头标志

(1)允许掉头标志应设置在允许机动车掉头路段的起点和交叉口前,并符合第5.1.2条的规定。

(2)允许掉头标志应与适当的地面标线配合设置,以保证车辆掉头动作的顺利完成和不干扰其他车道车辆的正常运行。

(3)有时间、车种等特殊规定时,应用辅助标志说明。

6 高速公路指路标志和其他标志

6.1 一般规定

6.1.1 高速公路交通标志的设置主要是以满足不熟悉路线或所在路网、地区的公路使用者的需求为前提的。交通标志应能为公路使用者有序到达目的地提供清晰的指导。交通标志是高速公路的组成部分之一,因此在确定高速公路位置和进行几何设计时,应同时考虑交通标志的设置。

进行高速公路交通标志设置时,结合工程判断和研究恰当地解决具体的设置问题是必要的,但全面考虑整个路线和路网在任何时候都是必要的。

当公路使用者从一个省份到达另一个省份,或者从农村进入城市,或从城市进入农村,由于地理和运营环境的变化,需要为公路使用者提供协调一致的信息指导。交通标志应能为公路使用者提供下列功能:

（1）在互通式立体交叉处提供可到达的目的地或公路与城市道路的路线编号（名称）；

（2）提供高速公路的入口信息；

（3）在合流、分流前指引公路使用者进入适当的车道；

（4）指出路网中相关路线的名称及可达方向；

（5）显示到达目的地的距离；

（6）指出到达沿线服务区、停车区、旅游区（点）等设施的入口；

（7）提供行车安全提醒信息；

（8）为公路使用者提供其他必要的信息。

上述功能可通过设置路径指引、沿线信息指引、沿线设施指引和旅游区（点）指引及提供行车安全提醒信息等标志来实现。

6.1.2 高速公路上由于运行车速较高,要求为公路使用者提供的信息能及时并按照一定的规则排列,这些信息在可支配的阅读时间内能被驾驶人理解和消化。因此,驾驶人根据交通标志的要求需要完成的任务应被分解为能够依次完成的几项任务,各项信息应按照一定的顺序出现在标志牌中。从其他道路进入高速公路,按照完成的功能,交通标志可分为如下系列:

（1）入口指引系列:入口预告标志,入口处地点、方向标志,高速公路入口标志（命名编号标志或路名标志）；

（2）行车确认系列标志:地点距离标志、命名编号标志、路名标志；

（3）出口指引系列标志：下一出口预告标志、出口预告标志、出口标志及出口地点方向标志。

6.1.3 一致性的原则能保证各类交通标志提供的信息与驾驶人的预期值保持吻合，使驾驶人从容调节行车方向和速度，有效地保证行车安全。图6-1为某高速公路两个互通式立体交叉之间主要指路标志的设置示例。从图中可以看出：地点距离标志中所出现的第一个地名为出口预告标志中出现的第一个地名；主线三角带处"出口"标志所体现地点的名称与出口预告标志的地名是一致的；经过收费站、驶入、驶离高速公路的方向、地点标志中的地点名称分别与高速公路入口预告标志和高速公路出口标志中的地名保持一致。

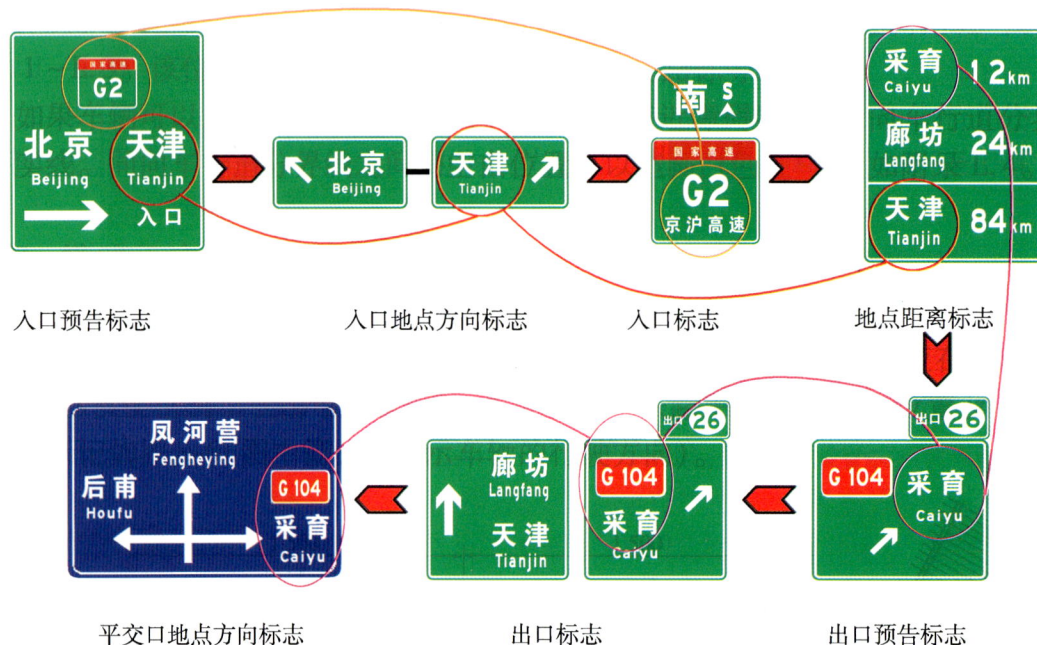

图6-1　高速公路交通标志设置一致性示例

6.1.4 高速公路指路标志版面中的重要信息是目的地的指引信息。该信息用来在公路网中定向、找路及确定所在地。可作为版面信息的内容包括：

（1）公路与城市道路编号或名称信息。

公路编号被确定为每条公路的导向特征，它定义了一条路线的地理走向。用于交通标志时，可以简化、明晰路标，通过编号的特殊导向作用可以限制标志牌上目的地指示的数目。

（2）地区名称和地点名称信息。

①重要地区，包括直辖市、省会、自治区首府、副省级城市、地级市等。城市绕城环线和放射线高速公路可选取沿线的卫星城镇、城区重要地名、人口密集的居民住宅区等。

②主要地区，包括县及县级市等。城市绕城环线和放射线高速公路可选取沿线的城区较重要地名、人口较密集的居民住宅区等。

③一般地区,包括乡、镇、村等。

④著名地点和主要地点,包括交通枢纽、文体旅游和重要地物等。

⑤行政区划分界线。

按照功能,目的地可分为远程目的地和近程目的地。远程目的地可细分为主要远程目的地和中间远程目的地。

①远程目的地:应指示高速公路大范围内的地理走向。在驶入高速公路或驶向另一条高速公路时,远程目的地可用做高速公路的方向特征。

远程目的地一般选择沿线距当前所在地最近处的基准地区(直辖市、省会、自治区首府),将到达这些基准地区时,可增加临近的直辖市、省会、自治区首府作为基准地区。如沿线无直辖市、省会、自治区首府,则也可选择沿线最远处的副省级城市、地级市或其他对定向起重要作用的地点或地区。

②近程目的地:用来在近距离范围内定向的出口目的地。近程目的地可选择主要地区或一般地区,当快到达高速公路基准地区时,直辖市、省会、自治区首府将作为近程目的地。

如果沿线互通式立体交叉、标志性桥梁、隧道或沿线飞机场、火车站、著名旅游区(点)等对近距离内的定向有帮助,并能保证目的地跟踪的明确性,则这些设施可作为近程目的地。专用公路如机场高速公路、旅游高速公路可将这些设施作为远程目的地。

(3)在选择目的地时,应注意以下事项:

①由于驾驶人接受能力的限制和标志板制作等方面的原因,应将目的地指示的数量限制在绝对必要的范围内。一般情况下,高速公路出口预告系列标志应列出两个目的地和一个公路编号,以分别指示高速公路左侧和右侧相邻的目的地;地点距离标志一般不宜超过三个地名。当交通标志上目的地数量未达到最大限度时,不应将不重要的目的地写进交通标志。

②在选择目的地时,应尽量只考虑作为"指导目的地"具有综合导向功能的地名,如本条所列的几款选项,选择其他地名应经过充分论证。

6.1.5 为方便定向和限制出口目的地的数目,高速公路互通式立体交叉(含高速公路之间的枢纽互通式立体交叉)均应进行编号。编号的方法有两种:一种是美国、加拿大等国家采用的按照里程来编号的方法,如图6-2;另一种是日本、欧洲等国家采用的连续编号方法,如图6-3。第一种方法的好处是增加互通式立体交叉不会改变整个编号系统,也便于帮助驾驶人计算其已行驶里程、确定目的地的距离;第二种方法的优点是使公路使用者有连续行驶的感觉,如中间有预留互通,则编号也应预留。考虑到我国高速公路的整体性、连续性的特点,以及部分相邻省、自治区、直辖市存在"插花地"的特点,根据现行《国家高速公路网命名和编号规则》(JTG A03)的规定,本规范采用"统一编排,以互通式立体交叉中心所在位置的里程数取整作为出口编号"的方案,并借鉴美国2003年版MUTCD的编号方法,根据我国高速公路的特点和总体走向,编制了高速公路互通式立体交叉出口编号方法示例,如图6-4~图6-6。

图 6-2　美国高速公路出口编号

图 6-3　希腊高速公路出口编号

如路段重复,而行政等级又相同时,则可选择编号小的高速公路的出口编号为基准。

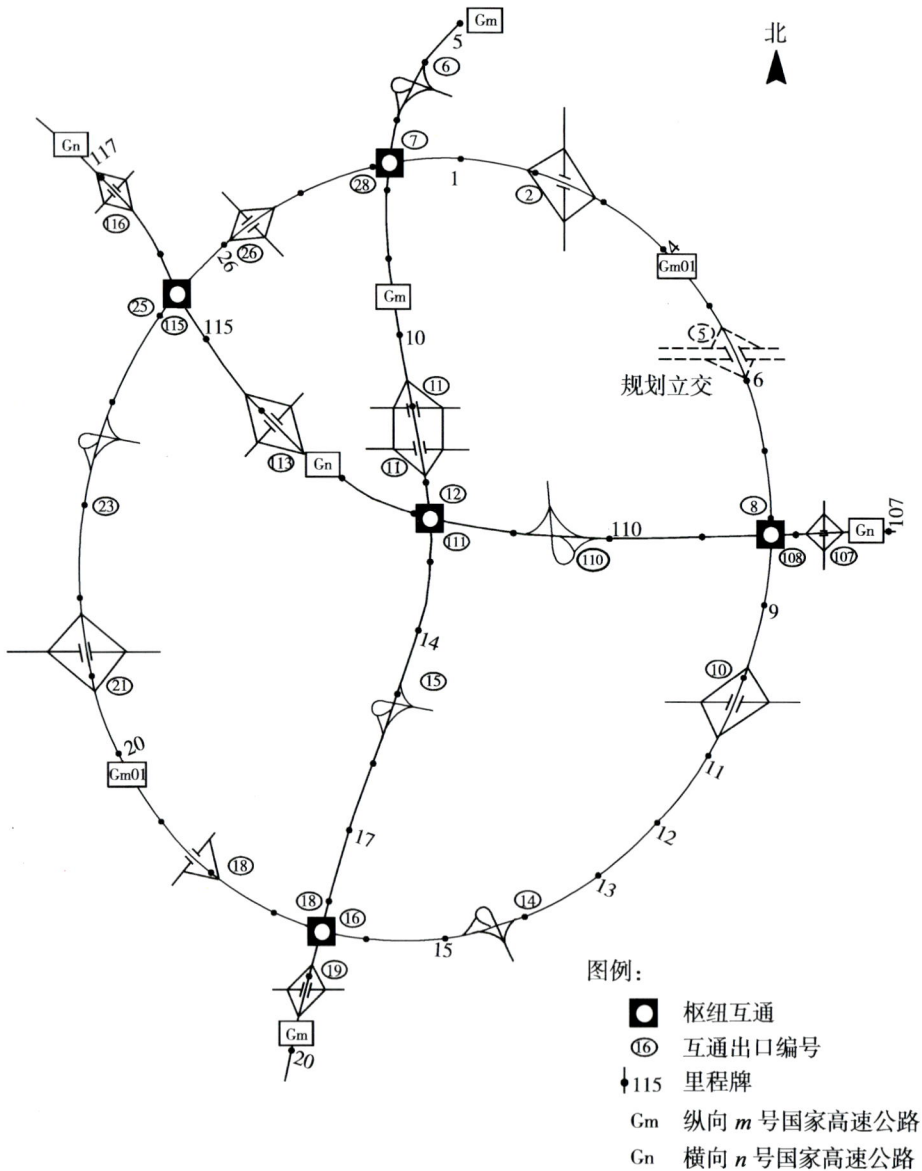

图 6-4　主线与绕城高速公路的互通式立体交叉出口编号方法示例

6.1.6　高速公路的出口预告标志、地点距离标志和服务区、停车区、旅游区(点)的预告,均是相对于一定的基准点而言。高速公路互通式立体交叉、服务区、停车区指路标志

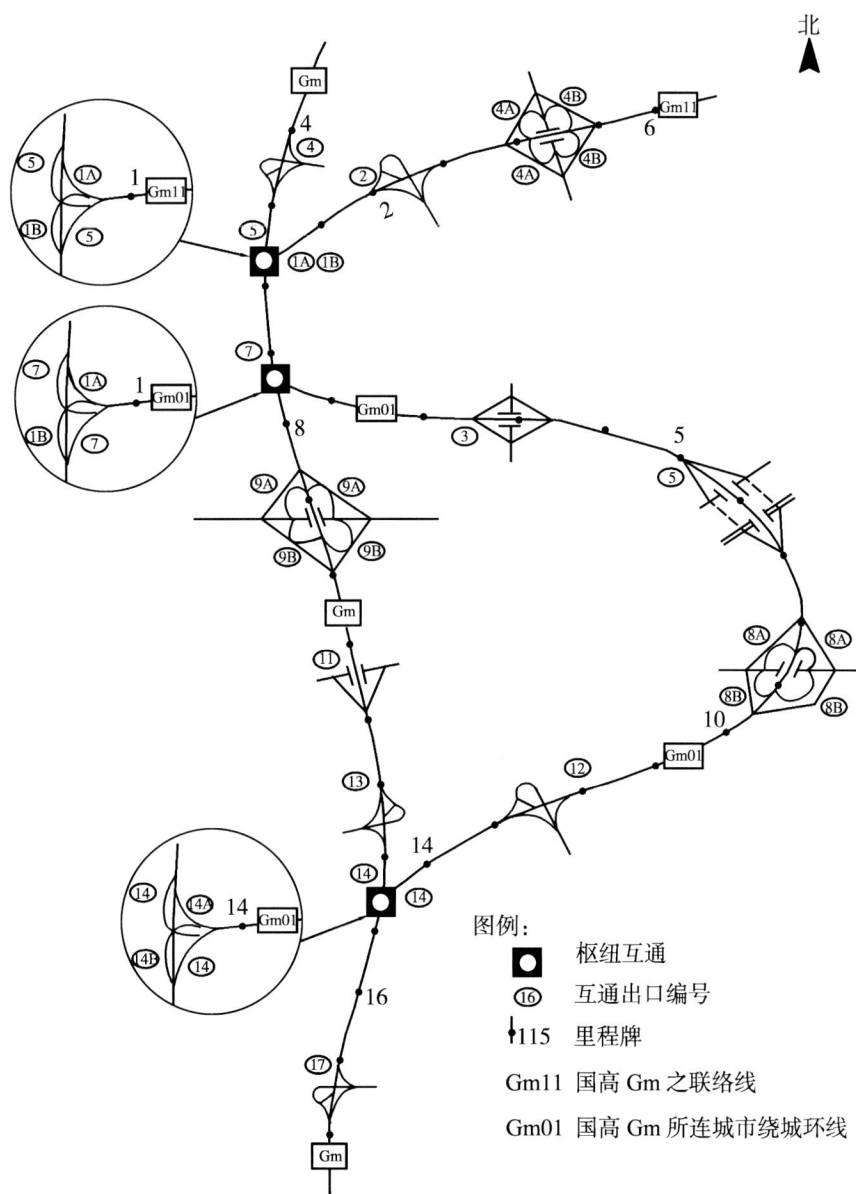

图 6-5　主线与绕城、支线高速公路的互通式立体交叉出口编号方法示例

设置的基准点,根据其结构可分为前、后两个基准点:

（1）当减速车道为直接式或平行式时,可以其渐变段起点作为前基准点,如图 6-7。

（2）当加速车道为平行式或直接式时,可以其渐变段的终点作为后基准点,如图 6-8。

6.1.8　如果高速公路主线和匝道部分路段线形平行,又需分别设置交通标志,则需设置必要的辅助标志加以区分,以免互相影响。

6.1.9　位于匝道收费站与一般公路之间的收费站标志和一般公路上的高速公路入口预告标志,应符合高速公路标志版面颜色的规定,其他指路标志原则上为蓝底、白字、白边框,如图 6-9。

图例：
■ 枢纽互通
⑯ 互通出口编号
↓115 里程牌
Gm 纵向 m 号国家高速公路
Gn 横向 n 号国家高速公路

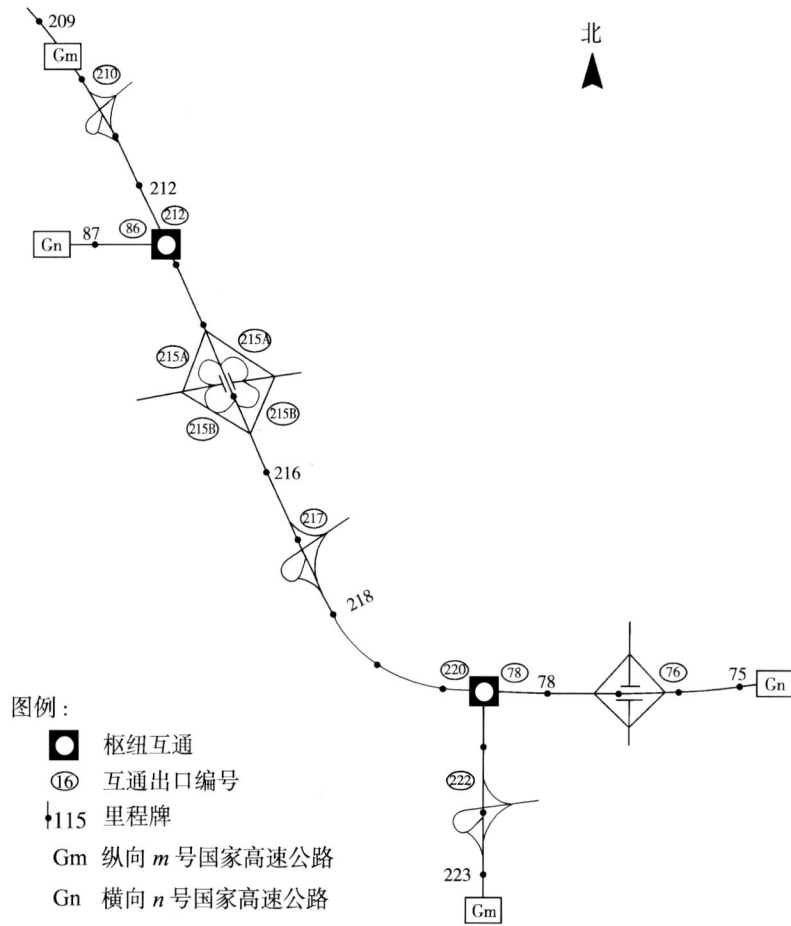

图6-6　高速公路重复路段的互通式立体交叉出口编号方法示例

注：本图中 $m < n$。

a)

b)

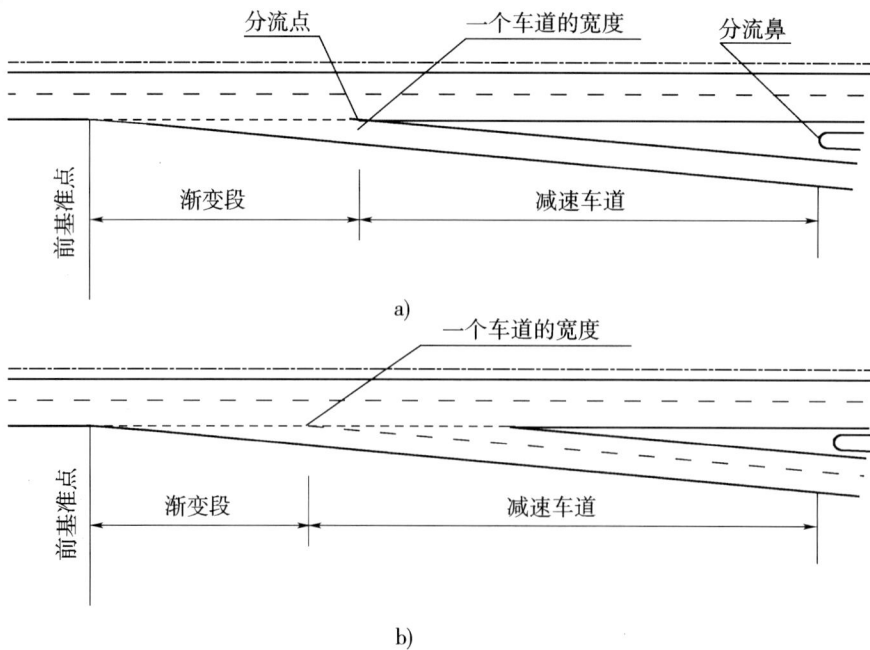

图6-7　互通式立体交叉、服务区、停车区的前基准点

a）直接式单车道；b）直接式双车道

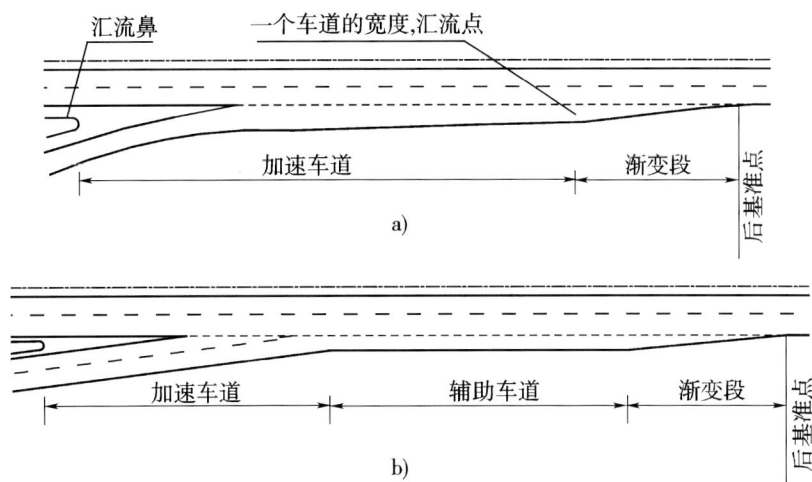

图 6-8 互通式立体交叉、服务区、停车区的后基准点
a)平车式单车道;b)设辅助车道的直接式双车道

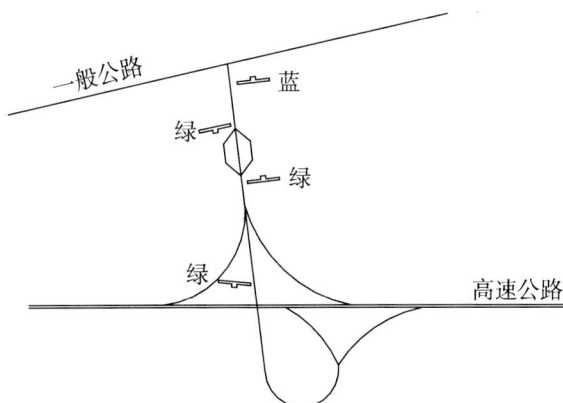

图 6-9 标志版面颜色的确定

6.2 指路标志信息的选取

考虑到高速公路运营环境的复杂性,指路标志信息的选取应充分考虑到人的认识能力和身体条件的局限性,以不熟悉本地路况的驾驶人为对象,按照驾驶人的信息需求和驾驶人的信息接受能力,将必要的信息通过交通标志的形式传递给驾驶人,使其在适当的时间、适当的地点能获取到适当的行车信息。

高速公路沿线可作为指路标志信息的内容非常多,能否选作为指路标志的信息应充分考虑到标志的类型、与高速公路相连接的道路等级、各类信息的服务对象等因素,根据本节的规定合理选取。

如连通 G2(京沪高速)与 G1811(黄石高速)的河北省境内的沧州南枢纽互通,在选择 G2 的出口预告标志信息时,可作为出口标志的指引信息的有:

(1)国家高速公路出口编号:G1811;

(2)重要地区:沧州、石家庄;

（3）交通枢纽：石家庄机场、黄骅港。

根据本节的规定，G2高速公路在沧州南枢纽互通的出口信息应选用"G1811、沧州、石家庄"。

6.3 路径指引标志

6.3.1 入口指引标志

在通往高速公路的一般公路或城市道路平面交叉处，应设置入口预告标志。在平面交叉处，如存在与高速公路同等重要的地区、地点需要指引，则在平面交叉预告标志和平面交叉告知标志的设置中应将高速公路作为重要的地点加以预告，其他情况下，高速公路应独立设置预告标志。由于高速公路能发挥远距离运输通道的作用，因此距高速公路5～10km范围内、距城市绕城环线和放射线高速公路入口2～5km范围内的道路平面交叉处，应视道路条件、交通条件的分析结果及交通管理的需要确定是否设置入口预告标志，当条件具备时，应对高速公路的入口进行充分预告。根据道路状况（车道数、道路线形、平面交叉的形状和密度）、道路沿线环境（树木、建筑物、构造物）、交通状况（交通量、交通流）等来确定设置位置，应确保驾驶人的安全反应和行动距离。

如两条或多条高速公路共线，则入口预告标志应指出行政等级高的高速公路编号（名称）；如版面允许，或两条高速公路行政等级相同，知名度相同，则可同时指出两条高速公路的编号（名称）。

国家、省级高速公路入口预告标志中，应采用国家、省级高速公路编号，其他高速公路应采用省、自治区或直辖市主管部门审批的统一名称。应避免同一条高速公路因分段实施等原因而出现多个名称，使用户无所适从的情况。

6.3.2 行车确认标志

本规范所称的互通式立体交叉的间距是指前一个互通式立体交叉的后基准点与后一个互通式立体交叉的前基准点之间的距离。地点距离标志宜采用三行按由近到远的顺序排列。沿线距当前所在地最近处的A层信息（一般选取基准地区）应作为远程目的地，排在第三行，并相对固定，如广州、北京等。如无基准地区，则应选取沿线最远的重要地区或与本高速公路终点相连的公路编号（名称）、著名地点名称作为远程目的地，如泰井高速公路一端可选取井冈山作为远程目的地，另一端可选择G45国家高速公路作为远程目的地，对于去往机场的高速公路可以选取机场作为远程目的地。第二行应选用沿线除前方第一个互通或立体交叉外可到达的最近的重要地区或主要地区作为中间远程目的地，如图6-10中的廊坊。第一行应选用经由下一个互通式立体交叉可到达的地区名称，按重要地区、主要地区、一般地区的顺序进行优先选择，没有重要地区可选择主要地区，如果均没有，则可选择一般地区。

地点距离标志设置在两个互通式立体交叉之间的适当位置。为避

图6-10 地点距离标志示例

免互通区范围内的交通标志过于稠密,应选取距互通式立体交叉的后基准点1km以上、容易被驾驶人识别辨认的位置。

当互通式立体交叉间距较小时,应设置下一出口标志。该标志除提供出口信息外,还可使驾驶人预先对前方的交通流变化引起注意。设置该标志后,地点距离标志可不再设置。

6.3.3　出口预告及出口标志

在高速公路出口分流鼻前方及出口分流鼻附近,应设置出口预告及出口标志,指明高速公路互通式立体交叉的出口编号、可到达的目的地名称等,以便预告出口及引导行动点和分流点。

6.4　沿线信息指引标志

6.4.1　起、终点标志

1　高速公路起点标志

在高速公路的起点处,应设置起点标志,根据所在位置可采用图6-11中的两种方式。

图6-11　国家高速公路起点标志

a)与起点图形标志并列设置的国家高速公路起点标志;b)国家高速公路起点标志

2　终点预告、终点提示及终点标志

当高速公路终点与一般公路或城市道路相连接时,在距离高速公路终点前2km、1km、500m处,应设置终点预告标志,在距终点前200m附近位置可设置终点提示标志。在高速公路的终点位置,应设置高速公路的终点标志,如图6-12。

当高速公路终点与其他高速公路或城市快速路相连接时,应按照枢纽型互通式立体交叉交通标志的设置原则来设置相关交通标志。为避免车辆突然减速引发交通事故,可不设置终点预告、终点提示标志,弱化终点标志的设置。

6.4.2　交通信息标志

交通信息标志用以指示收听高速公路交通信息广播的频率,可在适当地点设置,根据需要可重复设置,如图6-13。

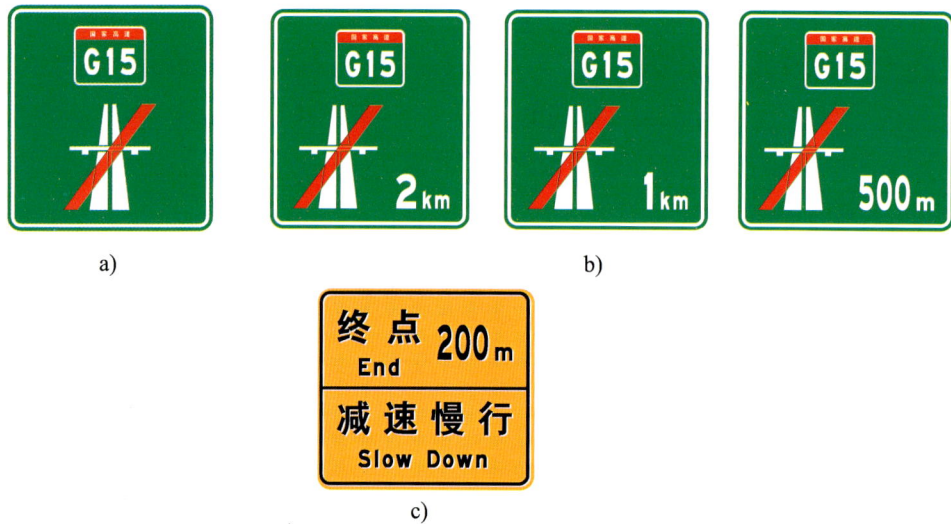

图 6-12　国家高速公路终点预告、终点提示及终点标志
a)国家高速公路终点标志;b)终点预告标志;c)终点提示标志

6.4.3　里程牌和百米牌

里程牌和百米牌最初是为便于公路养护管理部门开展工作而设置的,随着我国路网的不断完善和扩大,尤其是里程数与互通式立体交叉的出口编号相对应以后,里程牌、百米牌将成为公路使用者准确确定自己的位置、计算自己行驶里程的重要参考信息,里程牌的数值也成为了交通标志版面信息的一个重要组成部分。根据我国路网的构成特点,下列设置方法可供参考:

(1)里程牌

①国家高速公路应按照规划的路线走向在全国范围内统一编排里程。首都放射线以北京为起点,纵向线由北向南、横向线由东向西累计。省级高速公路应全线统一编排,编排顺序应符合省、自治区或直辖市级高速公路主管部门批准的路线走向。

②已全线贯通的国家高速公路,应按照实际的里程进行编排。尚未全线贯通的国家高速公路,以省(自治区、直辖市)为单位,根据《国家高速公路网规划》合理确定各省(自治区、直辖市)界处的断链值,当两省(自治区、直辖市)之间有交叉(即"插花地")时,由相邻省(自治区、直辖市)加强协商,确保同一条高速公路里程数的唯一性。全线贯通后,应进行统一编排里程牌,断链值设置于省(自治区、直辖市)界处。尚未全线贯通的省级高速公路里程牌的编排方法可采用同样的方法。

图 6-13　交通信息标志示例

③当路线重合时,应采用行政等级最高的公路路线的里程。如行政等级相同,则选择编号较小的高速公路的里程,无编号的高速公路可选择知名度高的高速公路的里程。离开重合段后,无连续里程的路线第一个里程应为车辆行驶的总里程,即里程数应为前重合点里程 + 重合路段里程,如图 6-14。编排顺序应按国家规划的路线走向进行递增。当在准确位置不能安装里程牌时,可在 15m 范围内移动,否则宜取消该里程牌。

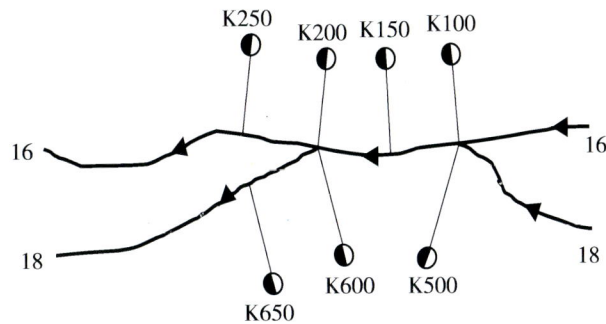

图 6-14　路线重合路段里程编排示例

④地区环线和城市绕城环线里程应单独编排,路线起点里程为0,里程按照顺时针方向进行累计。

⑤当地区环线或城市绕城环线高速公路与其他高速公路有重合路段时,重合路段里程应按照环线累计。重合路段结束后,路线起点的里程为该路线重合点之前的里程 + 重合路段里程。一般情况下,重合路段宜取环线与相交路线重合里程的最短段,如图6-15。

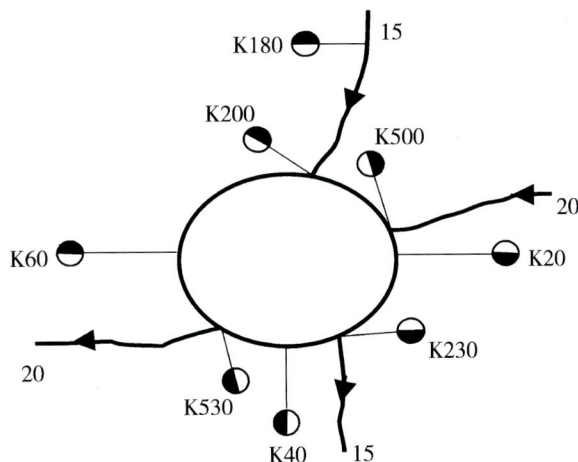

图 6-15　与环线高速公路有重合路段的高速公路里程编排示例

⑥里程牌可双面设置在中央分隔带,也可单面分别设置在路侧,应在对交通车型构成、路侧和中央分隔带的设置条件等因素加以分析的基础上确定。设置于中央分隔带时,应避免里程牌被树木遮挡。无论是单面还是双面,同一桩号处里程牌的版面内容应相同。

⑦里程牌尺寸规格为 700mm × 480mm,形状如图6-16。

(2)百米牌

①百米牌设置于高速公路各里程牌之间,每100m设置一个。当中央分隔带或路侧设置有波形梁护栏时,百米牌可安装在护栏板上,否则可设置于柱式轮廓标上。

图 6-16　里程牌版面及效果图示例

②为确定高速公路用户的所在位置,百米牌上应出现所在位置的公里数。百米数字高 5cm,绿底白字,公里数高 1.8cm,白底绿字。

百米牌版面及设置示例如图 6-17。

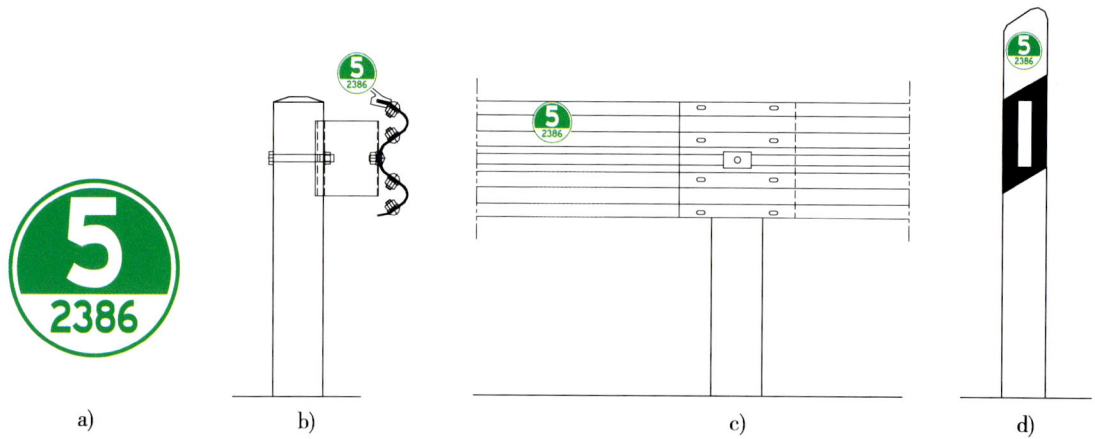

图 6-17 百米牌版面及设置示例

a)版面;b)采用支架设置于护栏板上;c)附着于护栏板上;d)附着于柱式轮廓标上

6.4.4 停车领卡标志

停车领卡标志用以提示停车领卡,设在进入高速公路收费站入口一侧(即驶入高速公路的方向)的适当位置。

6.4.5 车距确认标志

当高速公路两相邻互通式立体交叉间距大于 10km 时,在其间无其他指路标志的平直路段上,可设置车距确认标志。

车距确认标志不应设置过多,当符合上述设置条件时,相邻两个互通式立体交叉之间同一方向设置的车距确认标志不宜超过两组。

6.4.6 特殊天气建议速度标志

特殊天气建议速度标志用以提醒驾驶人在雨、雪、雾等视距不良的特殊天气下,以建议速度行驶,设在施画了白色半圆状车距确认标线路段适当位置处,如图 6-18。图

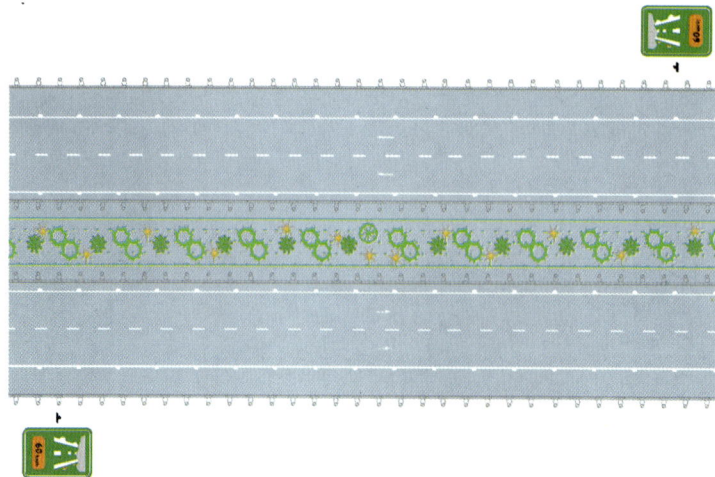

图 6-18 特殊天气建议速度标志设置示例

6-19a)表示在特殊天气下,仅能看到前方两个半圆状车距确认标线,建议车速为 60km/h;图6-19b)表示在特殊天气下,仅能看到前方一个半圆状车距确认标线,建议车速为 50km/h。标志中的建议速度数值仅为示例。

6.4.7 其他信息指引标志

著名地点标志、分界标志、车道数变少标志、车道数增加标志、交通监控设备标志、隧道出口距离预告标志的设置详见第 7 章。

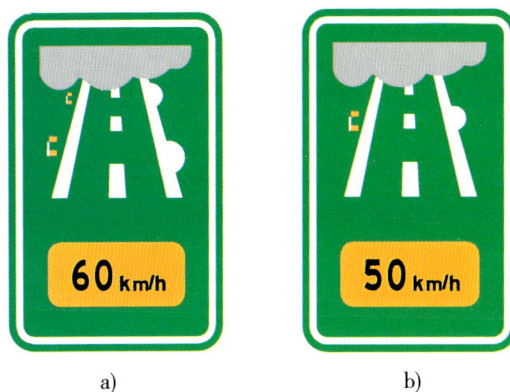

图 6-19　特殊天气建议速度标志示例

6.5　沿线设施指引标志

6.5.1 高速公路沿线设施包括:救援电话、紧急电话、收费站(主线收费站和匝道收费站)、ETC 车道、加油站、紧急停车带、服务区、停车区、紧急停车带、爬坡车道、超限超载检测站等。使用表 6.5.1 时应注意下面几点:

(1)该表不能作为高速公路设置上述设施的依据,只能作为在高速公路沿线存在上述设施时,设置相关交通标志的参考。

(2)对收费站来说,其标志的设置、版面内容的确定与收费方式紧密相关。随着技术的进步,电子不停车收费系统在国内已经出现,发展势头迅猛,GB 5768.2—2009 中提供了人工和 ETC 收费的图案。这些图案可与收费站文字结合使用,也可用于收费天棚或指示车道功能的悬空标志上。

6.5.2 除与互通式立体交叉合建外,高速公路沿线设施并不驶离高速公路,因此不必独立编号。

6.6　旅游区标志

6.6.1 表 6.5.1 中所指的"出口"是相对于高速公路主线而言,对沿线旅游区(点)而言实际上是入口。为与出口系列标志相对应,该表仍采用"出口"的说法。

6.6.2 当知名度较高时,旅游区(点)可作为目的地名称使用。但当这些旅游区(点)位于城市内部时,如北京的颐和园、厦门的鼓浪屿等,在高速公路上的标志可仅出现城市名称。

6.6.3 一般情况下,旅游区的指引标志不得影响主要标志的设置。在此条件下,当沿线旅游区(点)较多时,可设置旅游区(点)地点距离标志。该标志可参照用于路径指引的地点距离来设置,与其间距应大于 1km。

6.6.4 关于旅游符号的使用,可参照本规范第 7 章的条文和条文说明。

6.7 特殊情况下指路标志的设置

6.7.1 当高速公路进入特大、大城市时,往往设置两个或两个以上的互通式立体交叉连接同一城市,设置"互通式立体交叉出口组预告标志"便于公路使用者明确大的行驶方向、选择距其目的地最近的立交出口。采用距互通式立体交叉最近的重要地区、主要地区便于驾驶人确认驶离高速公路的出口位置。

如采用"城市名称 + 方位"作为版面内容,则可不必设置互通式立体交叉出口组预告标志,但可根据需要设置连续出口标志,以使公路使用者对城市的所有出口有一个总体了解。

6.7.2 以第一个互通式立体交叉的后基准点与第二个互通式立体交叉的前基准点之间的距离作为基准间距,用 L 表示。当 L 值较小时,可取消一些预告标志,或者将有些预告标志与前面互通式立体交叉的出口预告标志并列设置。

当单向三车道及以上的高速公路互通式立体交叉间隔很近时,需要传递给驾驶人的信息相对较多,应将几个互通式立体交叉作为一个整体来处理,在距第一个互通式立体交叉的前基准点 3km 处,可设置指示前方多个出口的图形标志,将前方几个出口的编号、可到达的目的地名称传递给驾驶人,使其提前对这种交通流交织比较频繁的情况有所了解,做好应对准备。

当互通式立体交叉与服务区、停车区间距较近时,可参考上述做法,即位于两个基准点之间的预告标志可以取消或者与前一个互通式立体交叉的出口预告标志并列设置。

6.7.3 互通式立体交叉设置集散车道的目的,是将分、合流车辆与主线直行车辆从空间上加以隔离,以确保主线公路交通通畅,因此在互通式立体交叉范围内第一个主出口处,应将其可到达的重要地点全部列出,然后再根据出口的分布分别加以引导,如图 6-20。

6.7.4 本条所指的枢纽互通式立体交叉除包括城市间高速公路之间的互通式立体交叉外,还包括高速公路与城市快速路之间的互通式立体交叉等。

当高速公路分岔或车道数减少时,宜将高速公路主线和分岔前往的另一条高速公路的前行方向指示清楚,一般采用门架结构,需多次进行预告。

6.7.5 当互通式立体交叉范围内或两侧设置有

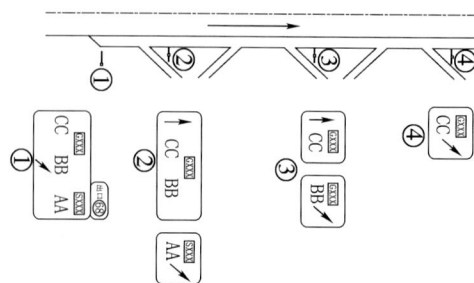

图 6-20 具有集散车道的复杂互通式立体交叉交通标志设置示例

大型桥梁、隧道等构造物时,应根据条文的规定进行必要的处理。位于桥梁段的出口预告标志,如结构强度不允许,可根据需要采用灵活的结构支撑方式,如图6-21a);必要时可采用落地式结构,如图6-21b)。

图6-21 桥梁段交通标志的两种处理方法示例
a)基础设置于桥梁上的交通标志;b)采用落地式基础的交通标志

7 一般公路指路标志和其他标志

7.1 一般规定

7.1.1 一般公路的指路标志对公路使用者的出行至关重要。指路标志可传达给公路使用者交叉路线的信息,引导他们到达城市、城镇、村庄或其他重要的目的地,帮助他们识别邻近的河流、公园、森林及历史古迹。指路标志应以最简单、最直接的方式提供这些信息。

7.1.2 本条是根据交通标志的功能确定的。一般公路的指路标志应包括路径指引、地点指引、沿线设施指引、公路信息指引标志,其他标志包括旅游区标志及告示标志等。通过指路标志和其他信息提供类标志的设置,应使公路使用者了解和确认前方公路的路线编号(名称)信息、目的地信息、地理方位信息、距离信息,公路沿线行政区划、著名地点、主要地点信息,安全行车信息等。

7.1.3 指路标志的版面信息主要由公路编号(名称)、目的地名称、地理方位和距离等四大信息组成。

路线编号(名称)信息具有导向意义,应优先选用并与控制性地点(即基准地区)配合使用。

目的地的选择在交通标志的设置中非常关键。因为公路作为线形交通设施,通过互通式立体交叉或平面交叉连通了沿线及附近的城市、乡村和工矿基地。从服务公路使用者的角度考虑,交通标志应尽量提供比较多的信息,但从驾驶人的信息接受能力及交通安全方面考虑,交通标志所提供的信息又不宜过多。一般情况下,路侧设置的指路标志提供的主要目的地信息不应超过三条,两块或两块以上悬空设置的交通标志目的地信息的总数也应尽量减少。因此,在选择指路标志的信息时,应考虑公路的服务对象和地区的特性等。路径指引标志的目的地以地区为主,特殊场合下可以地点为主;地点指引标志的目的地以地点为主要对象。

反映公路路线总体走向的地理方位信息,如东、西、南、北对公路使用者准确确定行驶方向也有一定的作用,可作为版面信息内容的一种。

7.1.4 距离信息主要是指公路使用者所在地与前方公路、地区或地点之间的距离。

7.2 路径指引标志

7.2.1 平面交叉处指路标志的设置应使驾驶人能对前方平面交叉的形式、相交公路的编号(名称)、前往目的地的名称、路线的总体走向有清晰、准确的认识,并能从容选择自己的行驶车道。为达到此目的,在平面交叉处设置的指路标志应能完成平面交叉的预告、告知和路径确认功能。当然,并非所有的平面交叉均需完整地设置上述标志,应根据相交公路的行政等级及技术等级来加以选择。

1 平面交叉预告标志

当公路车道数较多、车辆变换车道需要一定距离,或当公路与其他干线公路相交及左、右转弯交通量较多,为防止平面交叉附近交通混乱时,应设置平面交叉预告标志。除指出各方向可到达的地区或地点名称外,还可通过指示方向的箭头杆来表示公路的编号(名称),以准确体现路线之间的关系(其文字高度可适当降低),如图7-1。

高速公路的入口预告标志可独立设置,但如果在平面交叉附近,存在与高速公路同等重要的地区、地点需要指引,考虑到环境景观及设置位置的限制,则高速公路的编号(名称)可作为 A 层信息体现在平面交叉预告标志中,如图7-2。

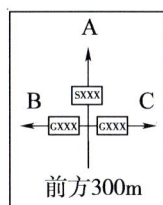

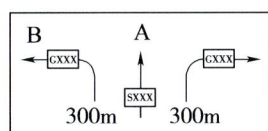

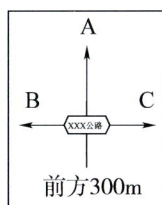

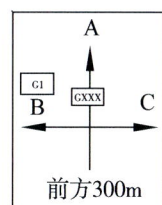

图 7-1 平面交叉路预告标志

图 7-2 考虑高速公路的平面交叉预告标志

在具体确定平面交叉预告标志的位置时,还应根据现场条件和交通状况来定,以使驾驶人判别内容后能非常安全地变更行车路线为原则。

2 平面交叉告知标志

(1)作为平面交叉告知标志的版面有两类:图案式,如图7-3;表格式,如图7-4。其适用对象及区别如下:

图 7-3 图案式

①图案式平面交叉告知标志的版面留有不少空白,适合于表示平面交叉的形状和交通流向,判读起来很容易。适用于车道数较多或交通量较大的平面交叉或其他平面交叉比较复杂的情况。二级及二级以下公路中的互通式立体交叉一般也采用图案式标志。

图7-4　表格式

②表格式平面交叉告知标志能有效地利用标志板面,可指示地点、方向和距离,但判读起来不如图案式方便,主要适用于双向两车道及以下的公路。

(2)平面交叉告知标志的设置位置应根据公路条件(车道数、公路线形、平面交叉的分布密度、平面交叉的形状)、交通条件(交通量及交通流向)等因素确定,同时还要考虑确保驾驶人安全转换车道的距离,但平面交叉告知标志又不能离平面交叉太远。一般情况下,设置有减速车道的公路平面交叉告知标志应设置于减速车道起点处,其他公路应设置于距平面交叉30~80m处。

(3)路线的指引,通常以使用路线编号为原则。如公路中有些路段的名称具有特殊的纪念意义或者是自古以来形成的旧街道,则可以考虑采用通用名称的方式,以便将公路与地区文化密切联系起来。如在平面交叉告知标志中采用箭头杆表示出路线编号或通用名称的方式使版面信息过多,则可以改为在该标志之前适当位置处独立设置公路编号或名称标志的方式来指出路线信息。

高速公路的入口预告标志可独立设置,如在平面交叉口附近,考虑到环境景观及设置位置的限制,则高速公路的预告可与平面交叉告知标志并设,如图7-5。

3　确认标志

(1)地点距离标志应按目的地由近到远的顺序表示,一般情况下,不宜少于两行,也不应多于三行。

国、省道的地点距离标志目的地数量宜按由近到远的顺序分三行表示。同一条公路的地点距离标志版面规格宜统一。

当需要指明该公路经由的公路编号时,可表示出该公路的编号,如图7-6。

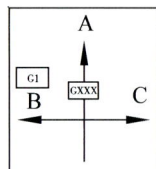

图7-5　考虑高速公路的平面交叉告知标志　　图7-6　带有路线编号的地点距离标志

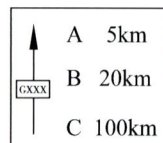

(2)对于平面交叉之间的主线路段,国道编号和省道编号最好与地点距离标志合并设置,如图7-6。

对于一般公路,沿公路前进方向的右侧(桩号由小到大)每隔1km应设置里程碑,各里程碑之间每隔100m应设置百米牌。通过里程碑和百米牌基本能确定公路的基本走向和位置。如通过平面交叉后,公路路线前进方向发生弯曲并需要指明时,则应在平面交又前方 30m 之内,通过设置行驶方向辅助标志加以指引,如图 7-7。

对于单线路部分,为更明确地确定现在的位置,可在路线编号下设置辅助标志来表示现在所在地区的名称。路线总体走向为东西向或南北向的顺直部分路段,可在公路编号标志的上方设置方向标志。作为地点距离标志的补充,图 7-8 所示的做法对驶入该公路的驾驶人来说,也非常有效。

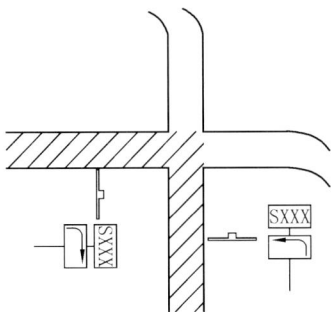

图 7-7　路线弯曲时前进方向的指示

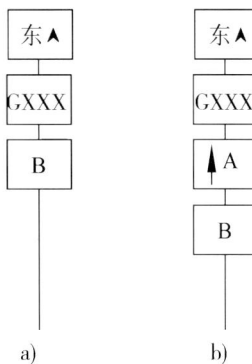

图 7-8　独立设置的公路编号标志

注:图中 A 为前方可到达的目的地,B 为现在地地
　名,"东"为公路前进方向的地理方位。

路线编号的指引在重复路段不应中断,如国道、省道或县乡道路段重复,则应全部列出。

(3)如公路尚无编号,或公路中有些路段的名称具有特殊的纪念意义或者是自古以来形成的旧街道,则可以考虑采用通用名称作为确定路线基本走向的标志信息。

7.2.2　路径指引标志版面信息的选取

作为路径指引目的地所使用的地名,应在充分考虑公路的性质、周围路网、可选目的地之间的间隔等条件下进行适当的选择。同时,在选定地名时,由于要保持指路标志之间的指引连续性,相邻公路的建设和设计单位应进行必要的沟通。

(1)在国道和省道公路上,在保持指路信息连续性的同时,应对近、中、远距离的驾驶人进行指引,如附录 G。如需保持两个地名,原则上用同一行表示,并按由近到远的原则对所选择的"A 层信息"和"B 层信息"进行排列。如最近的"A 层信息"比最近的"B 层信息"还要近,则左侧采用最近的"A 层信息",右侧采用"B 层信息"名称。

(2)在旅途很长的行驶过程中,一般都行驶在国道或省道等干线公路上。这种情况下,应从沿线重要的地区名称中选择一个特别主要的城市作为基准地区,一般每省、直辖市、自治区选择一个,如省会、直辖市、自治区首府等。地点距离标志因此由三部分组成,即远程目的地(基准地区)、中间远程目的地和近程目的地(最近的重要地区名和最近的主要地区名称或次近的重要地区名)。条文中的具体规定体现了交通标志指路信息的连续性和一致性,可以避免信息中断情况的发生。

关于地点的排列顺序,目前有两种:

(1)利用折叠原则:如德国《高速公路以外的道路交通标志规范》(RWB 2000)中对交通标志版面的各个设计要素按照折叠原则加以规定,如图 7-9。

图 7-9　折叠原则

该折叠原则用于交通标志的所有设计要素,比如箭头符号、地点排列等。按照该原则,箭头的尖端总是指向行驶方向,如直行方向朝上。对于每个目的地方向,目的地指示根据其道路分岔时所在的立交的距离排列。分岔距离远的目的地排在上面,距离近的目的地排在下面,如图 7-10。

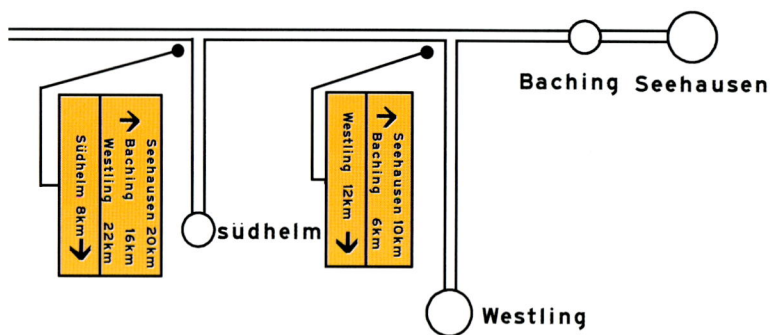

图 7-10　折叠原则示例

日本普通公路中对目的地的排列与此大体相同。

(2)按照驾驶人的认读习惯,采用由近到远的顺序进行排列。由于作为基准地区的重要地区或沿线其他重要地名在指路标志中将多次重复出现,因此本规范规定的目的地地名按由近到远的原则由上到下或由左到右的原则排列。

7.3　地点指引标志

7.3.1　地名标志

在公路沿线经过的市、县、镇、村的边缘处,可视需要设置地名标志。所选的地点名应是历史上著名的地点名、城镇街道等便于交通指引的目标,选择方法如表7-1。

表7-1　主要地点的选择方法

是否有著名地点	地点选择顺序
有	有众所周知的地点时,用此名称。如无著名地点,则可选择大型交通设施作为地点名。若均无,则可选择有名的或特别容易辨认的目标物作为地点名
无	表示居住区的镇、街名称或其他有代表性的名称

确定地点名称时应注意以下事项:

(1)一个地点只能用一个地点名,不能把同一个地点名用在同一地区的两个地点上。

(2)不能采用难以确认的地点名。

(3)目标很小的物体或者营业用的广告不应作为地点名,应极力避免。

(4)地点名称所用文字要少,以便于记忆和理解,可以采用不引起人们误解的简称。

(5)所确定的地点名称宜与交通管理部门相互协调、研究。

如果平面交叉处设置有信号灯,则将现在地标志放在信号灯下方最易于辨认,但应征得公安交通管理部门的同意。现在地标志不能放在信号灯的上方,如信号灯处净空不足,则可设置在其立柱上。

地名标志应尽量能从两个方向加以辨认,如果从各方向均能辨认则更好。

7.3.2　著名地点指引

著名地点主要是以交通设施、文化设施、旅游设施和其他公用设施等为对象,具体实例如表7-2。

表7-2　著名地点设置实例

分　类	实　例
交通设施	飞机场、火车站、汽车站、港口、物流中心等
文化设施	公园、游乐园、动物园、植物园、博物馆、美术馆、图书馆、文化馆等
名胜古迹	佛阁、寺庙、史迹(如城址、墓、碑、古战场)等
旅游景点	河流、山川、名树、瀑布、桥梁、大坝、山谷、洞窟、湖泊等
公共设施	急救站、医院、学校、公安局、邮政局、电信局、饭店等
体育设施	体育馆、体育场、钓鱼区、郊游路线、自行车旅游路线等

在长度大于1 000m的桥梁或长度大于500m的隧道等交通设施处,可视需要设置著名地点标志,版面内容可包括有关设施名称和长度的信息,如图7-11a)~c)。对于长度在1 000m以下的桥梁,如具有特殊结构或其他特殊意义,则也可设置著名地点标志。对于长度短于500m的隧道,可通过设置隧道警告标志来提醒,如图7-11d)。

7.3.3　分界标志

行政区划分界线标志以设置在实际的境界线为原则,如图7-12。其中所示的几种特殊情况,宜设置于易被公路使用者发现并与其他指路标志或禁令标志等不相干扰的位置。

a)

b)

c)

d)

图 7-11　设置著名地点标志的几个示例

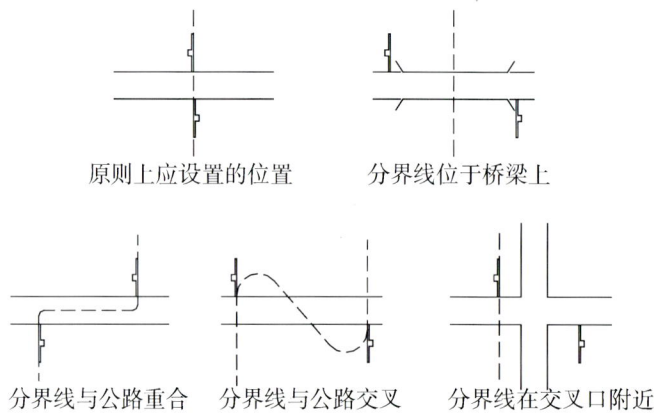

原则上应设置的位置　　　分界线位于桥梁上

分界线与公路重合　　分界线与公路交叉　　分界线在交叉口附近

图 7-12　行政区划分界标志的设置

　　如必需同时表示指出行政等级低一级的地区名称,则行政等级高的标志文字应比行政等级低的公路高一级,但所采用的标志板宽度应相同。

7.4　沿线设施指引标志

　　7.4.1　一般公路沿线设施包括收费站(主线收费站、匝道收费站)、服务区、停车区和停车场、错车道、应急避难设施(场所)、观景台等。使用表 7.4.1 时应注意下面几点:

　　(1)该表不能作为一般公路设置上述设施的依据,只能作为在一般公路沿线存在上述设施时,设置相关交通标志的参考。

　　(2)上述设施中,标志版面除参考 GB 5768.2—2009 中"一般道路指路标志"的版面内容外,有些还要参考该标准中"高速公路、城市快速路指路标志"中的相关版面,并需要调整板面规格和颜色。

7.5 公路信息指引标志

7.5.1 车道数变少标志

GB 5768.2—2009 中的"窄路标志"主要用于设置在双车道路面宽度缩减为 6m 以下的路段起点前方,用以警告车辆驾驶人注意前方车行道或路面狭窄情况,遇有来车应予减速避让。对于路面宽度 6m 以上的公路,如车道数变少,则应设置"车道数变少标志",如图 7-13、图7-14。

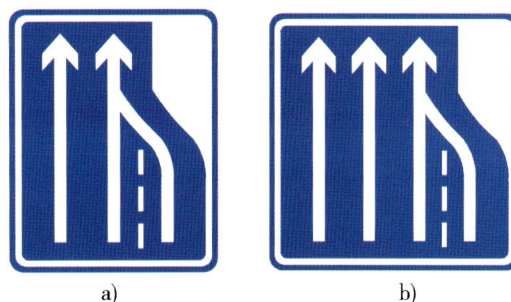

a) b)

图 7-13　车道数变少标志

7.5.2 车道数增加标志

车道数增加标志用以提示车辆驾驶人车道数量增加,需要谨慎驾驶,设在车道数量增加断面前适当位置,如图 7-15。

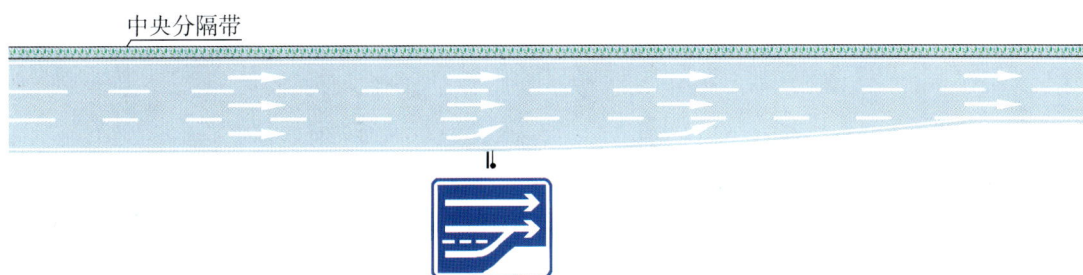

图 7-14　车道数变少标志设置示例

7.5.3 交通监控设备标志

交通监控设备标志设置在设有图像采集等交通监控设备的路段适当位置,如图 7-16。

图 7-15　车道数增加标志　　　图 7-16　交通监控设备标志

7.5.4 隧道出口距离预告标志

隧道出口距离预告标志用于指示到前方隧道出口的距离,设置在长度超过 3 000m 的特长隧道内,从距离隧道出口 2 000m 处开始每 500m 设置一块,直至隧道出口,如图7-17。

图7-17　隧道出口距离预告标志

7.5.5　线形诱导标

表7.5.5是根据在曲线路段的停车视距范围内驾驶人看到不少于3块的连续线形诱导标为基础计算出来的。该值为最大值，可根据车辆构成进行适当调整。为避免在曲线开始点处小型车辆被大型车辆遮挡，建议设置于路侧的第1、2块线形诱导标可设置为双层。

7.5.6　里程碑和百米桩

里程碑和百米桩能准确确定公路使用者当前所在的位置，具体规格详见GB 5768.2—2009。

7.5.7　公路界碑

公路界碑的作用是体现公路的用地范围，规范沿线设施的设置。

7.6　旅游区标志

7.6.1　根据国家标准《旅游区（点）质量等级的划分和评定》（GB/T 17775—2003）的规定，旅游区是以旅游及其相关活动为主要功能或主要功能之一的空间或地域。旅游区（点）是具有参观游览、休闲度假、康乐健身等功能，具备相应旅游服务设施并提供相应旅游服务的独立管理区，如风景区、文博院馆、寺庙观堂、旅游度假区、自然保护区、主题公园、森林公园、地质公园、游乐园、动物园、植物园及工业、农业、经贸、科教、军事、体育、文化艺术等各类旅游区（点）。上述旅游区（点）可按本规范的规定设置旅游区标志。

7.6.2　当知名度较高时，旅游区（点）可作为目的地名称使用。但当这些旅游区（点）位于城市内部时，如北京的颐和园、厦门的鼓浪屿等，在公路上的标志可仅出现城市名称即可。

在不引起信息超载的条件下，公路沿线设施和旅游区标志可与其他交通标志共用标志结构。

7.6.3 一般情况下,旅游区(点)的指引标志不得影响主要标志的设置。在此条件下,当沿线旅游区(点)较多时,可设置旅游区(点)地点距离标志。该标志可参照用于路径指引的地点距离来设置,与其间距应大于1km。

7.6.4 大型旅游景区范围非常大,里面的旅游项目很多,要想到各旅游景点去游玩,需要有路线图指引,旅游车通达,这就需要借助于旅游符号标志。旅游符号作为旅游景点内设施或活动场所的指引,设在通往各景点或各活动场所的分岔口。如该路口有多项活动场所可到达,则应设置多块旅游符号标志,标志下可附设行驶方向辅助标志,以指示方向。

旅游符号作为标志,可以组合,也可单独使用。当旅游符号组合时,也应符合有关标志并设的规定。一般来说,在同一立柱上组合的旅游符号不宜多于4个。旅游符号的下面可以附设行驶方向辅助标志。

7.7 告示标志

7.7.1 告示标志主要是用于解释、指引公路设施、路外设施,或者告示有关道路交通安全法和道路交通安全法实施条例的内容。告示标志的设置有助于公路设施、路外设施的使用和指引,取消其设置不影响现有标志的设置和使用。

7.7.2 告示标志和警告、禁令、指示和指路标志设置在同一位置时,禁止并设在一根立柱上,需设置在警告、禁令、指示和指路标志的外侧,以避免对主要标志的使用造成影响,如图7-18。

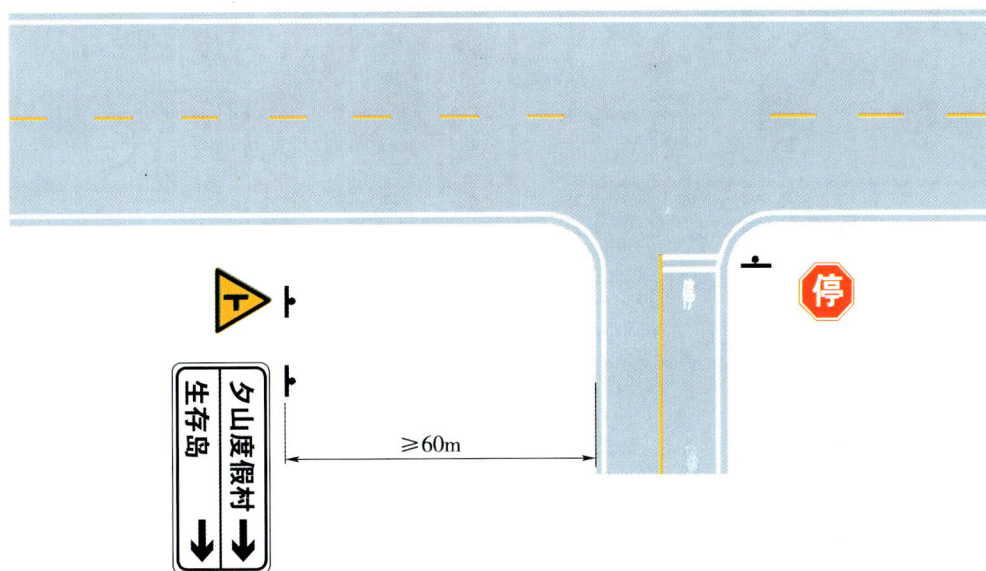

图7-18 告示标志和警告等标志同时设置示例

7.7.3 　行车安全提醒标志用于提醒驾驶人在行驶过程中一些需要注意的情况或需要避免的驾驶行为,包括相关法律法规禁止的行为。设置行车安全提醒告示标志后,一般情况下,可不再设置相应的警告标志。凡遇以下情形时,可设行车安全提醒告示标志(各版面中的图形可根据需要采用彩色图案):

(1)因公路平面线形、纵断线形、通行条件的突然变化等原因而存在潜在危险时,可设置"急弯减速标志"等,如图7-19。

图7-19　急弯减速标志

(2)在很长一段距离内,连续存在某一典型的公路线形安全隐患时,可设置"急弯下坡减速标志"等,如图7-20。

图7-20　急弯下坡减速标志

(3)当很长距离内,路段上无任何标志,外界视觉干扰少,行驶单调,易引起疲劳时,可设置"大型车靠右标志"、"驾驶时禁用手机标志"等,如图7-21、图7-22。

图7-21　大型车靠右标志

图7-22　驾驶时禁用手机标志

(4)当提倡文明驾驶、保护环境时,可设置"严禁酒后驾车标志"、"严禁乱扔弃物标志"、"系安全带标志"等,如图7-23~图7-25。

图7-23　严禁酒后驾车标志

图7-24　严禁乱扔弃物标志

（5）当需要提醒机动车驾驶人注意此处为校车停靠站点时，可设置"校车停靠站点标志"，如图7-26。

图 7-25　系安全带标志

图 7-26　校车停靠站点标志

8 纵向标线

8.1 分类

8.1.1 公路交通标线按设置方式可分为纵向标线、横向标线和其他标线。纵向标线是指沿公路行车方向设置的标线,横向标线是指与公路行车方向交叉设置的标线,其他标线是指字符标记或其他形式标线。

各类标线中,按功能又可分别分为指示标线、禁止标线和警告标线。

本规范按照交通标线设置的特点,首先按照纵向标线、横向标线、其他标线的顺序对各类功能的标线的设置原则和方法进行介绍,然后以平面交叉和互通式立体交叉等为主对标线的综合应用方法进行介绍。

本章对各类纵向标线的设置条件、形式和规格进行了规定。

8.2 对向车行道分界线

对向车行道分界线(原称"路面中心线")用于分隔对向交通流,应根据沿线公路条件、行车障碍物分布、视距及双向交通量的构成等条件从下列类型中加以选择:

(1)单黄虚线:在保证安全的条件下,允许双向车辆越线超车或向左转弯、掉头。适用于双向双车道公路。

(2)单黄实线:任何情况下,双向车辆不得越线超车或向左转弯、掉头。适用于双向双车道公路。

(3)黄虚实线:在保证安全的条件下,允许虚线一侧的车辆超车或向左转弯、掉头;任何情况下,实线一侧的车辆不得超车或向左转弯、掉头。适用于双向四车道以下的路基为整体式的公路。

(4)双黄实线:任何情况下,双向车辆均不得超车或向左转弯、掉头。双向四个及四个以上车道的整体式路基未设置中央分隔带时,应设置双黄实线。

对向车行道分界线不一定设置在公路的几何中心线上。当对向车行道分界线未连续设置时,在小半径曲线处、穿越山地处、接近或在公路铁路平交路口处以及桥梁处,可以局部设置对向车行道分界线。

在双向双车道或三车道的公路上,工程研究表明,因视距不足或其他特殊情况需要在平、竖曲线或其他位置限制车辆超车的路段,均应设置禁止超车的标线。确定限制车辆超车标线的方法如下:

在平、纵曲线路段,当超车视距小于与设计速度和实际限速值两者之间的较大值对应的超车视距值时(表8.2.2),应设置禁止跨越对向车行道分界线。竖曲线的超车视距为从距路面1.2m处观察距路面1.2m的目标的距离。与此相似,平曲线处的超车视距为沿中心线路面以上1.2m两点之间在曲线内侧与边坡或其他障碍物相切的视线之间的距离(附录I)。

8.3　同向车行道分界线

当同向为两条或两条以上车道时,均应设置同向车行道分界线。

(1)分隔同向交通流、允许车辆小心越线时,为标准的白色虚线。

(2)分隔同向交通流、禁止车辆越线时,为标准的白色实线,如分隔左转或右转车道及专用车道等。

白色实线即禁止跨越同向车行道分界线,用于禁止车辆变换车道和借道超车。对于经常出现强侧向风的特大桥梁路段、宽度窄于路基的隧道路段、急弯陡坡路段、车行道宽度渐变路段等处,应设置与可跨越同向车行道分界线同宽的单白实线。一般情况下,单白实线宜与禁止超车标志同时设置,如图8-1。

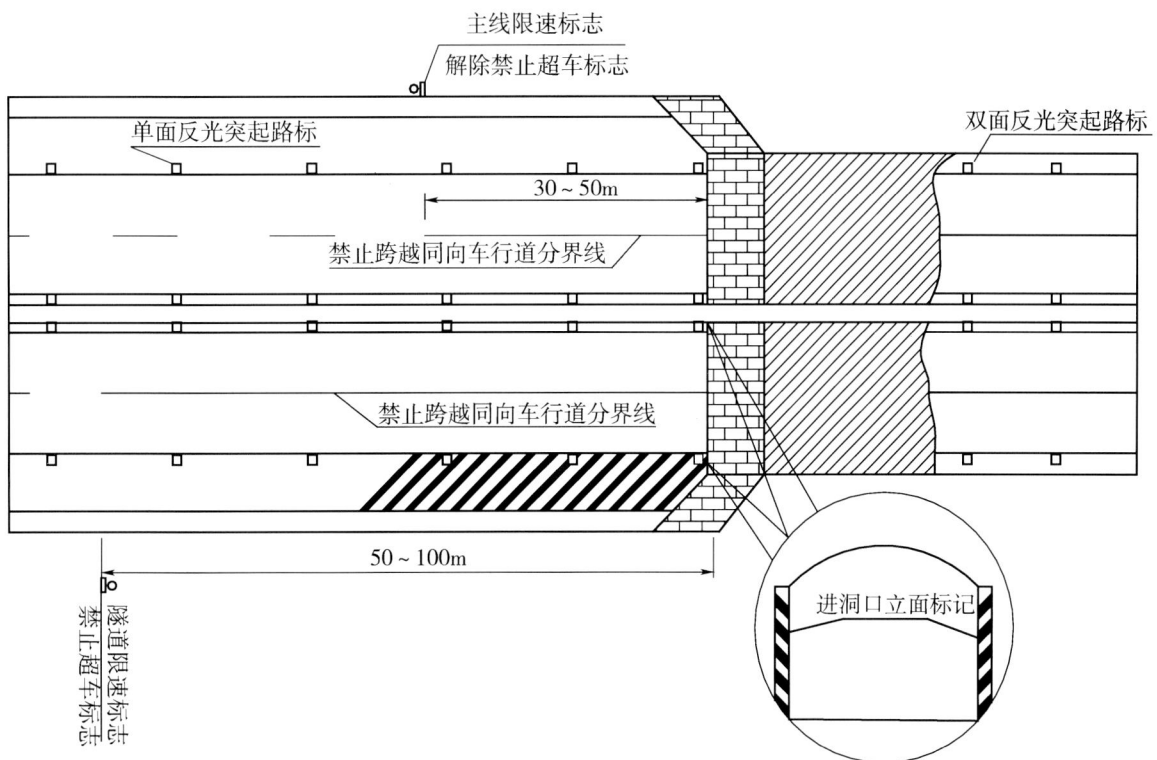

图8-1　禁止跨越同向车行道分界线设置示例(隧道洞口段)

8.4 潮汐车道线

本节中所指潮汐车道是指行车方向随时间变化的车道,主要用于两个方向交通量随时间变化不对称的情况。中间车道可作为潮汐车道,并需要交通信号灯和交通标志的配合指示,如图 8-2。

图 8-2 潮汐车道示例

8.5 车行道边缘线

车行道边缘线可用于指示车行道的左侧或右侧边缘。是否设置对向车行道分界线并不影响车行道边缘线的设置。如车行道边缘设置了路缘石、停车位标线或非机动车道标线等,则在工程判断的基础上可不设置车行道边缘线。

如路肩或错车道处的路面结构较弱、不希望车辆碾压,则也可设置车行道边缘线来表示其轮廓。

8.6 左弯待转区线

左弯待转区线是供左转车辆暂时停留的区域。其设置长度应充分考虑该区域交通量以及信号灯配时等数据,避免由于左转弯待转区长度不够造成交通堵塞或者由于长度过长造成的交通冲突发生。

左弯待转区线的规格如图 8-3。在有条件的地点,左弯待转区可设置多条待转车道,如图 8-4。

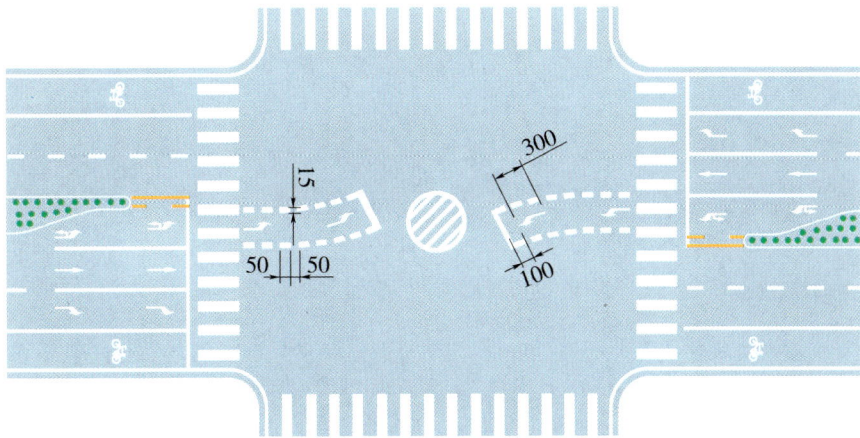

图 8-3　左弯待转区线(尺寸单位:cm)

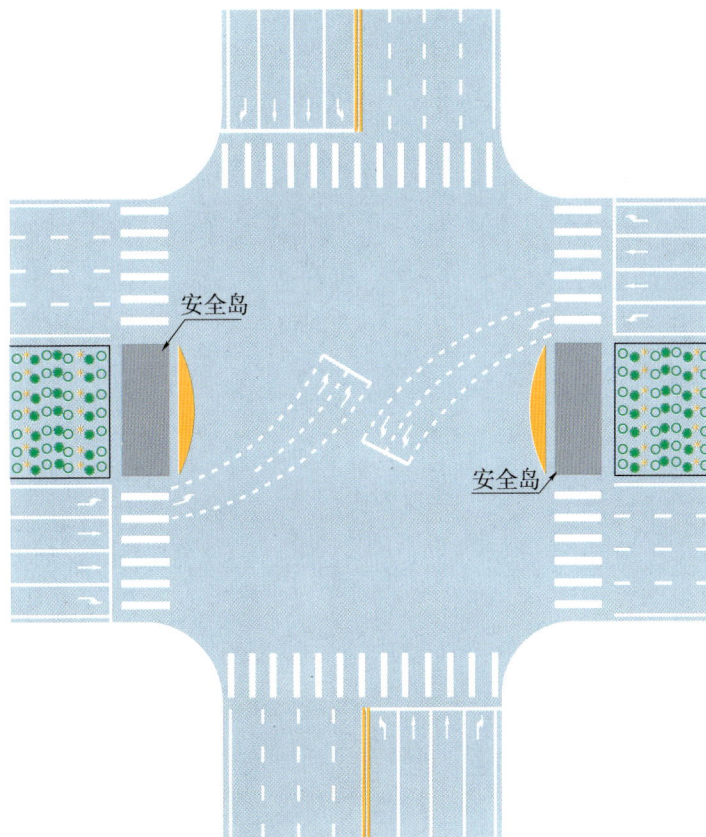

图 8-4　左弯待转区设置示例

8.7　路口导向线

设置机动车导向线能够明确地引导各个方向机动车的行驶轨迹,使得整个平面交叉的车辆运行不会出现不可预知的情况,避免潜在冲突的出现。通常情况下,当平面交叉面积较大或者形状不规则时,建议设置路口导向线。

路口导向线设置规格和示例如图8-5。

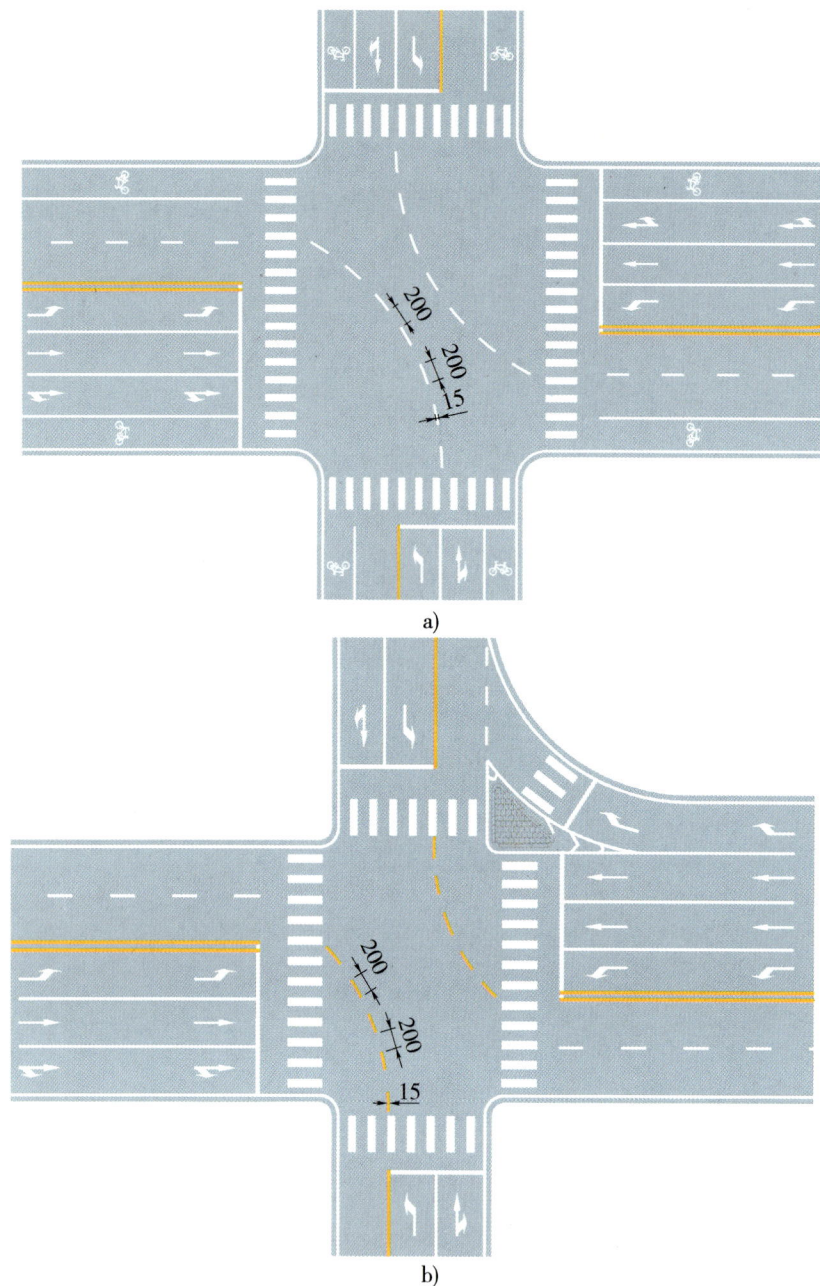

图8-5 路口导向线设置示例(尺寸单位:cm)

a)连接同向车行道分界线的路口导向线;b)连接对向车行道分界线的路口导向线

8.8 导向车道线

设置于路口驶入段的车行道分界线称作导向车道线,用以指示车辆应按导向方向行驶的导向车道的位置。导向车道线施画长度应根据平面交叉的几何线形及交通管理需要确定,一般不小于30m。

8.9　禁止停车线

《中华人民共和国道路交通安全法》第四章第五十六规定"机动车应当在规定的地点停放。……在道路上临时停车的,不得妨碍其他车辆和行人通行。"《中华人民共和国道路交通安全法实施条例》第六十三条明确规定禁止机动车在道路上临时停车的情况,其中包括:

"(一)在设有禁停标志、标线的路段,在机动车道与非机动车道、人行道之间设有隔离设施的路段以及人行横道、施工地段,不得停车;

(二)交叉路口、铁路道口、急弯路、宽度不足 4 米的窄路、桥梁、陡坡、隧道以及距离上述地点 50 米以内的路段,不得停车;

(三)公共汽车站、急救站、加油站、消防栓或者消防队(站)门前以及距离上述地点 30 米以内的路段,除使用上述设施的以外,不得停车;

(四)车辆停稳前不得开车门和上下人员,开关车门不得妨碍其他车辆和行人通行;

(五)路边停车应当紧靠道路右侧,机动车驾驶人不得离车,上下人员或者装卸物品后,立即驶离;

(六)城市公共汽车不得在站点以外的路段停车上下乘客。"

符合临时停车条件的,在路缘石正面及顶面宜设置禁止长时停车线。其他禁止路边临时或长时停放车辆的路段,在路缘石正面及顶面宜设置禁止停车线。

在停车让行标志、消防栓或人行横道的指定距离内,无文字标记或标志的路缘石标线可用于传达停车法令规定的一般的禁止区域。除此之外,当无标志的路缘石标线用于传达停车法规时,可在路面上设置关于该法规的清晰的文字标记,如"禁止停放"等。

由于黄色和白色路缘石标线通常用于表示路缘石的轮廓,因此建议通过设置标志来传达停车的管制信息。路缘石标线经常被积雪、积冰覆盖的地方应同时设置交通标志,法规规定的禁止停车区除外。

根据需要可在辅助标志上标明禁止路边停放车辆的时间或路段。

8.10　路面(车行道)宽度渐变段标线

当车行道数量减少时,应设置车道数减少渐变段标线,如附录 K.1。在双向通行的公路上,在渐变段范围内,应设置禁止跨越对向车行道分界线。

在三车道公路上,当中间车道由一个方向过渡为另一个方向时,在中间车道应提供禁止超车的缓冲区,用斑马线表示。两个方向均应进行过渡,缓冲区和渐变段的长度可根据式(8.10.1)计算。

附录 K.3 中,设计速度 120km/h、100km/h 宽度窄于路基的隧道入口前 50m 范围内的右侧硬路肩内,应设置斜向行车方向的斑马线,其他公路在隧道入口前 30m 范围内设置。

当实际观测的车辆运行速度大于设计速度时,渐变段的长度应适当加大。新建公路可采用设计速度计算渐变段长度。

该处交通标志和交通标线应互相补充、互相协调,含义不得相互矛盾。

8.11　接近障碍物标线

当通过桥墩、安全岛、中央分隔带岛及突起的渠化岛等障碍物需引起驾驶人的注意时,应设置接近障碍物标线。该标线由车行道分界线渐变、延伸至障碍物的一侧或两侧,直至障碍物的终点,如附录L。渐变段的长度根据式(8.10.1)的规定取值。

如果车辆只允许从障碍物的右侧通过,则接近障碍物前,应设置禁止跨越对向车行道分界线。禁止跨越对向车行道分界线之间的空白位置可以施画黄色斜向斑马线,如附录L.1~L.3。该位置处还可以设置黄色轮廓标、突起路标等。

如果车辆可以从障碍物的左侧或右侧通过,则接近障碍物前,同向车行道分界线应采用实线。同向车行道分界线之间的空白位置可以施画白色斑马线,如附录L.4。

8.12　铁路平交道口标线

铁路平交道口标线用以指示前方有铁路平交道口,警告车辆驾驶人应在停车线处停车,在确认安全情况下或信号灯放行时,才可通过。铁路平交道口标线设置及"铁路"路面文字标记如图8-6(图中箭头仅表示车辆的行驶方向)。

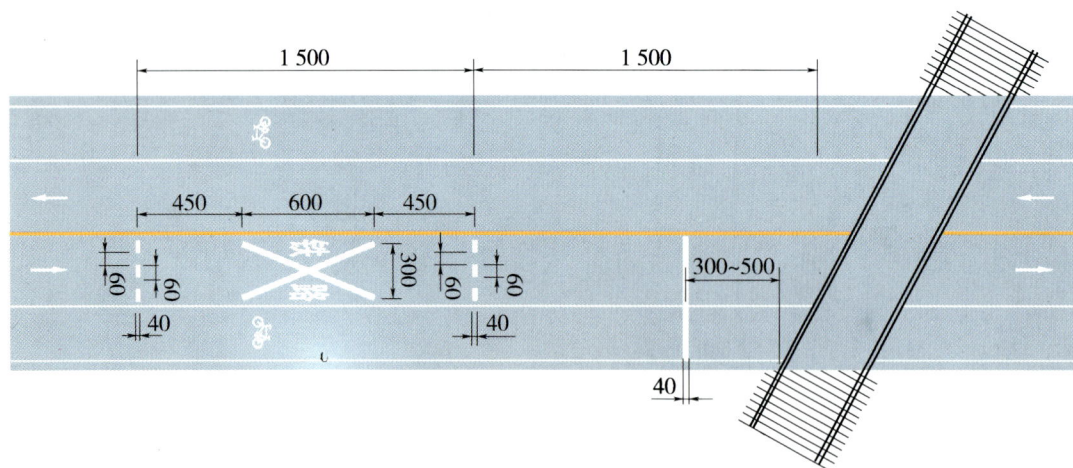

图8-6　铁路平交道口标线设置示例(尺寸单位:cm)

9 横向标线

9.1 分类

横向标线是指与公路行车方向成角度设置的标线,如停车让行线、减速让行线、停止线、人行横道线、车距确认标线、减速标线等。本章对其设置条件、形式和规格进行了规定。

9.2 人行横道线

9.2.1 设置条件

通常情况下,公路平面交叉多位于乡村,附近行人不多,所以公路很少设置人行横道。但是人行横道的设置对安全的作用很大,它限定了行人的活动范围,又警示了机动车和非机动车注意行人过街,在很大程度上避免了人和车的碰撞事故。当平面交叉符合以下条件时,可考虑设置人行横道:

(1)平面交叉位于城镇或城郊,并且平面交叉相交道路为集散功能的道路,则建议在平面交叉设置人行横道。人行横道长度大于或等于平面交叉功能区长度。

(2)平面交叉附近有工厂、学校、居民区等人流集中的单位,建议在平面交叉设置人行横道。人行横道长度大于或等于平面交叉功能区长度。

(3)当平面交叉设有人行横道时,在人行道上要设置缘石坡道,平顺连接人行横道。

人行横道的设置应尽量减少行人的暴露时间,最有效的方法是通过在平面交叉处将两侧缘石或者路肩向内延伸来减少人行横道的长度。

人行横道线的设置位置应符合以下规定:

(1)进入或在有信号灯控制的平面交叉处,及进入其他需要车辆停车的平面交叉处,人行横道线通过为横穿公路的行人指定专用路线来提供指路引导。在无交通信号灯或停车让行标志控制的位置处,人行横道线也可用于提醒公路使用者有行人横穿。

(2)在非平面交叉处,人行横道线从法律上建立了行人穿越道。

(3)用于人行横道两侧的人行横道线,应横穿整个路面或连接至交叉公路的边缘处,以免行人斜向穿过。

(4)当车辆与行人有较大冲突时,在所有平面交叉处均应设置人行横道线。在行人较集中的其他适当地点,如上客区或行人不易找到穿越公路的适当地点,也可以设置人行横道线。

(5)人行横道线不应不加区分地设置。在远离公路交通信号或停车让行标志的位置设置时应进行工程研究。

(6)由于在非交叉口处,公路使用者一般不会想到有行人穿行,因此应设置警告标志,或通过禁止停车来提供足够的可视距离。

9.2.2　设置形式和规格

人行横道线的最小宽度为300cm,可根据行人交通量以100cm为一级加宽。人行横道线的线宽应由白色实线组成。线宽应为40(45)cm,线间隔应为60cm,线间隔可根据车行道宽度进行调整,并尽量避开车轮轨迹,但最大不应超过80cm。

人行横道预告标识的设置位置及尺寸如图9-1、图9-2。

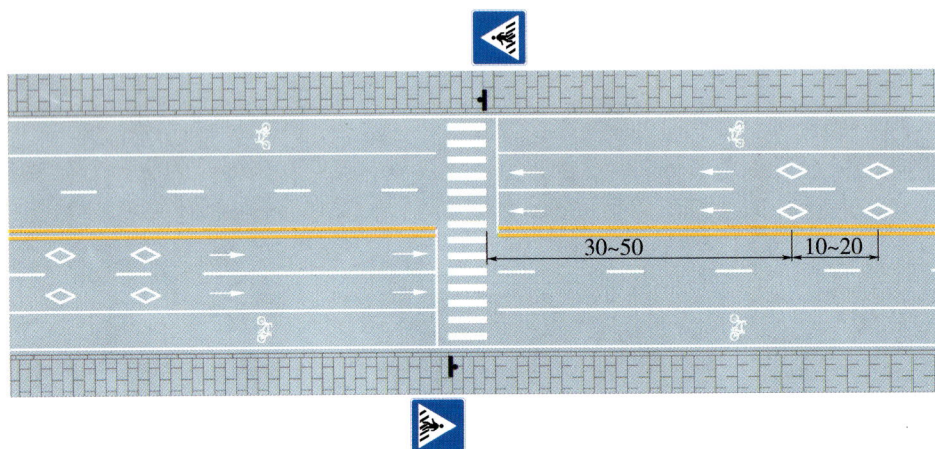

图9-1　人行横道预告标识的设置位置示例(尺寸单位:m)

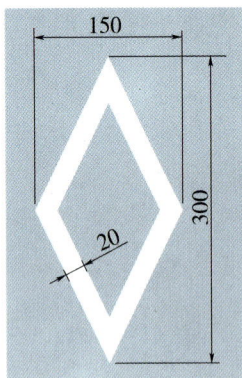

图9-2　人行横道预告标识线规格(尺寸单位:cm)

9.3　车距确认标线

车距确认标线作为车辆驾驶人保持行车安全距离的参考,视需要设于较长直线段、易发生追尾事故或其他需要的路段,应与车距确认标志配合使用。

车距确认标线有白色折线和白色半圆形两种类型,如图9-3和图9-4(图中箭头仅表示车流行驶方向)。

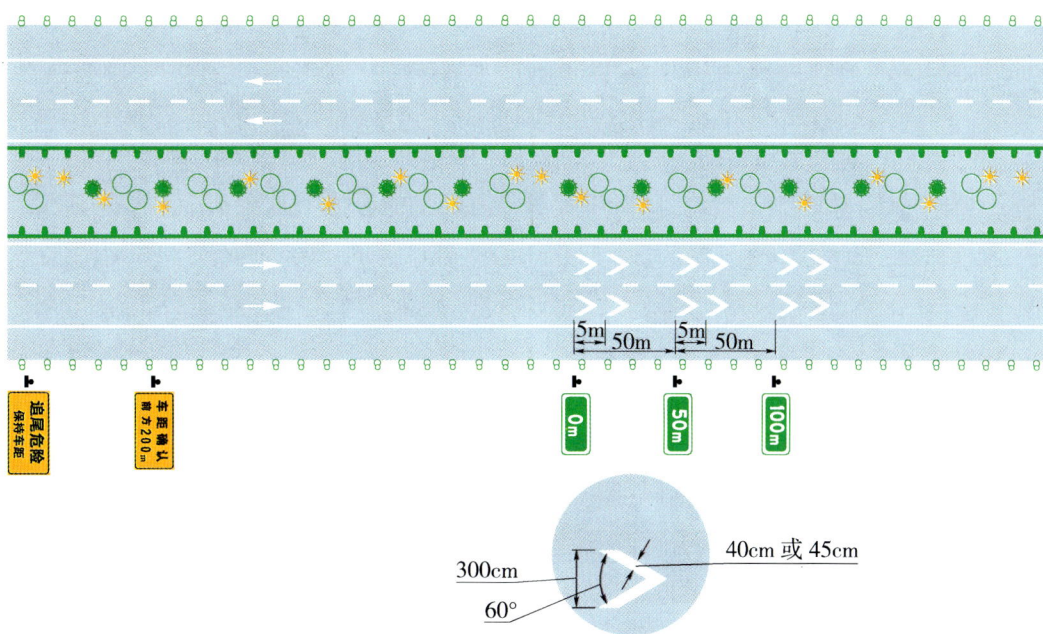

图 9-3　白色折线车距确认标线

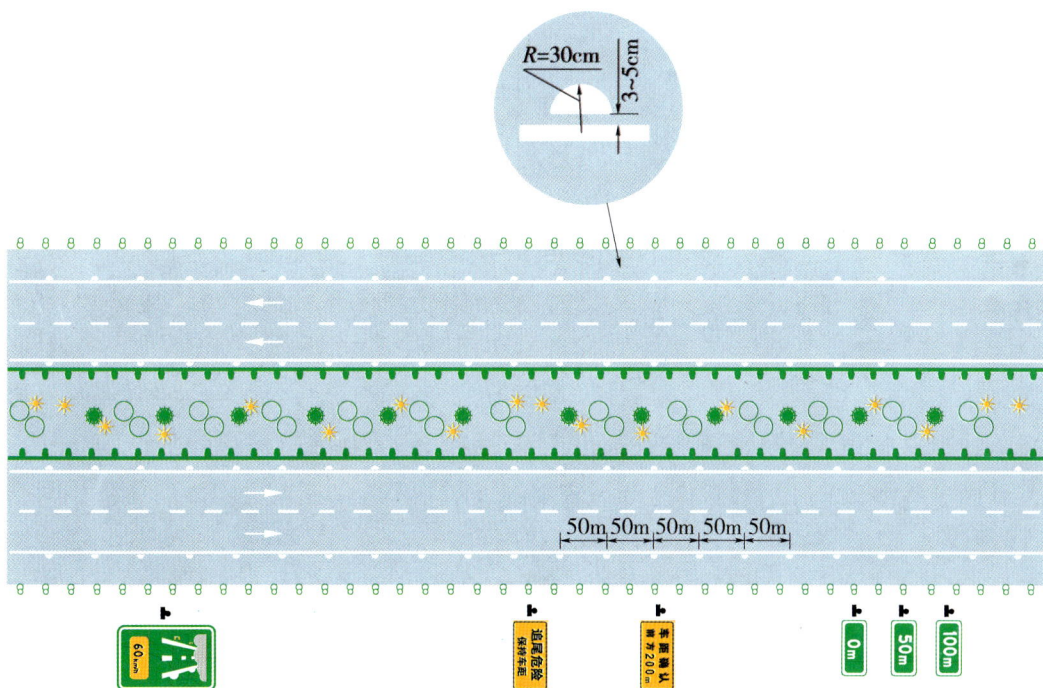

图 9-4　白色半圆状车距确认标线

9.4　停止线

停止线表示车辆让行、等候放行等情况下的停车位置,应设置在有利于驾驶人观察路况的位置,如图 9-5。停止线对横向公路左转弯机动车正常通行有影响的,可适当后移,或部分车道的停止线作适当后移,如图 9-6。

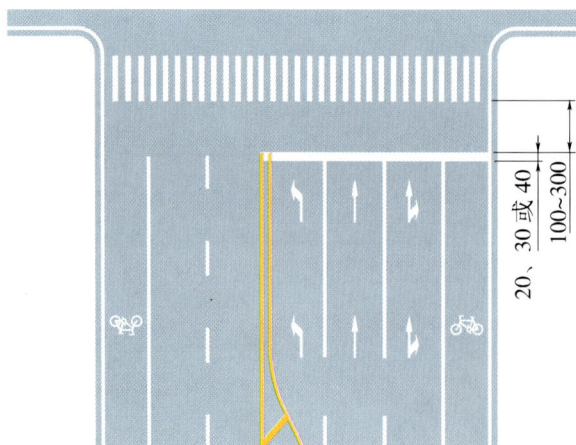

图9-5 停止线设置示例(尺寸单位:cm)

图9-6 停止线错位设置示例

9.5 让行线

停车让行线应和停车让行标志配合使用,减速让行线应与减速让行标志配合使用,如图9-7、图9-8所示。设置停车让行线和减速让行线是为了提醒车辆前方平面交叉的存在,以便停车或提前减速行驶。因为停车让行线和减速让行线是车辆停止或减速并观察周围环境的地方,因此,应保证车辆在此处有较好的通视距离。

在受控平面交叉口处,除环行平面交叉处的减速让行线外,其他位置处的停车让行线和减速让行线应设置在最近的人行横道线前1~3m处。无人行横道线处,应设置在理想的停车或让行点处,但与最近的交叉公路的间距应大于1m并小于9m。停车让行线的设置位置应为所有其他进入平面交叉的车辆提供足够的视距。当环行平面交叉处设置人行横道时,人行横道标线应位于减速让行线上游适当位置。

在无信号灯控制的街道化公路中部的人行横道处,减速让行线应该距最近的人行横道线6~15m处,在减速让行线和人行横道之间应禁止停放车辆。

在有信号灯控制的街道化公路中部设置的停车让行线,应至少设置在距最近的信号灯12m处。

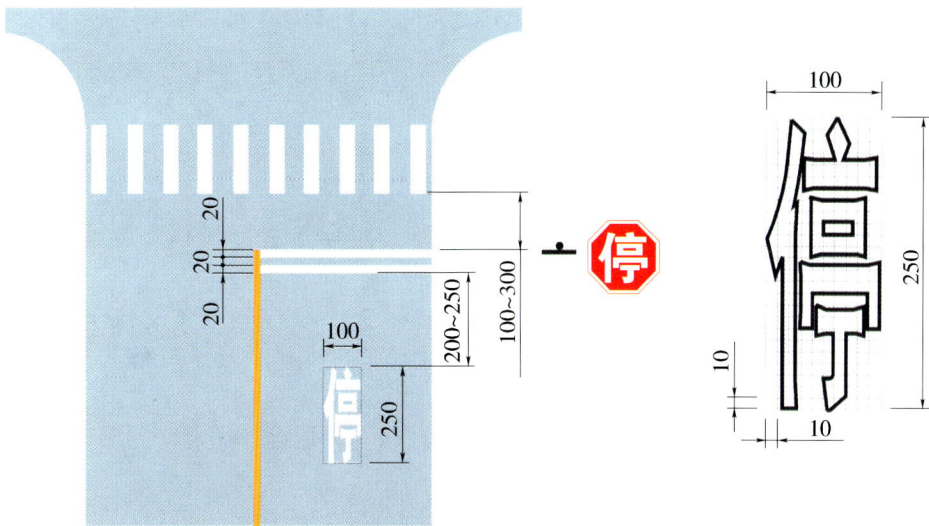

图9-7　停车让行线(尺寸单位:cm)

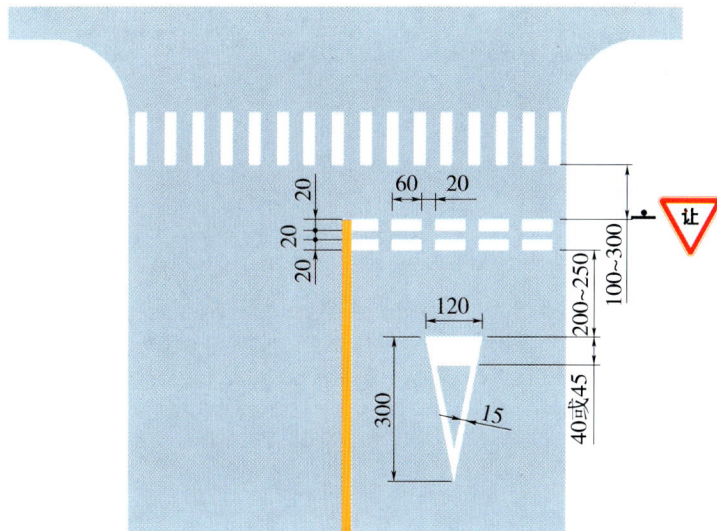

图9-8　减速让行线(尺寸单位:cm)

9.6　减速标线

很多交通事故都是由于驾驶人超速引起的,尽管驾驶人需要承担主要责任,但对于一些需要引起驾驶人注意的路段如急弯陡坡或长直线路段等,作为公路管理部门有必要采取一定的限速或提醒措施。设置减速标线就是经常用到的一种方法。

减速标线可分为横向减速标线和纵向减速标线两种。横向减速标线的设置应根据驶入速度、设置长度(如收费广场渐变段长度),利用牛顿第二定律进行计算(末速度可取为期望值),控制指标为车辆经过各条减速标线的时间大致相同。由于间距越来越密,使驾驶人在视觉上感觉速度越来越快,从而主动减速。

图9-9为横向减速标线的规格尺寸,图9-10为横向减速标线设置示例,图中 L_i 表示各道横向减速之间的间隔,如表9-1和表9-2。图9-11为纵向减速标线的规格尺寸,图

9-12为纵向减速标线设置示例(图中箭头仅表示车流行驶方向)。

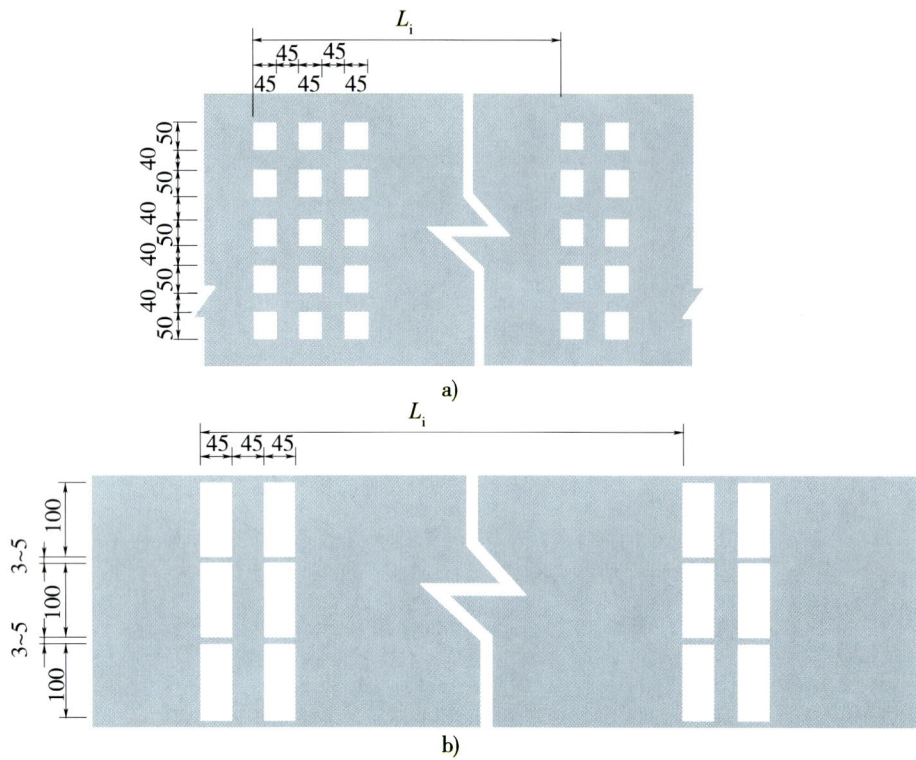

图9-9 横向减速标线的规格尺寸(尺寸单位:cm)

a)适用于收费站、检测站;b)适用于车行道

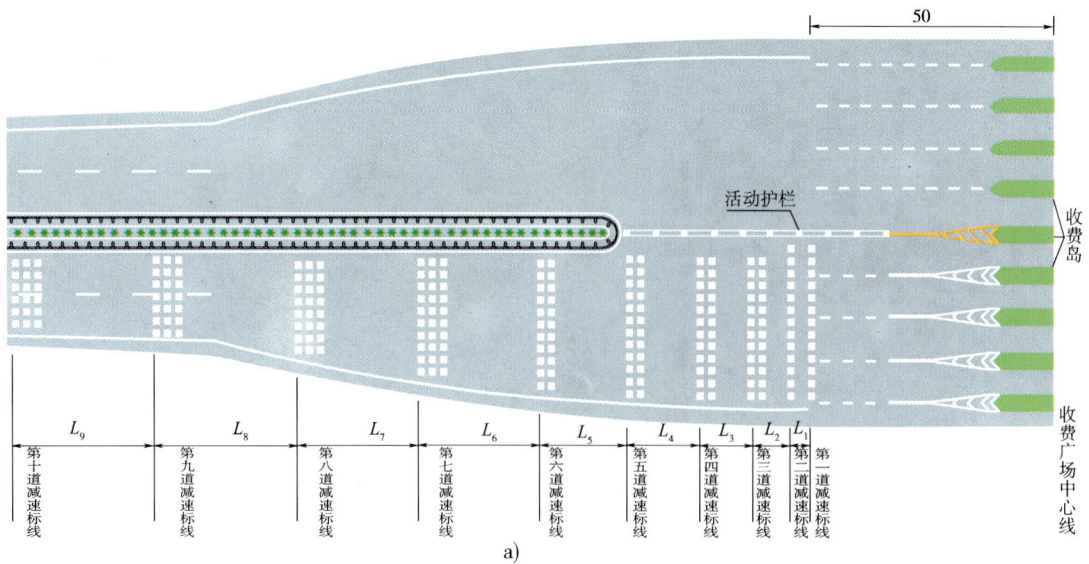

图 9-10

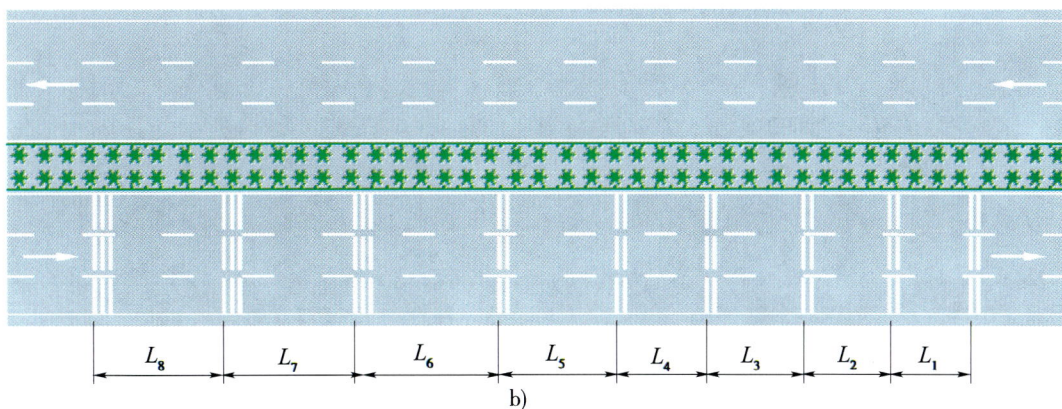

图 9-10　横向减速标线设置示例(尺寸单位:m)

a)某高速公路混合式收费广场横向减速标线;b)车行道横向减速标线

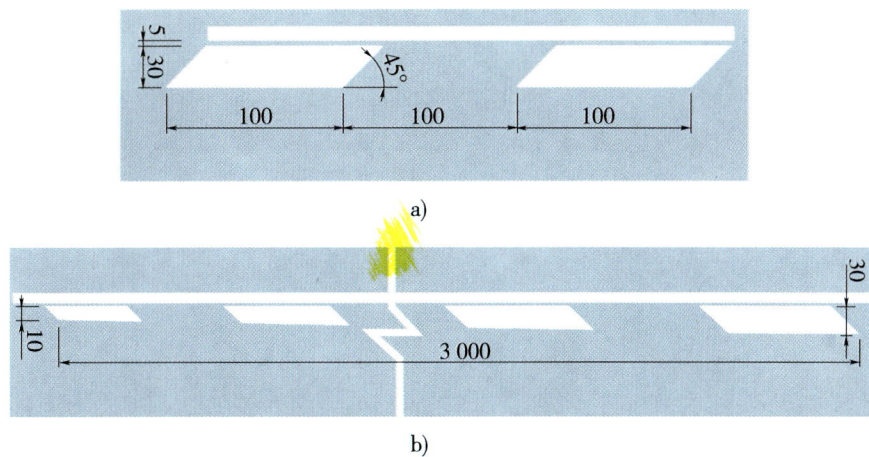

图 9-11　纵向减速标线的规格尺寸(尺寸单位:cm)

a)正常段;b)渐变段

图 9-12　纵向减速标线设置示例

表 9-1　收费广场减速标线设置参数

减速标线	第一道	第二道	第三道	第四道	第五道	第六道	第七道	第八道	第九道	第十道及以上
间隔(m)	$L_1 = 5$	$L_2 = 9$	$L_3 = 13$	$L_4 = 17$	$L_5 = 20$	$L_6 = 23$	$L_7 = 26$	$L_8 = 28$	$L_9 = 30$	32
标线虚线重复次数(次)	1	1	2	2	2	2	3	3	3	3

表 9-2　车行道横向减速标线的设置参数

减速标线	第一道	第二道	第三道	第四道	第五道	第六道	第七道	第八道	第九道及以上
间隔(m)	$L_1 = 17$	$L_2 = 20$	$L_3 = 23$	$L_4 = 26$	$L_5 = 28$	$L_6 = 30$	$L_7 = 32$	$L_8 = 32$	32
标线条数	2	2	2	2	2	2	3	3	3

10 其他标线

10.1 分类

其他标线是指纵向标线和横向标线以外的标线,按功能可分为公路出入口标线、停车位标线、港湾式停靠站标线、减速丘标线、导向箭头、路面文字标记和路面图形标记等指示标线,非机动车禁驶区标线、导流线、网状线、专用车道线和禁止掉头(转弯)线等禁止标线,立面标记和实体标记等警告标线。

10.2 公路出入口标线

公路出入口标线用于引导驶入或驶出车辆的运行轨迹,提供安全交会,减少与突出路缘石碰撞的可能,一般由出入口的纵向标线和三角地带标线组成。出入口标线大样如图 10-1,出入口标线设置示例如图 10-2。

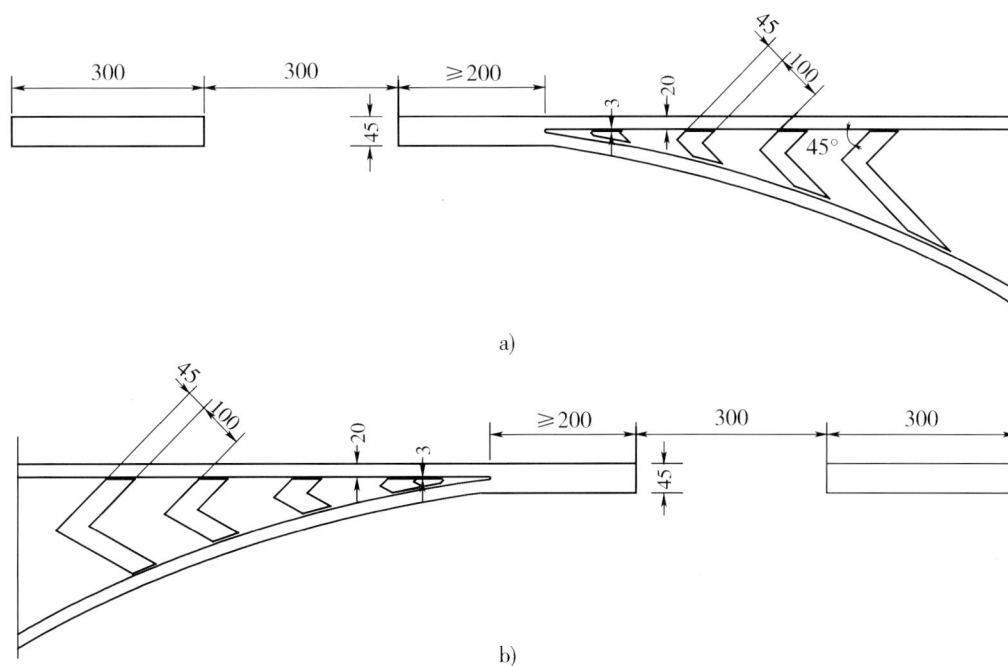

图 10-1 出入口标线大样图(尺寸单位:cm)
a)出口标线;b)入口标线

仅表示行车方向

a)

仅表示行车方向

b)

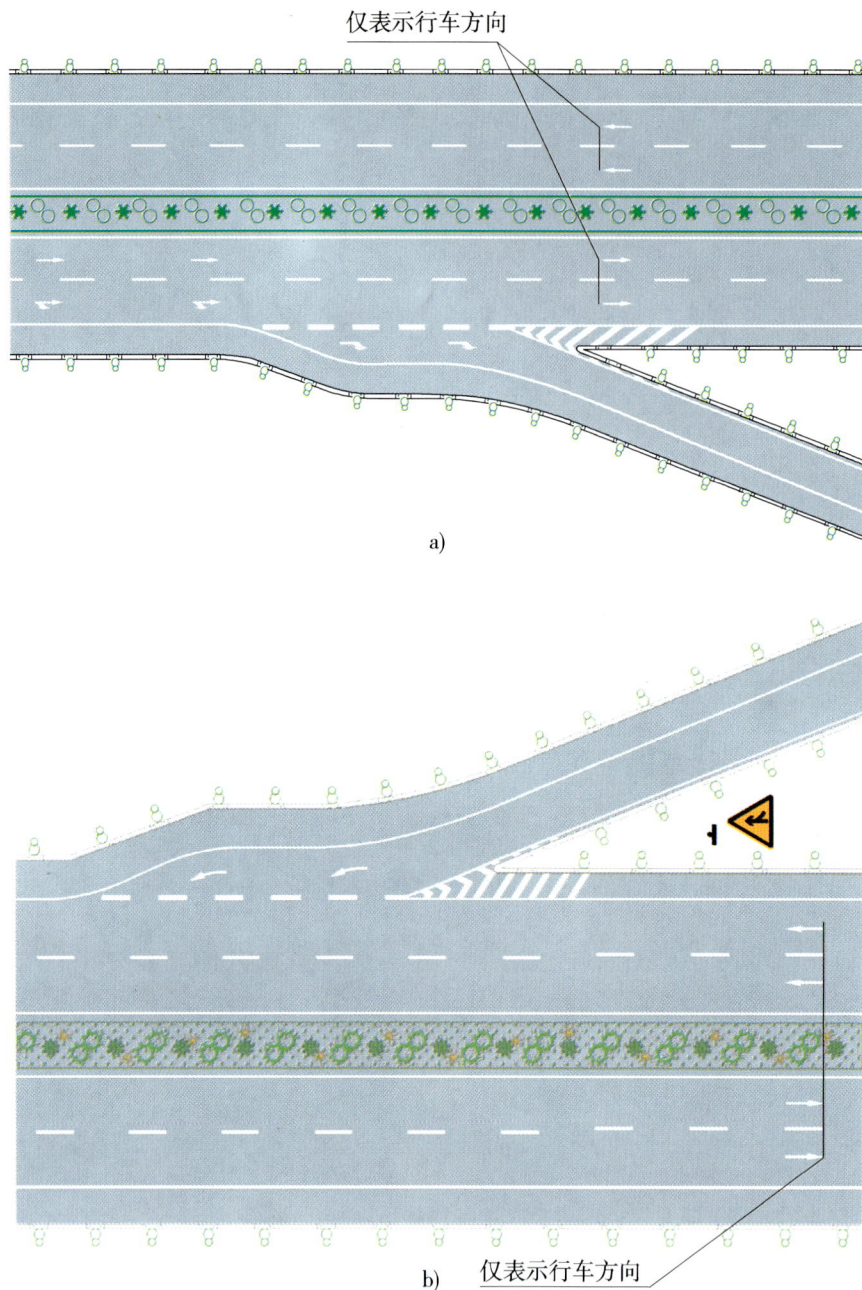

图 10-2 出入口标线设置示例(尺寸单位:m)
a)出口标线;b)入口标线

10.3 停车位标线

停车位标线标示车辆停放位置。当停车需求很大时,停车位标线有助于更加有序、有效地使用停车位。停车位标线可防止车辆侵入消防栓区域、公共汽车站、上客区、平面交叉路口、缘石匝道、安全岛净区及其他禁止车辆停放的区域。

停车位标线的三种设置形式如图 10-3 ～图 10-5,图中箭头仅表示车流行驶方向。当对停车方向有特殊要求时,可在停车位标线中附加箭头,箭头所指方向表示停车后车头的朝向,如图 10-6。残疾人专用车辆或载有残疾人的车辆专用的停车位标线如图 10-7,停车位两侧的黄色网格线为残疾人上下车区域,禁止车辆停放其上。其他车辆不得占用残疾人车位。

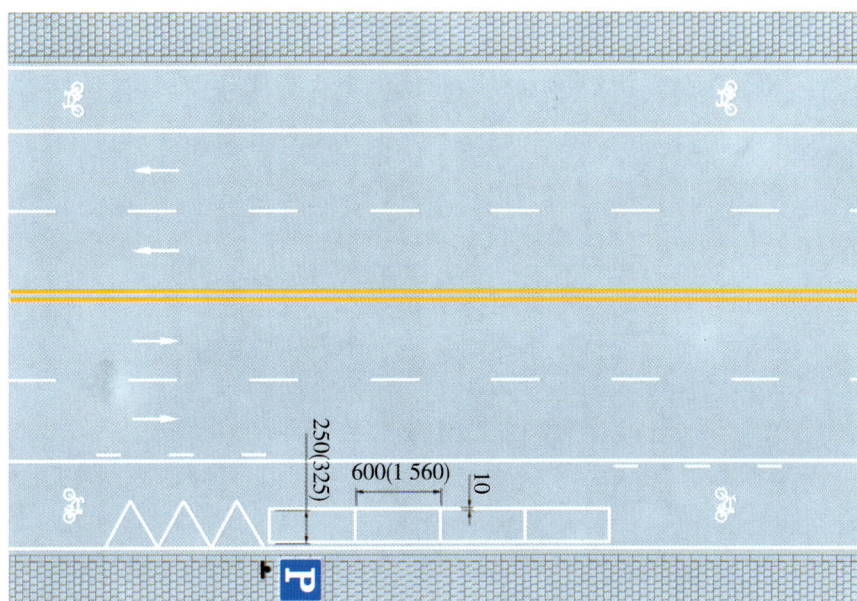

图 10-3 平行式停车位标线(尺寸单位:cm)

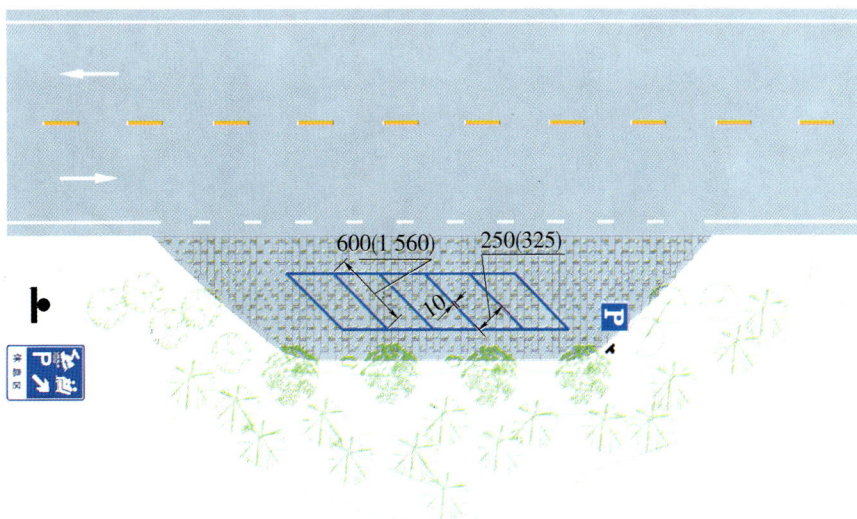

图 10-4 倾斜式停车位标线(尺寸单位:cm)

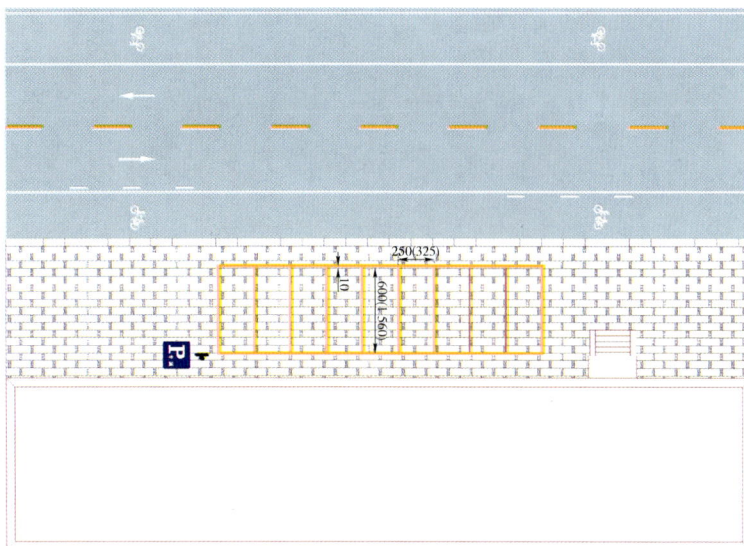

图 10-5　垂直式停车位标线(尺寸单位:cm)

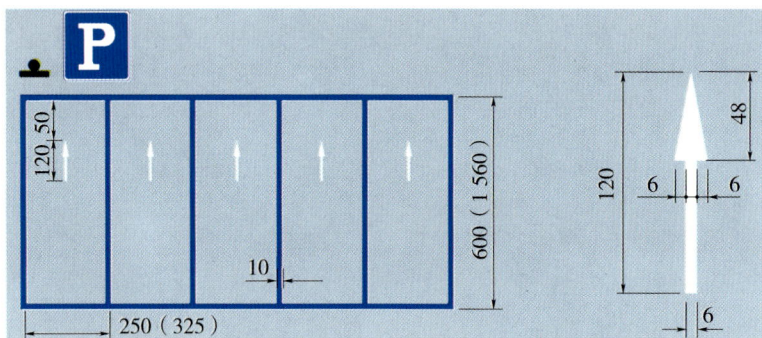

图 10-6　固定停车方向停车位标线(尺寸单位:cm)

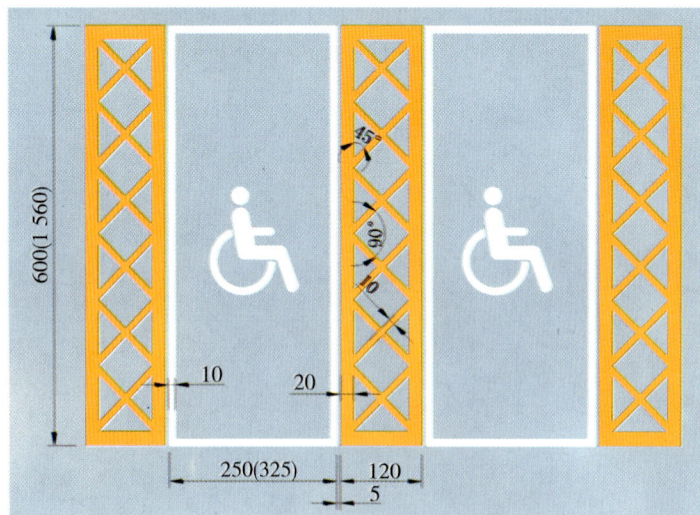

图 10-7　残疾人专用停车位标线(尺寸单位:cm)

10.4　港湾式停靠站标线

　　港湾式停靠站标线表示车辆通向专门的分离引道的路径和停靠位置,如图 10-8(图中箭头仅表示车流行驶方向)。其中图 10-8b)一般用于停靠站较宽的情况,以保证停靠区域宽度处于合适的范围。当专用于特定车辆停靠时,应在停靠站中间标注停靠车辆的类型文字,并以黄色实折线填充停靠站正常段其他区域,指示除特定车辆外,其他车辆不得在此区域停留,如图 10-9。

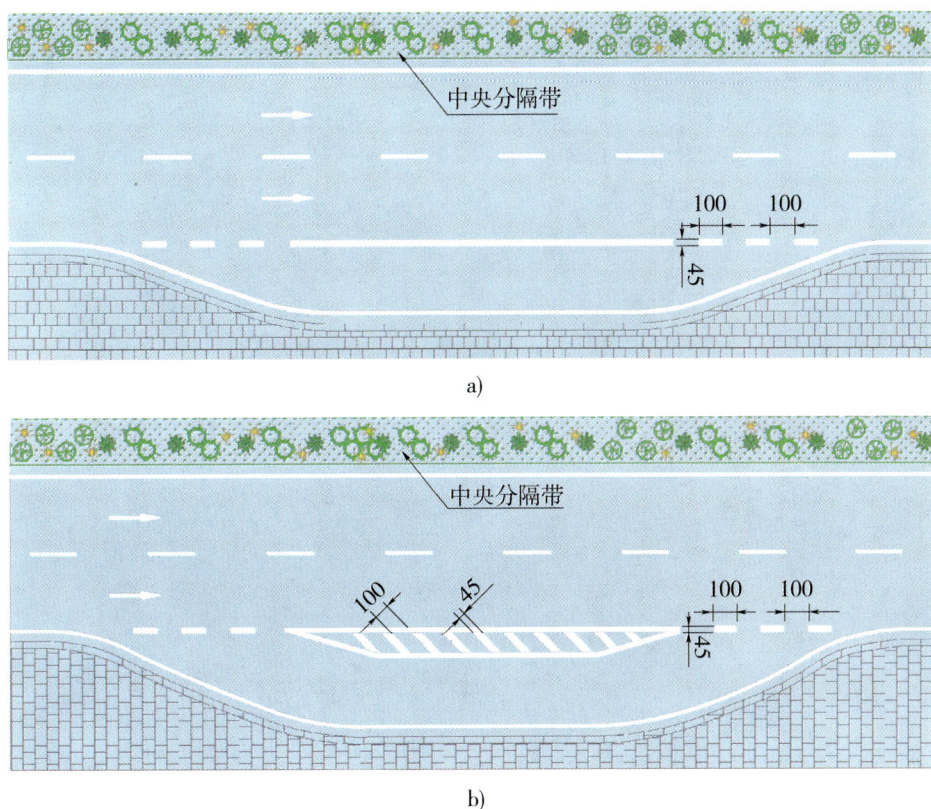

图 10-8 港湾式停靠站标线设置示例(尺寸单位:cm)

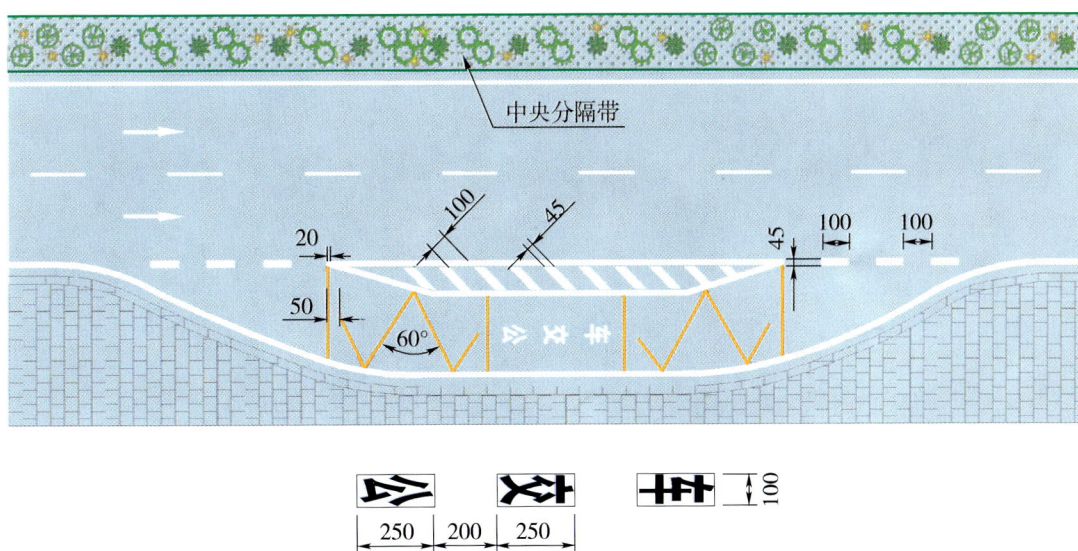

图 10-9 车种专用港湾式停靠站标线设置示例(尺寸单位:cm)

10.5 减速丘标线

布置减速丘的路段,应在减速丘前设置减速丘标线,以提前告知公路使用者。

减速丘标线由设置在减速丘上的一系列白色标线组成,以指明减速丘的位置,减速丘两侧应设置白色减速丘预告标线。图 10-10a) ~ c) 分别为大型减速丘、小型减速丘、与人行横道并设的减速丘标线设置示例,图 10-11 为减速丘标线大样图。其他竖向减速设施(如挖槽等)可参照设置。

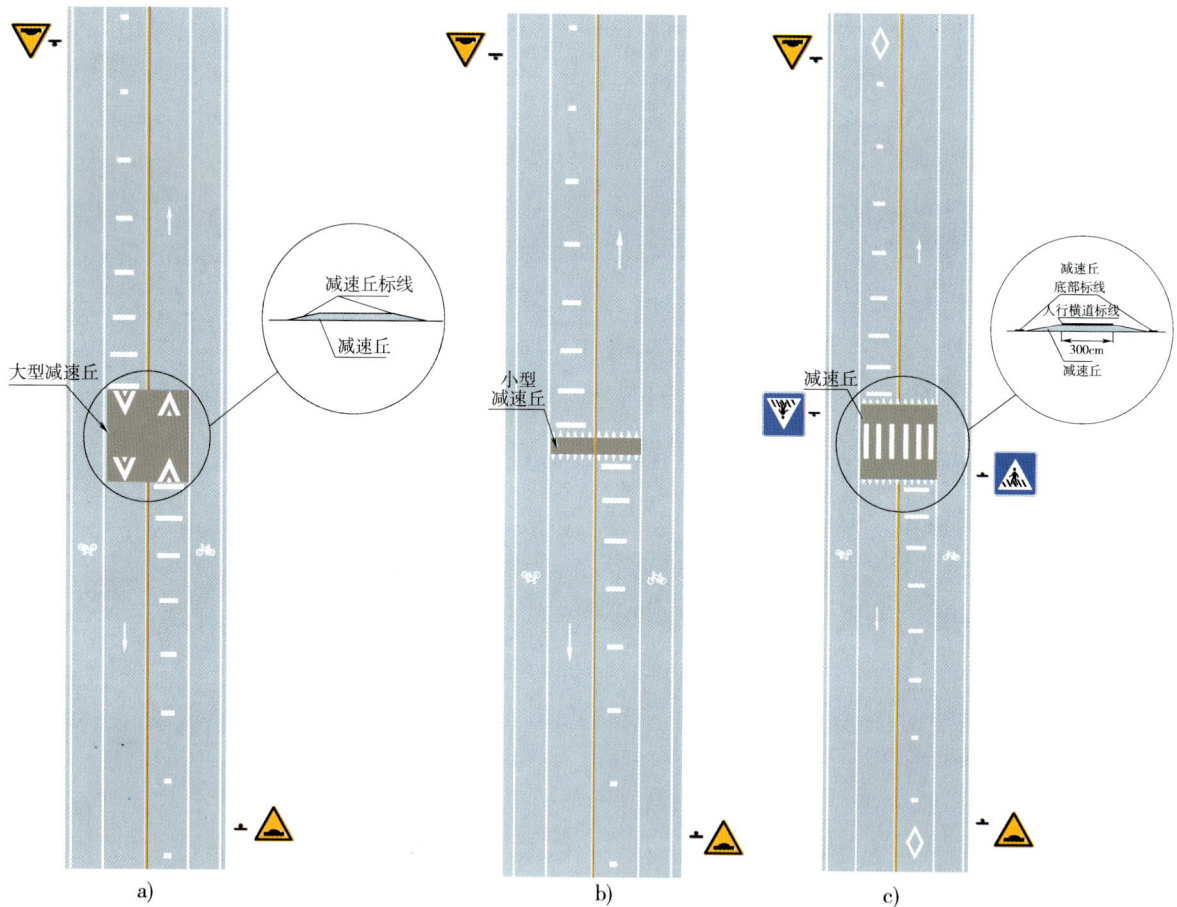

图 10-10 双车道二级公路减速丘标线设置示例
a)大型减速丘;b)小型减速丘;c)与人行横道并设的减速丘

减速丘预告标线可用于工程化的竖向变形处,需要为驾驶人提供附加的视认性或这种变形为非预期性的。减速丘标线应与减速丘标志配合使用。

当单向车道数大于或等于 2 的公路设置减速丘预告标线时,每个入口车道均应设置。

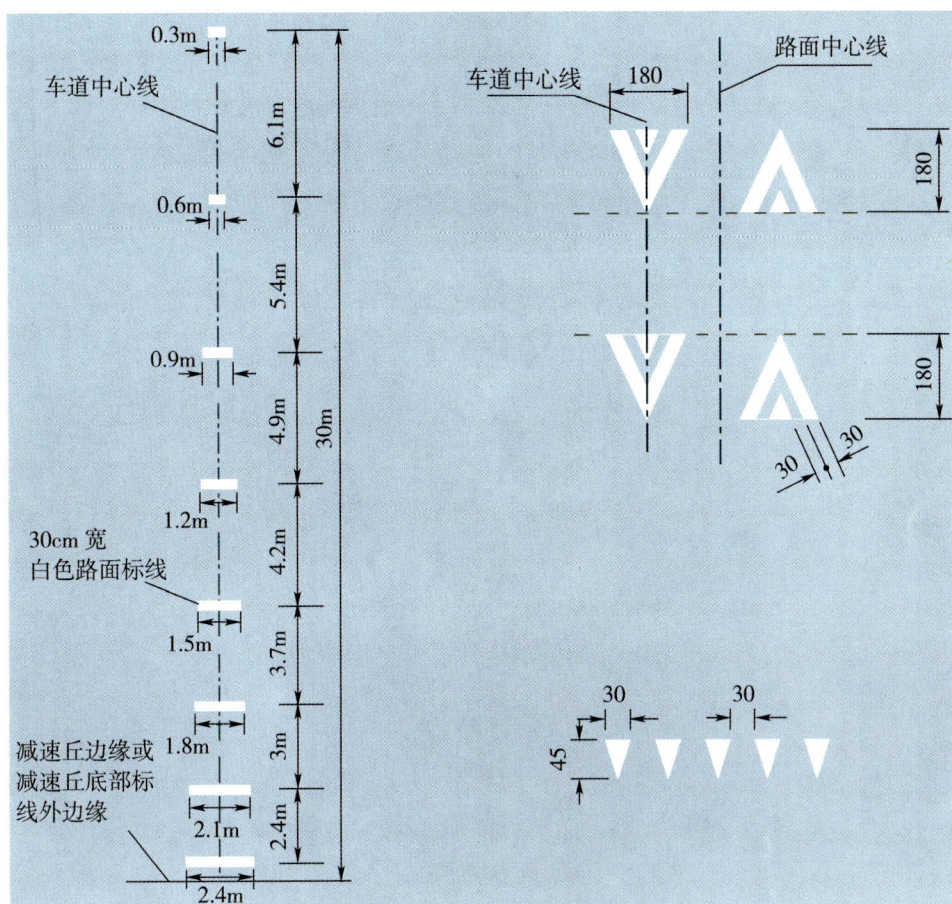

图 10-11 减速丘标线大样图(尺寸单位:除已注明者外,均为 cm)

10.6 导向箭头

导向箭头用以指示车辆的行驶方向,基本形状及含义如表 10-1。导向箭头设置示例如图 10-12。

表 10-1 导向箭头的基本形状及含义

导向箭头	含 义	导向箭头	含 义
	指示直行		指示前方左转
	指示前方可直行或左转		指示前方右转

续上表

导向箭头	含　义	导向箭头	含　义
	指示前方可直行或右转		指示前方道路仅可左右转弯
	指示前方掉头		提示前方道路有左弯或需向左合流
	指示前方可直行或掉头		提示前方道路有右弯或需向右合流
	指示前方可左转或掉头		

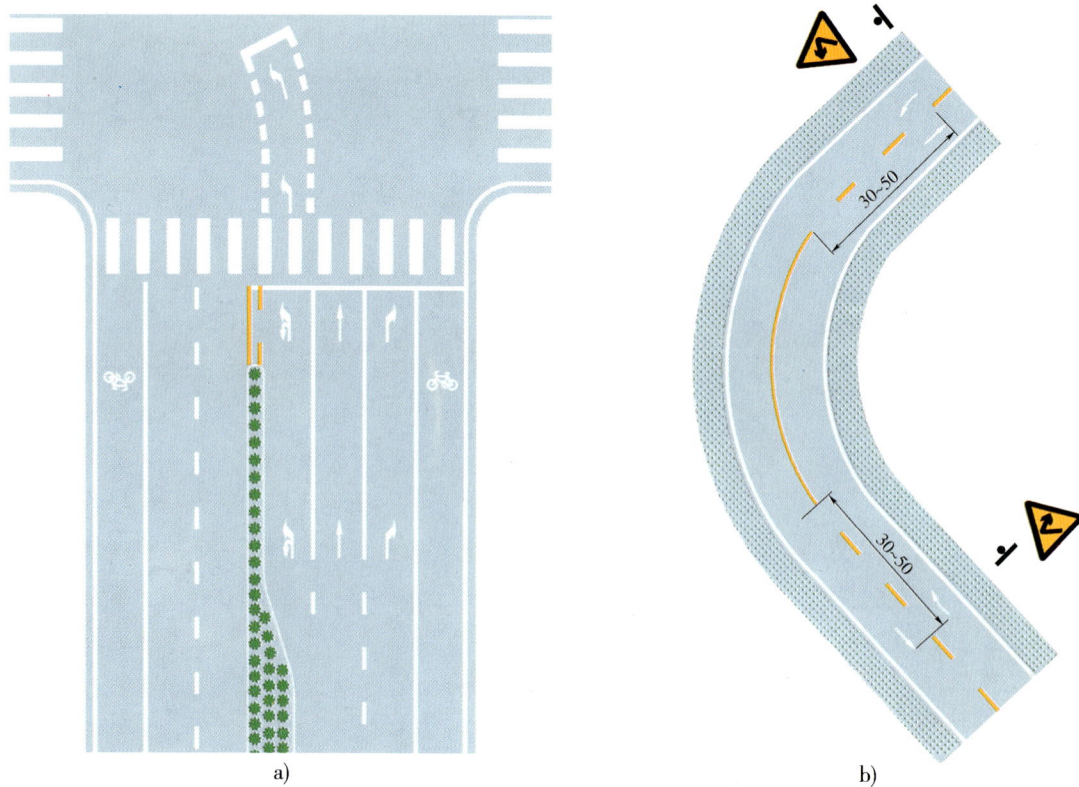

a)

b)

图 10-12　导向箭头设置示例(尺寸单位:m)

10.7　路面文字标记

　　路面文字标记是利用路面文字指示或限制车辆行驶的标记,如最高限速、车道指示(快车道、慢车道)等。当公路同向车道数大于两个或者因地形条件等的限制无法设置交通标志时,可采用设置路面文字标记的方法。为增加视认效果,可选择上坡路段设置,考虑到交通量增加后车辆之间的互相影响,条文规定文字按由近到远的顺序排列。

　　文字标记所表达的信息不宜超过三行。不同的文字标记的数量应达到最小化,以提供有效地指导、避免误解。

　　一般情况下,路面文字在宽度上不应超过一个车道。

10.8　路面图形标记

　　路面上的图形标记可用于引导、警告或管制交通流。相对而言,图形标记信息优于文字信息。注意前方路面状况标记如图 10-13(图中箭头仅表示车流行驶方向)。

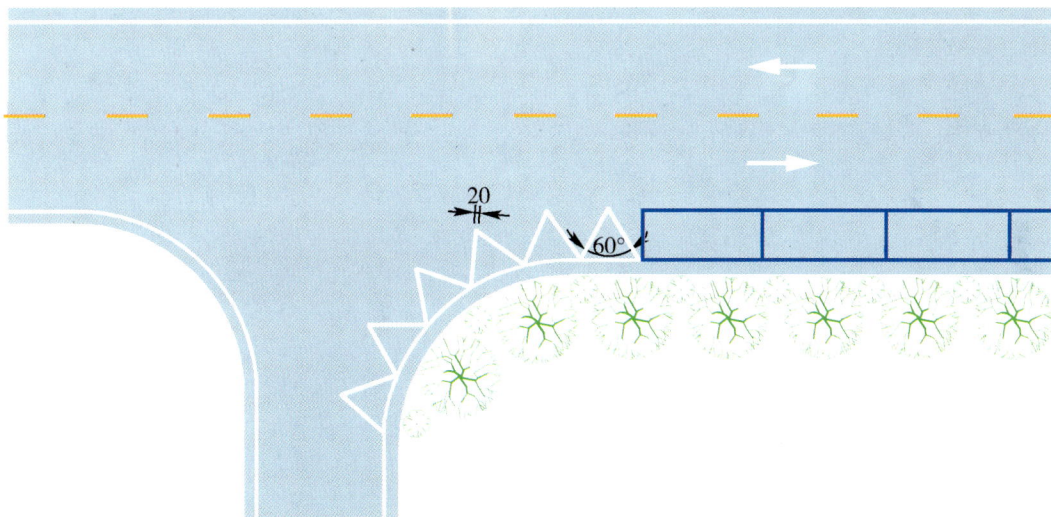

图 10-13　注意前方路面状况标记设置示例(尺寸单位:cm)

10.9　非机动车禁驶区标线

　　非机动车禁驶区标线是告示非机动车在平面交叉路口内禁止驶入的范围的一种标线,它可以有效地将机动车、非机动车以及行人分开。在设置时,应首先对平面交叉的情况进行调研,全面地掌握机动车、非机动车的行驶路径。非机动车禁驶区标线设置示例如图 10-14。

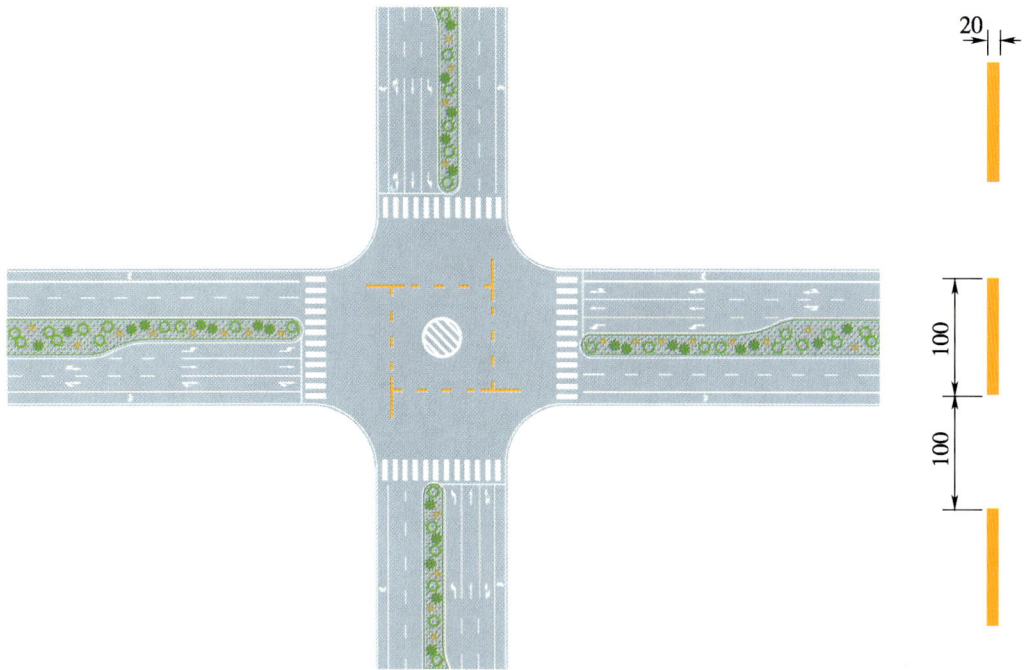

图10-14　非机动车禁驶区标线设置示例(尺寸单位:cm)

10.10　导流线

导流线表示车辆需按规定的路线行驶,不得压线或越线行驶,主要用于过宽、不规则或行驶条件比较复杂的交叉路口,立体交叉的匝道口或其他特殊地点。导流线应根据交叉路口的地形和交通流量、流向情况进行设计。

10.11　中心圈

中心圈可设在平面交叉路口的中心,用以区分车辆大、小转弯或作为平面交叉车辆左右转弯的指示,车辆不得压线行驶。

10.12　网状线

网状线用以标示禁止以任何原因停车的区域,一般设置在易发生临时停车而堵塞横向车辆通行的出入口。

10.13　车种专用车道线

小型车专用车道线、大型车道标线、多乘员车辆专用车道线、非机动车道线分别如图10-15～图10-18(图中箭头仅表示车流行驶方向)。

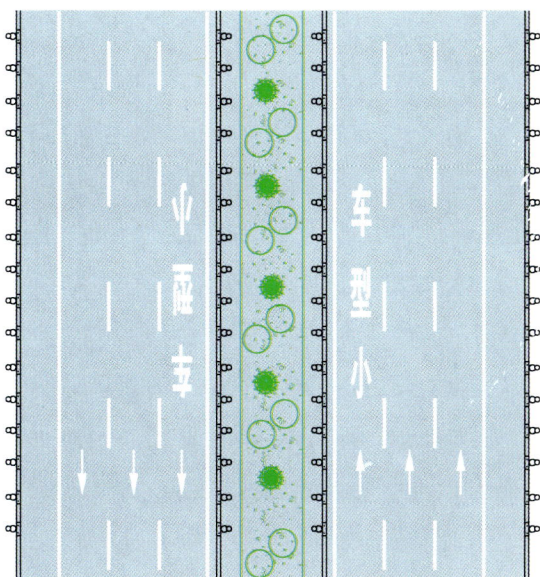

图 10-15　小型车专用车道线

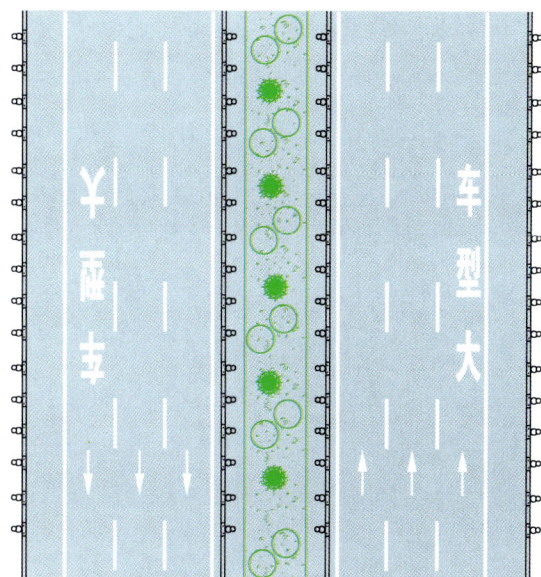

图 10-16　大型车道标线

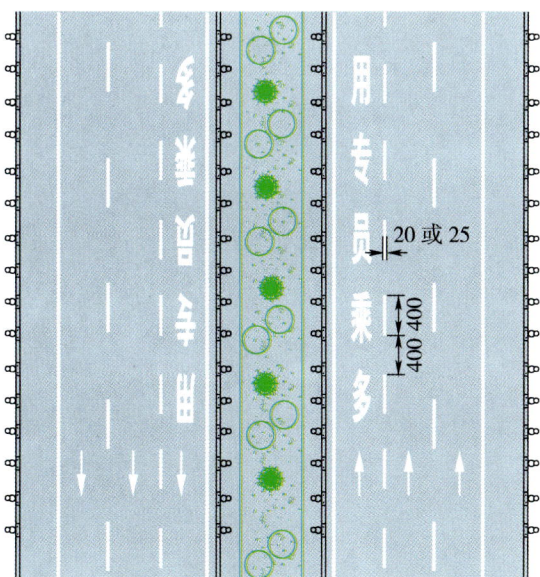

图 10-17　多乘员车辆专用车道线(尺寸单位:cm)

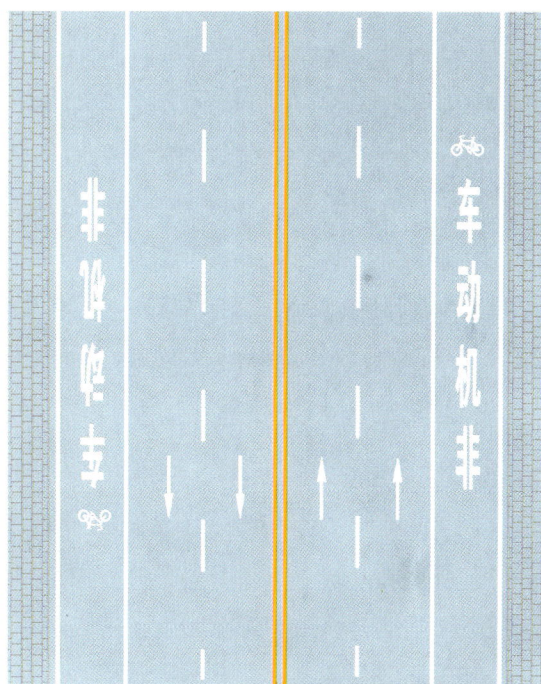

图 10-18　非机动车道线

10.14　禁止掉头(转弯)标记

禁止掉头(转弯)标记用于禁止车辆掉头或转弯的路口或区间,如图 10-19、图10-20。

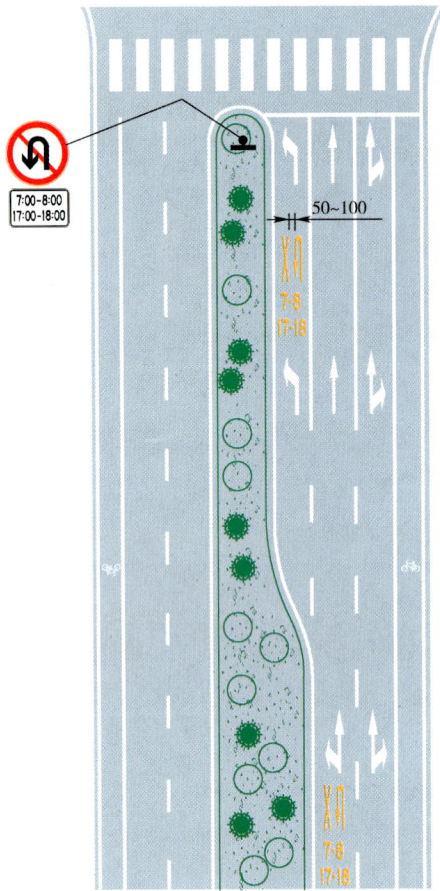

图 10-19 禁止掉头标记设置示例(尺寸单位:cm)

图 10-20 禁止转弯标记设置示例(尺寸单位:cm)

10.15 立面标记

立面标记是提醒驾驶人注意在车行道或近旁有高出路面的构造物以防止发生碰撞的标记。

位于中央分隔带或路侧安全净区内未加护栏防护或设置相关警告、指示标志的障碍物(如桥墩、隧道洞壁、桥台等),应设置立面标记(路面相应设置接近障碍物标线)。

10.16 实体标记

实体标记用以给出靠近公路建筑限界内实体构造物的轮廓,提醒驾驶人注意,可设置在靠近公路建筑限界的上跨桥梁的桥墩、中央分隔墩、收费岛、实体安全岛或导流岛、灯座、标志基座及其他可能对行车安全构成威胁的立体实物表面上。

10.17 突起路标

突起路标是安装于路面以上或以内,用于标示车行道分界、车行道边缘、分合流、弯道、路宽变化、路面障碍物等位置的反光和不反光体。突起路标还可以补充、替代交通标线。除有特殊要求外，其高度不应小于10mm，也不应超过25mm。颜色应与相应的标线保持一致。

采用逆反射材料或内部照明材料制作的突起路标可以为单向，也可以为双向。双向突起路标可用来显示两个方向的颜色。不能反光的突起路标不能单独使用，但可与反光突起路标一起使用来代替其他形式的交通标线。

突起路标所组成的行车轮廓应准确，能最大程度地减少公路使用者的困惑，包括公路使用者看到了一些并不适用于他们的突起路标而引起的困惑。

用于补充或替代纵向标线的突起路标的间距应与相应的车行道分界线相匹配。

10.17.1　设置条件

当车辆偏离车行道时，突起路标可给车辆驾驶人以振动提示，以避免交通事故的发生。反光突起路标在夜间能起到视线诱导的作用。条文中根据不同的公路条件，提出了突起路标的设置原则，如高速公路、一级公路由于车速较高，驾驶人疲劳时易发生驶出路外的事故，故建议高速公路车行道边缘线及一级公路互通式立体交叉等处的车行道边缘线上应予以设置。

在夜间有照明的公路上，可不设置突起路标。考虑到当发生交通事故、火灾等紧急事件时，隧道内有可能将变成逆向行车，故应选用双面反光型。经常下雪的公路设置突起路标时，应采取易于除雪的措施，如图10-21。

图10-21　槽式安装的突起路标

10.17.2　设置规格

（1）突起路标设置示例如图10-22（图中箭头仅表示车流行驶方向）。

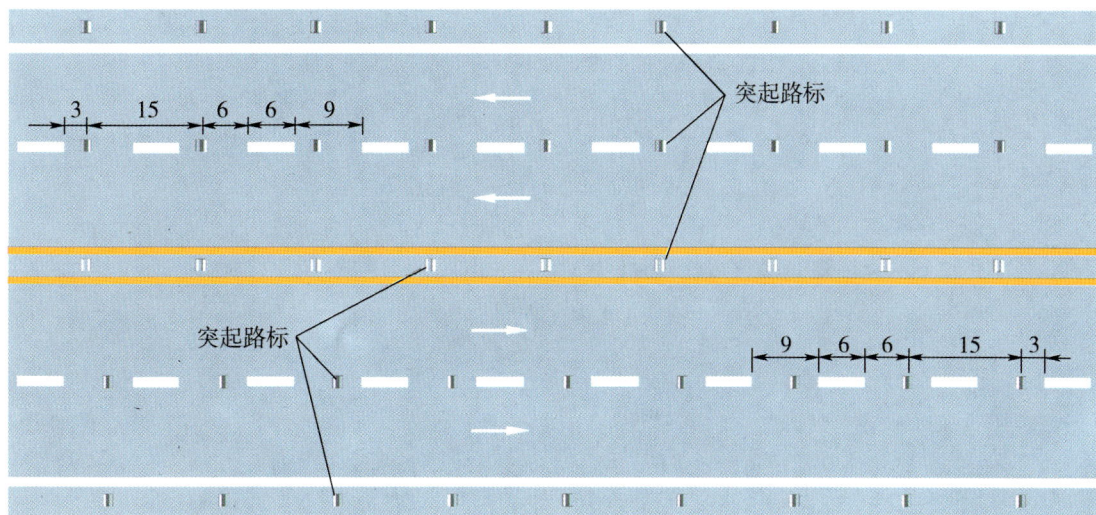

图10-22　突起路标与标线配合设置示例（尺寸单位：m）

（2）突起路标与进出口匝道标线、导流标线、路面宽度渐变段标线、路面障碍物标线等配合使用时,设置示例如图 10-23(图中箭头仅表示车流行驶方向)。

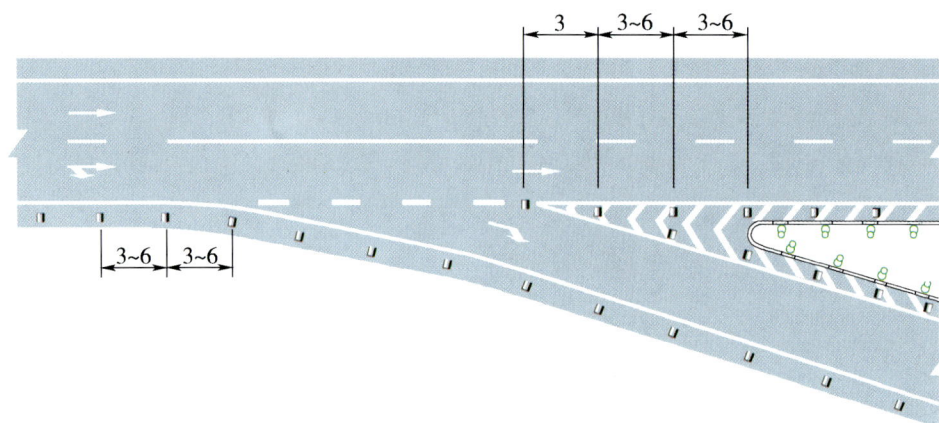

图 10-23　出口匝道突起路标设置示例(尺寸单位:m)

（3）突起路标单独用作车行道分界线时,设置示例如图 10-24 ~ 图 10-26。

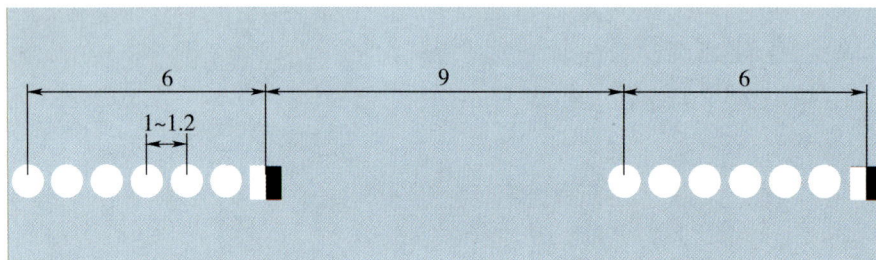

图 10-24　突起路标组成的虚线标线设置示例(尺寸单位:m)

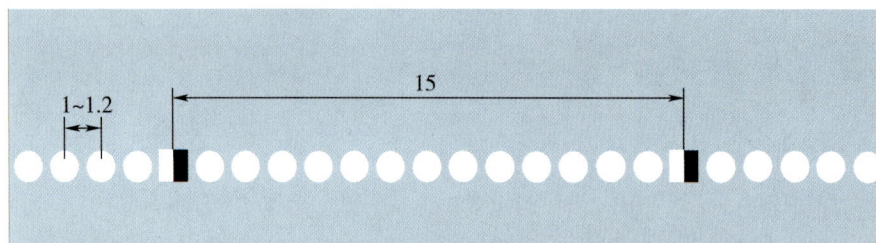

图 10-25　突起路标组成的单实线标线设置示例(尺寸单位:m)

图 10-26　突起路标组成的双实线标线设置示例(尺寸单位:m)

突起路标的其他性能应满足现行《突起路标》(JT/T 390)的要求。

11   标线综合应用

11.1   平面交叉标线

11.1.1、11.1.2   设置原则和平面交叉标线分类

（1）平面交叉的定义

公路在同一平面位置连接所形成的区域为平面交叉路口,其功能是把公路相互连接起来构成公路网络,使不同方向的交通流在该区域集结、交织和分流。它与立体交叉最显著的不同在于,平面交叉路口交通流的合流、分流、交叉必须在同一平面内进行。这就使左转车流与直行车流、机动车流与非机动车流在同一平面上产生冲突点和合流点,交通状况由此显得危险而复杂。

（2）平面交叉的冲突点

当汽车驶近平面交叉路口,需要向左或向右转弯时,汽车都需要离开原来的行驶路线。这一开始转向时离开原车流的点称为分岔点或分流点。当其转弯将要完成时,汽车将加入转向后的车流,这一进入新车流的点,成为交会点或合流点。分流点与合流点统称为交织点。在平面交叉路口上,最容易肇事的是直行车辆与横穿车辆相互碰撞,这种在行车方向互相交叉时可能产生碰撞的地点称为交叉冲突点,简称冲突点。现以没有实行交通管制的 T 形和十字形平面交叉路口上的交通状况进行分析,来寻找可能的事故隐患,如图 11-1。

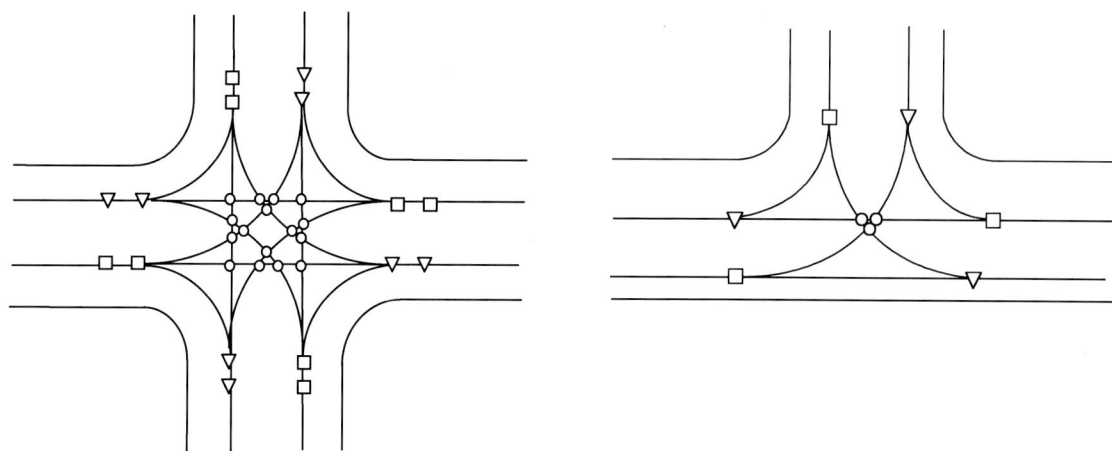

图 11-1   交织点与冲突点

○-冲突点;▽-合流交织点;□-分流交织点

由图11-1得知,T形交叉冲突点3个、分流交织点3个、合流交织点3个;十字形交叉冲突点16个、分流交织点8个、合流交织点8个,岔道越多的平面交叉交通状况越复杂。继续推导可知,车流在平面交叉路口范围内的交织点和冲突点都将随岔道的条数成几何级数增加。所以,平面交叉路口交汇的公路条数一般不得多于4条。由实际行车状况分析表明,平面交叉路口中的右转弯车辆,由于不进入平面交叉路口中心区,所以它对平面交叉路口的干扰最小;平面交叉路口的左转弯车辆,因几乎斜穿整个平面交叉路口的全部空间,它与各岔道上的直行车辆和左转车辆都有可能发生碰撞,因此左转车辆在平面交叉路口上潜在的危险性最大。

(3)平面交叉标线分类

如上所述,平面交叉路口区域内存在着若干冲突点与交叉点。数据显示,公路平面交叉路口往往是最容易发生交通事故的区域,在我国这一现象尤为突出。其原因主要是路口处各种机动车、非机动车、行人等混行,混合交通导致平面交叉内冲突点数目大幅增加,且有相当多的冲突点无法靠多相位信号消除,路权问题突出。要解决这一问题,与标志及信号灯配合有效的交通标线起着尤为重要的作用。交通标线是交通标志的有益补充。标线与标志的良好配合能够有效提高公路交通运营管理水平,提高公路通行能力。

交通标线按照功能可分为指示标线、禁止标线和警告标线三类。其中,用于平面交叉前后的交通标线主要有人行横道线、停车让行线、对向车行道分界线、同向车行道分界线、导向箭头等。他们分属于交通标线的不同分类,所具有的效力也不尽相同。

(4)平面交叉标线设置原则

平面交叉标线是交通管理的一种手段,其作用是提高平面交叉的交通安全水平,保证平面交叉处车辆行驶有序,提高交通运行效率。要实现这一作用就应明确分配平面交叉交通参与者的路权,降低机动车、非机动车和行人之间的混杂程度。

研究显示,车辆间的速度差是造成交通事故的最主要原因。车辆由路段进入平面交叉,往往需要进行打转向灯、变换车道等几个操作。此时,交通标线应该平滑过渡,避免因交通标线连接不够顺滑,导致驾驶人产生错觉,造成交通事故。

平面交叉的直行车道在进出口两端应该保持直线平滑过渡,直行车道数应该在进出口保持平衡。

如果平面交叉需要拓宽设置独立的左转弯或右转弯车道,应该在直行车道两侧拓宽后设置,在任何情况下都不应该随意改变直行车道数。当公路无法拓宽时,可以设置直左或直右车道,应该杜绝目前普遍将直行车道突变为左转车道或右转车道的错误。如果必须将某个直行车道变为左转或右转车道时,则应在路段中设置一段鱼肚皮形斑马线,首先引导直行车流分离。

平面交叉标线是交通标志以及交警执法等管理手段的表现形式,不同形式的交通标线具有不同的法律效力。在设置时,平面交叉标线应与交通标志紧密配合,特别是应与禁令标志配合准确,明确分配平面交叉交通参与者的路权,降低机动车、非机动车和行人之间的混杂程度。例如,设置"禁止左转"标志的路段,平面交叉前标线应施画实线,路面上应该同时施画禁止左转标线。

平面交叉标线的设置原则强调了应充分体现平面交叉的形式和交通流特点,体现相应的交通管理方式,以避免目前我国平面交叉路口处普遍存在的抢道、占道行驶或者彷徨择道、犹豫等待等状况,以充分有效地利用交叉空间并尽量减少冲突点,缩小并分散和分隔冲突区,实行渠化处理。

(5)平面交叉标线的设置应考虑下列因素:

①公路平面交叉的类型,如 T 形、十字形、Y 形等;

②各个入口车道的车道数;

③相交公路的功能,如干线、集散;

④平面交叉的控制类型,如信号控制、停让控制、无控制;

⑤平面交叉附近土地利用的性质,如学校区、工业区、居住区、商业区、旅游区等;

⑥平面交叉所处地区的地形条件,如平原、山区等。

平面交叉通过设置标线和标志来给出明确的"路权分配"措施。针对不同等级公路相交而形成的不同形式平面交叉,应进行有针对性的标线设置方案,降低平面交叉处的冲突点数目,减少驾驶人在平面交叉处的操作复杂程度。

虽然平面交叉口形式多样,举无穷尽,但是不同形式的平面交叉间具有很强的相似性,其渠化设置以及路权分配的原则是一致的。附录 M 提供了一些典型的平面交叉的标线设置示例。

11.1.3、11.1.4 平面交叉出入部分、平面交叉内的路面标线

关于平面交叉的交通管理方式,现行《公路路线设计规范》(JTG D20)中提出了主路优先交叉、无优先交叉和信号交叉三种类型。除设置左、右专用转弯车道外,在标线的设置中,应突出主路优先权的理念。

(1)交通管理方式的适用范围

主路优先的平面交叉交通管理方式适用于公路功能、等级、交通量有明显差别的两条公路相交,或交通量较大的 T 形交叉。

无优先的平面交叉交通管理方式适用于相交两条公路的等级均低且交通量较小时。

信号控制的平面交叉交通管理方式适用于:

①两条交通量均大,且功能、等级相同的公路相交,难以用"主路优先"的规则管理时;

②两相交公路虽有主次之别,但交通量均较大(主要公路双向交通量大于或等于600 辆/h,次要公路单向交通量大于或等于 200 辆/h),采用"主路优先"交通管理方式会出现较频繁的交通事故和过分的交通延误时;

③主要公路交通量相当大(主要公路双向交通量大于或等于 900 辆/h),而次要公路尽管交通量不大,但采用"主路优先"交通管理方式,次要公路上的车辆由于难以遇到可供驶入的主流间隙而引起不可接受的交通延误,或出现冒险驶入长度不足的主流间隙而危及安全时;

④两相交公路的交通量虽未达到上述程度,但由于有相当数量的行人和非机动车穿

越交叉口而引起交通延误,甚至造成阻塞或交通事故时;

⑤环行交叉的入口因交通量大而出现过多的交通延误时。

(2)渠化设计

①通常情况下,平面交叉中的左转车辆与平面交叉其他分肢的左转车辆、直行车辆会产生冲突点,处理好平面交叉中的左转车辆是提高平面交叉交通安全性能、降低事故率的一项重要任务。因此,平面交叉应积极开辟左转弯车道,可通过缩减中央分隔带的宽度或缩减车行道宽度以及偏移公路中心线等方法开辟左转弯附加车道。

②导流岛标线是平面交叉渠化的重要标线,平面交叉或出入口在进行正规渠化时,平滑设置出在平面交叉进出口或公路出入口的车道行驶范围之后,形成的车道线以外的"多余"部分,即是机动车行驶不进入的"安全导流岛"部分,它们通常是以斑马线或 V 形线的形式标画出来,其轮廓线是车流行驶的导流线。

在实际设计及实施过程中,如果条件允许,交通岛宜先用标线画出,实施一阶段后,按实际车流行驶轨迹作调整,再做成永久性的实体交通岛。

③合理设置让行线,体现主路优先权的设计理念。

a.公路功能、等级、交通量有明显差别的两条公路相交,或交通量较大的 T 形交叉,如两相交公路的通视三角区能得到保证,则次要公路与主要公路汇合处应设置减速让行线;否则次要公路应设置停车让行线或设置强制停车或减速设施;当主要公路受条件限制而难以设置应有长度的加速车道时,在其入口附近宜设置减速让行线。

b.当相交两条公路的技术等级均低且交通量较小时,行政等级低的被交公路应设置减速让行线;当两条公路的行政等级相同时,相交公路所有方向均宜设置停车让行线。

c.进入环形交叉的车辆应让行环形交叉内正在绕行的车辆,入口适当位置设置减速让行线。

11.2 互通式立体交叉标线

互通式立体交叉按功能不同可分为枢纽互通式立体交叉和一般互通式立体交叉。前者是指两条高速公路之间实现交通转换的互通式立体交叉,后者为高速公路、一级公路与其他公路相交,或其他公路相交的互通式立体交叉。

互通式立体交叉交通标线的设置重点是处理好主线与匝道、匝道与匝道之间交通转换过程中容易出现的交织和冲突问题,通过交通标线的设置使车辆驾驶人能预测、感知前方的公路条件和交通状况,及时采取有效措施,防止交通事故的发生。

互通式立体交叉入口、出口宜设置导向箭头。

一条高速公路或一级公路的一幅车行道分成两条连接到另一条高速公路上去的多车道匝道的分流部,或者一条高速公路分成两条高速公路的分流部,标线应按分流设置。自一条高速公路引出的两条多车道匝道汇合成为另一条高速公路的一幅车行道,或者由两条高速公路的同向车行道合并而成一条高速公路的一幅车行道,标线应按合流设计,如附录 N。

11.3　服务区、停车区标线

　　服务区、停车区出入口交通标线的设置可参照互通式立体交叉的设置方法。需要引起注意的是,我国服务区、停车区场区内交通标线和标志的设置目前尚不规范。其中一个原因是与场区的总体规划有关,车辆走向无固定路线,场区内无必要的隔离、诱导设施,车辆随意穿行、停放;另一个原因是忽视了场区内交通标线和标志的设置,很多服务区、停车区内无任何标线和标志,即使有也很不规范。本规范对出入口和停车位标线均进行了规定,在设置服务区、停车区内的交通标线时可参照执行。